U0370541

总主编 ◎ 杨铭铎

中国饮食文化

主　编　李明晨　宫润华

副主编　谭　璐　樊丽娟　段朋飞

编　者　（按姓氏笔画排序）

　　　　方八另　李明晨　赵国强　段朋飞

　　　　宫润华　谭　璐　樊丽娟

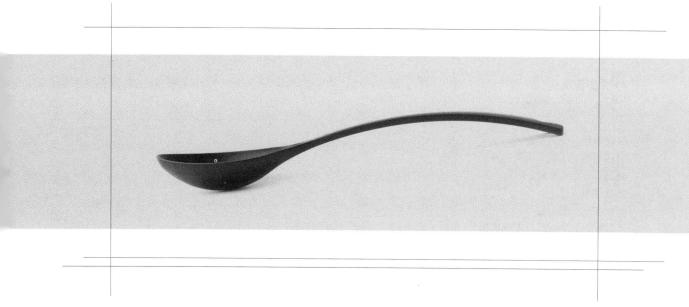

华中科技大学出版社

http://www.hustp.com

中国·武汉

内 容 简 介

本书是全国餐饮教育创新型人才培养"十三五"规划教材。本书共六个项目,内容包括饮食与文化、中国饮食文化的发展历程、中国饮食主要风味流派、中国饮食风俗、中国筵宴文化及中国饮酌文化。本书体现"互联网+"的教育发展理念,配备相关数字化资源。

本书适用于烹饪类、旅游类和食品类等相关专业的教学,又可作为其他专业的公共选修课教材,也可以作为饮食文化爱好者的读物。

图书在版编目(CIP)数据

中国饮食文化/李明晨,宫润华主编.—武汉:华中科技大学出版社,2019.9(2024.7 重印)
ISBN 978-7-5680-5678-6

Ⅰ.①中… Ⅱ.①李… ②宫… Ⅲ.①饮食-文化-中国-职业教育-教材 Ⅳ.①TS971.2

中国版本图书馆 CIP 数据核字(2019)第 199415 号

中国饮食文化
Zhongguo Yinshi Wenhua

李明晨　宫润华　主编

策划编辑:汪飒婷
责任编辑:汪飒婷　张　琳
封面设计:廖亚萍
责任校对:曾　婷
责任监印:周治超
出版发行:华中科技大学出版社(中国·武汉)　　电话:(027)81321913
　　　　　武汉市东湖新技术开发区华工科技园　　邮编:430223
录　排:华中科技大学惠友文印中心
印　刷:武汉科源印刷设计有限公司
开　本:889mm×1194mm　1/16
印　张:12
字　数:348 千字
版　次:2024 年 7 月第 1 版第 7 次印刷
定　价:48.00 元

网络增值服务

使用说明

欢迎使用华中科技大学出版社医学资源服务网

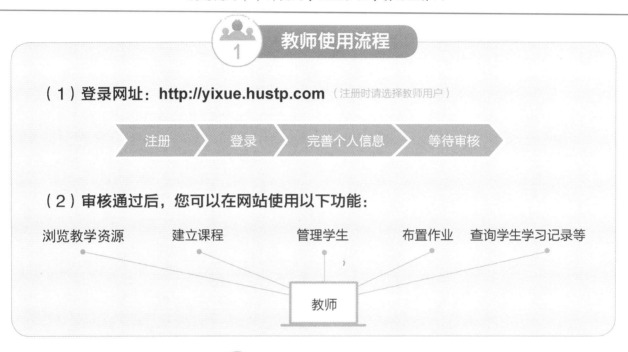

1 教师使用流程

（1）登录网址：**http://yixue.hustp.com**（注册时请选择教师用户）

注册 ▷ 登录 ▷ 完善个人信息 ▷ 等待审核

（2）审核通过后，您可以在网站使用以下功能：

浏览教学资源　　建立课程　　管理学生　　布置作业　查询学生学习记录等

教师

2 学员使用流程

（建议学员在PC端完成注册、登录、完善个人信息的操作。）

（1）PC 端操作步骤

①登录网址：http://yixue.hustp.com（注册时请选择普通用户）

注册 ▷ 登录 ▷ 完善个人信息

②查看课程资源：（如有学习码，请在个人中心－学习码验证中先验证，再进行操作。）

选择课程

首页课程 ▷ 课程详情页 ▷ 查看课程资源

（2）手机端扫码操作步骤

手机扫码　　登录　　查看数字资源

注册

开展餐饮教学研究 加快餐饮人才培养

  餐饮业是第三产业重要组成部分。改革开放40年来,随着人们生活水平的提高,作为传统服务性行业,餐饮业对刺激消费需求、推动经济增长发挥了重要作用,在扩大内需、繁荣市场、吸纳就业和提高人民生活质量等方面都做出了积极贡献。就经济贡献而言,2018年,全国餐饮收入42716亿元,首次超过4万亿元,同比增长9.5%,餐饮市场增幅高于社会消费品零售总额增幅0.5个百分点;全国餐饮收入占社会消费品零售总额的比重持续上升,由上年的10.8%增至11.2%;对社会消费品零售总额增长贡献率为20.9%,比上年大幅上涨9.6个百分点;强劲拉动社会消费品零售总额增长了1.9个百分点。中国共产党第十九次全国代表大会(简称党的十九大)吹响了全面建成小康社会的号角,作为人民基本需求的饮食生活,餐饮业的发展好坏,不仅关系到能否在扩内需、促消费、稳增长、惠民生方面发挥市场主体的重要作用,而且关系到能否满足人民对美好生活的向往、实现小康社会的目标。

  一个产业的发展,离不开人才支撑。科教兴国、人才强国是我国发展的关键战略。餐饮业的发展同样需要科教兴业、人才强业。经过60多年特别是改革开放40年来的大发展,目前烹饪教育在办学层次上形成了中职、高职、本科、硕士、博士五个办学层次;在办学类型上形成了烹饪职业技术教育、烹饪职业技术师范教育、烹饪学科教育三个办学类型;在学校设置上形成了中等职业学校、高等职业学校、高等师范学校、普通高等学校的办学格局。

  我从全聚德董事长的岗位到担任中国烹饪协会会长、全国餐饮职业教育教学指导委员会主任委员后,更加关注烹饪教育。在到烹饪院校考察时发现,中职、高职、本科师范的相关专业都开设了烹饪技术课,然而在烹饪教育内容上没有明显区别,层次界限模糊,中职、高职、本科烹饪课程设置重复,拉不开档次。各层次烹饪院校人才培养目标到底有哪些区别?在一次全国餐饮职业教育教学指导委员会和中国烹饪协会餐饮教育委员会的会议上,我向在我国从事餐饮烹饪教育时间很久的资深烹饪教育专家杨铭铎教授提出了这一问题。为此,杨铭铎教授研究之后写出了《不同层次烹饪专业培养目标分析》《我国现代烹饪教育体系的构建》,这两篇论文回答了我的问题。这两篇论文分别刊登在《美食研究》和《中国职业技术教育》上,并收录在中国烹饪协会主编的《中国餐饮产业发展报告》之中。我欣喜地看到,杨铭铎教授从烹饪专业属性、学科建设、课程结构、中高职衔接、课程体系、课程开发、校企合作、教师队伍建设等方面进行研究并提出了建设性意见,对烹饪教育发展具有重要指导意义。

  杨铭铎教授不仅在理论上探讨烹饪教育问题,而且在实践上积极探索。2018年,在全国餐饮职业教育教学指导委员会立项的重点课题"基于烹饪专业人才培养目标的中高职课程体系与教材开发研究"(CYHZWZD201810)正式启动。该课题的特点是:以培养目标为切入点,明晰烹饪专业人才培养规格;以职业技能为结合点,确保烹饪人才与社会职业有效对接;以课程体系为关键点,通过课程结构与课程标准精准实现培养目标;以教材开发为落脚点,开发教学过程与生产过程对接的、中高职衔接的两套烹饪专业课程系列教材。课题的创新点在于:研究与编写相结合,中职与高职相同步,学生用教材与教师用参考书相联系,资深餐饮专家领衔任总主编与全国排名前列的大学出版社相协作。编写出的中职、高职系列烹饪专业教材,解决了烹饪专业文化基础课程与职业技能课程脱节,专业理论课程设置重复,烹饪技能课交叉,职业技能倒挂,教材内容拉不开层次等问题,是国务院《国家职业教育改革实施方案》提出的完善教育教学相关标准中的"持续更新并推进专业教学标准、课程标准建设和在职业院校落地实施"这一要求在烹饪职业教育专业的具体举措。基于此,我代表中国烹饪协会、全国餐饮职业教育教学指导委员会向全国烹饪院校和餐饮行业推荐这两套烹饪专业教材。

习近平总书记在党的十九大报告中将"两个一百年"奋斗目标调整表述为:到建党一百年时,全面建成小康社会;到新中国成立一百年时,全面建成社会主义现代化强国。经济社会的发展,必然带来餐饮业的繁荣,迫切需要培养更多更优的餐饮烹饪人才,要求餐饮烹饪教育工作者提出更接地气的教研和科研成果。杨铭铎教授的研究成果,为中国烹饪技术教育研究开了个好头。让我们餐饮烹饪教育工作者与餐饮企业家携起手来,为培养千千万万优秀的烹饪人才、推动餐饮业又好又快地发展,为把我国建成富强、民主、文明、和谐、美丽的社会主义现代化强国增添力量。

全国餐饮职业教育教学指导委员会主任委员

中国烹饪协会会长

《国家中长期教育改革和发展规划纲要(2010—2020年)》及《国务院办公厅关于深化产教融合的若干意见》(国办发〔2017〕95号)等文件指出:职业教育到2020年要形成适应经济发展方式的转变和产业结构调整的要求,体现终身教育理念,中等和高等职业教育协调发展的现代教育体系,满足经济社会对高素质劳动者和技能型人才的需要。2019年1月,国务院印发的《国家职业教育改革实施方案》更是明确提出了提高中等职业教育发展水平、推进高等职业教育高质量发展的要求及完善高层次应用型人才培养体系的要求。为了适应"互联网十职业教育"发展需求,运用现代信息技术改进教学方式方法,对教学教材的信息化建设,应配套开发信息化资源。

随着社会经济的迅速发展和国际化交流的逐渐深入,烹饪行业面临新的挑战和机遇,这就对新时代烹饪职业教育提出了新的要求。为了促进教育链、人才链与产业链、创新链有机衔接,加强技术技能积累,以增强学生核心素养、技术技能水平和可持续发展能力为重点,对接最新行业、职业标准和岗位规范,优化专业课程结构,适应信息技术发展和产业升级情况,更新教学内容,在基于全国餐饮职业教育教学指导委员会2018年度重点科研项目"基于烹饪专业人才培养目标的中高职课程体系与教材开发研究"(CYHZWZD201810)的基础上,华中科技大学出版社在全国餐饮职业教育教学指导委员会副主任委员杨铭铎教授的指导下,在认真、广泛调研和专家推荐的基础上,组织了全国90余所烹饪专业院校及单位,遴选了近300位经验丰富的教师和行业、企业优秀人才,共同编写了本套教材。

本套教材力争契合烹饪专业人才培养的灵活性、适应性和针对性,符合岗位对烹饪专业人才知识、技能、能力和素质的需求。

本套教材有以下编写特点:

1.权威指导,基于科研。本套教材以全国餐饮职业教育教学指导委员会的重点科研项目为基础,由国内餐饮职业教育教学和实践经验丰富的专家指导,将研究成果适度、合理落实到教材中。

2.理实一体,强化技能。遵循以工作过程为导向的原则,明确工作任务,并在此基础上将与技能和工作任务集成的理论知识加以融合,使得学生在实际工作环境中,能将知识和技能协调配合。

3.贴近岗位,注重实践。按照现代烹饪岗位的能力要求,对接现代烹饪行业和企业的职业技能标准,将学历证书和若干职业技能等级证书("1+X"证书)考试内容相结合,融入新技术、新工艺、新规范、新要求,培养职业素养、专业知识和职业技能,提高学生应对实际工作的能力。

4.编排新颖,版式灵活。注重教材表现形式的新颖性,文字叙述符合行业习惯,表达力求通俗、易懂,版面编排力求图文并茂、版式灵活,以激发学生的学习兴趣。

5.纸质数字,融合发展。在新形势媒体融合发展的背景下,将传统纸质教材和华中科技大学出版社数字资源平台融合,开发信息化资源,打造成一套纸数融合一体化教材。

本系列教材得到了全国餐饮职业教育教学指导委员会和各院校、企业的大力支持和高度关注,它将为新时期餐饮职业教育做出应有的贡献,具有推动烹饪职业教育教学改革的实践价值。我们衷心希望本套教材能在相关课程的教学中发挥积极作用,并得到广大读者的青睐。我们也相信本套教材在使用过程中,通过教学实践的检验和实际问题的解决,能不断得到改进、完善和提高。

　　饮食文化是高等院校烹饪专业、旅游专业和食品专业的必修课。自 20 世纪 50 年代末以来,我国高等烹饪教育已经走过了近 60 年的历程,饮食文化教材也伴随着烹饪教育的发展而日趋多样化,从最初的烹饪史讲稿到如今名称多样的教材,展现了我国饮食文化教材发展的丰硕成果。目前,饮食文化类教材的名称有西方饮食文化、中国饮食文化、中华饮食文化、中外饮食文化、人类饮食文化、饮食文化概论等,其中以中国饮食文化最为常见。从内容上看,饮食文化类教材带有明显的编著者所学专业的印痕,概括而言有饮食史、饮食文学、饮食哲学、食疗保健、饮食民俗、饮食人类学、茶学、酒文化等。这些都是饮食文化的内容之一,编著者根据自己的专长而有所侧重。另外,饮食文化类教材也存在着过于学术化和过于表面化两种倾向。这些问题反映了编写者从自己的立场出发编写教材,忽略了教材的基本功用,不利于专业教师的授课和学生的学习。

　　烹饪、食品等专业教育的发展应以服务于餐饮业和食品产业的发展为宗旨,培养符合当今餐饮业和食品产业需求的复合型专业人才。所以,专业教学一定要密切联系产业发展的需求,这就为教材编写提出新的时代要求。华中科技大学出版社敏锐地捕捉到了这一需求,在著名餐饮教育专家杨铭铎教授的主持下,开发出以职业技能为导向的烹饪专业教材。教材的构思、框架、具体内容都紧紧围绕学生的职业技能培养展开,适应当前烹饪高等教育尤其是应用型本科和"新工科"发展的需要。

　　本教材不同于本系列教材中的专业技能课教材,它以培养学生的专业文化素养为导向。在教材编写过程中我们参考了当前已经出版的同类教材,吸取其中的优点,应该说本教材是在吸取前辈研究成果的基础上编写而成的。虽然不似专业技能课教材,具体内容与职业技能标准一一对应,但是本教材也按照总体要求,突出饮食文化内容与职业技能培养内容的结合。

　　本教材的特色主要体现在以下四个方面。

　　一是理论知识服务于职业技能的发展。职业技能既包括产品生产制作技能,也包括产品设计、开发能力和对产品的理解认知能力。本教材的内容编排与编写主要是围绕培养学生对中华民族创造的代表性饮食产品的传承与发展能力、餐饮产品和食品的设计开发能力及理解认知能力来展开，目的是培养学生从文化艺术的高度创意创新饮食产品，提高饮食产品的市场竞争力。

二是力求教材内容的规范性和准确性。专业技能是严谨的，教材内容中的理论知识也要本着严谨、专业的原则力求内容的规范性和准确性。在确定了教材主体框架和内容范畴之后，我们查阅了大量的专业书籍，结合自己的行业、教学经历，听取餐饮业和食品企业等人士的信息反馈，以保证内容尽可能地规范和准确。

三是内容编排的针对性。通过查阅已经出版的同类教材，发现有的内容或者过于学术化，或者过于泛化，理论术语及归纳过于抽象，有些特征的概述不具有针对性，无法体现中国饮食文化发展的历史阶段性特征、不同地域饮食风味的自身特色和饮食民俗蕴含的民间饮食智慧。本教材编写内容突出针对性，尤其是通过相关知识链接和图片来增强内容的针对性。

四是留有发展的空间。教材编写服务于教师教学和学生学习。教材应该突出在提供教学材料的基础上发挥专业教师的教学能力，在指导学生学习的过程中，发挥学生专业学习的自主能力。所以在教材的内容编排上尽可能地引导教师和学生发挥自己的能力，教师根据自己的专长和实际教学需要对内容进行变通、补充和更新。同样，学生可以按照内容线索，通过阅读相关书籍、观看影像资料和行业调查来充实自己的学习。

建议饮食民俗部分充分利用国家级教学资源库中"中国烹饪传承与创新项目"的优质资源（https：//www.icve.com.cn/portal_new/courseinfo/courseinfo.html？courseid＝a2coasymfl5pgljpq2w4xg），采用线上线下混合教学。

本教材是由编写团队分工合作完成的。具体分工如下：武汉商学院李明晨负责项目一、项目二的编写和全书统稿工作，普洱学院宫润华负责项目三的编写和教材样稿的审校工作，长沙商贸旅游职业技术学院谭璐负责项目四的撰写，普洱学院段朋飞负责项目五的编写，武汉职业技术学院樊丽娟负责项目六的编写，长沙商贸旅游职业技术学院方八另、湖南省邵阳市商业技工学校赵国强负责教材教学资源的统筹。

在教材编写过程中得到了杨铭铎教授的大力支持和科学指导。华中科技大学出版社的汪飒婷等编辑从开始策划到教材的落地一直统筹安排，跟踪指导，热情服务。武汉商学院烹饪与食品工程学院的杨军院长、王辉亚书记以及教务处领导给予了大力支持。在此一并表示衷心的感谢。

由于编者能力有限，不能对上下五千年、纵横百万里的中国饮食文化掌握得面面俱到，教材编写难以尽善尽美，希望广大教师和学习者提出宝贵的指导意见。本教材既可用于烹饪类、旅游类、食品类等相关专业的教学，又可作为其他专业的公共选修课教材，也可以作为饮食文化爱好者的读物。

编者

饮食与文化

项目描述

　　本项目从宏观上勾勒出饮食与文化的相互关系,从人们饮食生产、饮食生活与饮食消费体验等视角阐述饮食与文化的关系,揭示人类饮食的本质。对基本概念的学习可为学生导入专业学习,从理论上理解和掌握应该具备的基本职业素养。从中外比较的角度总结提炼出中国饮食文化的主要特征,烹饪工作者需要掌握这些特征,保持中国饮食文化的民族性,在中外饮食文化交流中保持自己的文化符号。同时为学生提供了本门课程的学习方法与建议。

项目目标

1. 了解饮食与烹饪的关系。
2. 理解烹饪文化、食品文化与饮食文化的关系。
3. 掌握中国饮食文化的特征。
4. 掌握中国饮食文化的学习方法。

任务一　饮食与烹饪

任务描述

　　人们习以为常的饮食具有怎样的含义? 如何从概念上把握饮食? 为人的饮食提供食物的烹饪又是怎样的? 如何从学理上界定烹饪? 在饮食书籍、论文中经常出现的饮食文化、烹饪文化、食品文化又如何区分? 三者的关系又是怎样的呢? 相对于其他国家、民族的饮食文化,博大精深的中国饮食文化又具有怎样的民族特征呢?

任务目标

1. 理解饮食的含义。
2. 掌握烹饪的含义。
3. 掌握饮食文化的含义。
4. 学会区分饮食文化、烹饪文化与食品文化。
5. 理解中国饮食文化的主要特征。

　　人类的生存首先要解决吃喝问题,这是维持生命最基本的保障。如果最基本的吃喝不能满足,无法谈及其他的发展问题。孟子指出:饮食男女,人之大欲存焉。饮食的最基本含义其实就是喝与吃,以补充人体需要的水分、营养和能量。

一、饮食的含义

，这是甲骨文中饮的字形，右边是人形，左上边是人伸着舌头，左下边是酒坛（酉），形象地刻画了一个人向酒坛伸舌头饮酒的情形。小篆演变为"飲"，隶书演化为"饮"。饮的含义也日渐丰富，发展出酒、水、饮料、饮用、待客等含义。这些含义反映了人们对饮的认识逐步具体、深化和社会化。

，食的甲骨文字形上面是一个盖子，下面是簋的象形。簋是盛饭的器具，表明食指的是熟的或者保温的热饭。所以在夏商时期，饮食指的是喝酒或者水和吃热饭。酒的酿造，汤、热水和热饭都需要烹饪。

史前时期，人类为了生存性饮食而终日奔波，部落共同渔猎采集、制作饮食和享用饮食。共同并不意味着平均，男女老少也有分工，强壮者捕猎，柔弱者采集。在伦理观念不强的时期，失去劳动能力者可能被抛弃。随着社会生产的发展，一部分人从劳动中解脱出来，社会组织日益完善，社会分工逐步增加，阶级社会逐步取代了原始社会。饮食与权力和社会地位有了联系，朝着阶级、阶层分化的方向发展。权力阶层和富有者有条件获得更好的饮食，也追求更高层次的享受。饮食渐渐有了社会地位与身份的象征意义。随着社会阶层的生产生活交流，政治、经济、文化的互动，人口的流动，社会化饮食产生并加快发展，饮食又多了社会交往的功能，成为人们社会活动的媒介。由此而言，饮食最初是人们求生存的本能性活动，是维持生命需要而进行的饮与食。随着社会的发展和人的追求的提高，饮食的含义越来越丰富，如饮食原料获取与生产、饮食制作与生产、饮食娱神与祭祀、饮食享用与消费、饮食社会交际在科技助推下的产业化。从中反映出，随着社会的发展，饮食的物质意义逐渐弱化，社会文化意义逐渐强化，这是社会发展中人的自然性与社会性的变化在饮食中的反映。无论饮食如何变化，其基础仍然是烹饪。

二、烹饪的含义

烹饪是指非工业化生产食物的方法与过程。烹饪在古代是指用炊具（鼎）、燃料（木），在火上制作熟食物。《周易·鼎》载：以木巽火，亨饪也。圣人亨以享上帝，而大亨以养圣贤。古代"亨"与"烹"二字通用。由此可知烹就是顺风点燃木柴，蒸煮食物。我国最早的字典《说文解字》把"饪"解释为大熟也。可见烹饪最初的含义是指用煮的方式把食物加工成熟食，也包括把生水加热成开水的含义。"圣人亨以享上帝，而大亨以养圣贤"就融入了儒家饮食道德的意义，烹饪服务的对象不同，烹饪的社会意义也不同。这就奠定了厨师社会地位与服务对象之间关系的民族文化基础。

其实生食凉菜也需要烹饪，所以，烹饪是指饮食制作的技艺。随着烹饪技术的发展，烹饪成为一门以技术为支撑的饮食制作艺术，是借助烹饪器具设备，运用烹饪技术把烹饪原料制作成具有食用价值和审美价值的饮食产品的过程。现代社会，中国传统烹饪也吸收了国外烹饪的技法，满足人们的饮食需求。中国烹饪的特征是经验性强，现代烹饪的科学性也日益明显，所以有人说烹饪包含技艺、文化与科学。三者中技艺是基础，文化是提升，科学是助力，无论是学校教育还是行业生产，烹饪的这三个要素都是不可或缺的。

对于烹饪的含义要从以下几个方面进行把握。

❶ 产生条件

从烹饪的煮熟食物含义看，烹饪的产生条件是火与器具，也就是产生于人们掌握钻木取火和陶器制作技术之后。从饮食制作技艺的含义看，烹饪的产生条件是人的饮食制作。

❷ 特征

以技术为支撑的饮食制作艺术，是融技术性与艺术性为一体的社会生产活动，由能够食用上升到美味享受。

❸ 过程性

烹饪是一个过程,以烹饪原料的选择为起点,一直到饮食产品的食用,其间包括烹饪原料的选取与处理、烹饪器具的选择与使用、烹饪工艺技术的运用与控制、烹饪艺术水准的追求、饮食产品质量的控制等要素。因此,社会餐饮中的烹饪需要各个岗位的协调配合。

❹ 层次性

烹饪不同于绘画、音乐、雕塑等其他艺术形式,烹饪的饮食产品首先是保证其食用价值,在此基础上突出其审美价值,不能为了求美而忽略了食用价值。

❺ 主体

烹饪的主体是厨师,要突出厨师在烹饪发展过程中的主体作用,要逐步使厨师的社会地位与烹饪发展的社会水准相吻合。烹饪的服务对象也是人,要根据人的饮食需要进行烹饪。

三、饮食文化、烹饪文化与食品文化

(一) 文化的含义

"文化"一词的含义广泛而复杂,全世界的学者给它下了一百多种定义。从字源上看,英文和法文的"文化"一词都是"culture",来源于拉丁文,而拉丁文的"culture"有耕种、居住、练习、注意和敬神等多种含义。

泰勒指出:文化是一个复杂的总体,包括知识、艺术、宗教、神话、法律、风俗,以及其他社会现象。美国社会学家丹尼尔·贝尔则在《后工业社会的来临》中说:我想文化应定义为有知觉的人对人类面临的一些有关存在意识的根本问题所做的各种回答。《苏联大百科全书》言:文化是社会和人在一定历史时期的发展水平,它表现为人们进行生活和活动的种类与形式,以及人们所创造的物质和精神财富。中国著名学者梁漱溟先生也在《中国文化要义》中说:文化之本义,应在经济、政治,乃至一切无所不包。由此可以看出,文化的含义在本质上是比较宽泛的。

如今,在中国,关于文化有两种比较流行的定义:一是《辞海》指出的,广义的文化指人类在社会实践过程中所获得的物质、精神的生产能力和创造的物质、精神财富的总和。狭义的文化指精神生产能力和精神产品。二是《现代汉语词典》指出的,文化是"人类在社会历史发展过程中所创造的物质财富和精神财富的总和,特指精神财富,如文学、艺术、教育、科学等"。饮食、烹饪都是人类创造的物质财富和精神财富之一,而且是人类生存和发展必不可少的,因此必然是人类文化的一个重要组成部分。

(二) 饮食文化的含义

随着人类发展的进程,饮食的含义越来越丰富,特别是饮食社会化以后。如今饮食已经不仅仅是喝与吃,而是人的生理与心理共同需要的满足、人的自然属性与社会属性的综合体现。在这个过程中,饮食与文化产生了关联,发展为密切的关系。虽然饮食只是人的本能性活动,但是饮食原料获取与生产,饮食制作、饮食行为及其饮食内容的范畴甚或饮食宜忌都深深地烙上了文化的印记。通过饮食也能了解其所生发和承载的文化类型本质。著名人类学家张光直先生曾说:到达一个文化核心的方法之一就是通过它的肚皮。这生动形象地阐明了饮食反映文化本质的原理。这就形成了一门交叉性学科——饮食文化。

关于饮食文化的含义,有狭义和广义之分。狭义的饮食文化是与烹饪文化相对的。一般而言,烹饪文化是指人们在长期的饮食生产加工过程中创造和积累的物质财富和精神财富的总和,是关于人类食物是什么、怎么做、为什么做的学问,涉及食物原料、烹饪工具、烹饪工艺、烹饪科学技术等。狭义的饮食文化,则是指人们在长期的饮食消费过程中创造和积累的物质财富和精神财富的总和,是关于人类吃什么、怎么吃、为什么吃的学问,涉及饮食品种、饮食器具、饮食习俗、饮食服务等。简言之,烹饪文化是在生产加工饮食的过程中产生的,是一种生产文化。狭义的饮食文化是在饮食消费的过程中产生的,是一种消费文化。但是,饮食的生产和消费是紧密相连的,没有烹饪生产,就没有饮食消费,烹饪和烹饪文化是饮食与饮食文化的前提,饮食文化是由烹饪文化派生而来的,因此,将饮食的生产和消费联系起来,人们在习惯上常常用广义的饮食文化加以概括和阐述。具体而言,广义的饮食文化,包含烹饪文化和狭义的饮食文化的内容,是指人们在长期的饮食生产与消费实践过程中,所创造并积累的物质财富和精神财富的总和。

关于饮食文化,目前还没有形成完全统一的概念。华英杰,吴英敏和余和祥主编的《中华膳海》认为:饮食文化指饮食、烹饪及食品加工技艺、饮食营养保健以及以饮食为基础的文化艺术、思想观念与哲学体系的总和。并且根据历史地理、经济结构、食物资源、宗教意识、文化传统、风俗习惯等各种因素的影响,将世界饮食文化主要分成三个自成体系的风味类群,即东方饮食文化、西方饮食文化和清真饮食文化。赵荣光与谢定源合著的《饮食文化概论》认为:饮食文化是指食物原料的开发利用、食品制作和饮食消费过程中的科技、艺术,以及以饮食为基础的习俗、传统、思想和哲学,即由人们食生产和食生活方式、过程、功能等结构组合而成的全部食事的总和。我们认为,上述概念都是描述性的,都试图通过描述把与饮食有关的文化现象包含其中。其实,概念是界定性和概述性的,因此我们提出饮食文化是指人类在饮食生产、食用和消费过程中产生和发展的文化事象。由此可以看出饮食文化包括了物质文化、行为文化、制度文化与精神观念文化四个层面,其产生的载体是人类的饮食生产、食用和消费,它不是饮食与文化的嫁接,而是在这个过程中自然产生和发展出来的。这样就与烹饪文化和食品文化有了区分。

（三）饮食文化、烹饪文化与食品文化的关系

烹饪文化是指人们在烹饪实践过程中所创造的物质财富和精神财富的总称。具体地说,烹饪文化包括饮食原料的认知与应用,饮食制作过程中的技艺、艺术与科学和在烹饪中产生的风俗、传统、思想和哲学观念等要素,是由饮食生产制作的方式、过程、功能、观念等组合而成的烹饪事项的综合。就饮食过程而言,烹饪属于饮食生产范畴。烹饪文化也只是饮食文化的一部分。一般而言,食品是工业化的产物,是通过工业化的方式生产的饮食产品。食品文化是指食品生产中产生的文化,是附着在食品上的文化意义。

文化可分为物质、制度、行为、精神观念四个层面。如馒头,人们制作的馒头属于物质,馒头的做法属于制度,馒头的吃法属于行为,馒头制作的目的、意图和制作特征属于精神观念层面。

三者关系:食品文化、烹饪文化都属于饮食文化;烹饪文化属于食品文化和饮食文化的制作层面;食品文化是烹饪文化和饮食文化的目的所向;饮食文化是烹饪文化和食品文化的文化土壤。

四、中国饮食文化的主要特征

（一）悠久的历史延续性

中国饮食文化有着悠久而辉煌的历史。它起源于人类早期的饮食,历经石器时代的孕育萌芽时期、夏商周的初步形成时期、秦汉到唐宋的蓬勃发展时期,在明清成熟、定型,然后进入近现代繁荣创新时期。每个时期,中国的饮食不论是在物质上还是在精神上,尤其是在饮食器具、饮食原料、烹饪技法、饮食产品、饮食著述等方面都有自己的独特之处,并对世界饮食产生了一定影响。中国饮食文化史是中华文明史的重要组成部分,中华文明是世界上少有的没有断层的文明形态之一,从产生至今,一直延续着,具有悠久的历史延续性,中国饮食文化也同样具备悠久的历史延续性特征。从历史发展阶段之间的成果而言,每一个阶段都有着传承上一个时代和开启下一个时代的作用。因此,中国饮食文化是现实存在于历史的延续性饮食文化。

（二）多种饮食文化类型的交融性

中国的版图经历了一个逐步扩大又逐渐缩小的过程,而中华民族却经历着一个逐渐融合形成和巩固强化的过程。在这个过程中,生活在不同地理环境、社会环境和民族中的人们的饮食逐渐融合,

形成了多种饮食文化类型的交融。在东北和西北以及西南的部分区域,有着广袤的草原和草甸,这里的人们逐草水而居,属于游牧文明,饮食上以肉奶为主。东部由辽宁沿海向南到台湾的广大区域,临海而居的人们以海洋渔产为生,属于海洋文明。中国文明是典型的农耕文明,农耕文明中的饮食文化虽然居于主体地位,但是中国饮食文化是三种类型的交融,更是众多民族饮食文化的交融,这就使得中国饮食文化具有了很大的涵容性,呈现出类型众多、大放异彩的特征。

(三) 复杂的工艺技术性

中国饮食文化之所以繁荣与中国烹饪的复杂工艺技术有着密不可分的关系。生活在不同地理环境中的人们获取的饮食原料也不同,山货、水产、谷物、肉奶等在不同的生长环境下,也具有了独有的属性。人们因地制宜,根据不同的物产创造出不同的烹饪工艺。受社会阶层饮食喜好和追求的影响,烹饪技法趋于多样化,市肆饮食追求技术精湛,官府和宫廷饮食则要求技术繁复。在长时期的饮食生产和饮食追求中,饮食生产工艺技术日趋复杂多样化。例如东坡肉就有黄州、杭州、湖州、徐州、密州、眉州、儋州等多种做法;烧的技法就有红烧、白烧、干烧等。有些烹饪工艺技术是地方所特有的,如湖北的翻砂桃子煨汤,江西的瓦罐煨汤,鲁菜的炝、扒,川菜的开水、鱼香、荔枝、蒜泥,粤菜的炆、焗等。随着中式快餐的快速发展和官府、宫廷等贵族饮食的淡化,尤其是烹饪工业化的发展,中国饮食文化的复杂工艺技术特征也逐渐弱化,简单、易操作、省时、规模化等成为新时期中国饮食文化中工艺技术的特色。不过,随着饮食非物质文化遗产、美食旅游等的发展,有些面临失传或已经失传的烹饪工艺技术得到了保护和新生,中国饮食文化中的复杂的工艺技术性特色依然突出。

(四) 模糊性中的科学性

受朴素的中国哲学观念影响,中国饮食生产制作具有模糊性的传统特色。在饮食的制作过程中,主料、辅料、调料等量的控制不是科学的量化,而是经验的把握,尤其是火力的控制更是如此。人们在食用和消费过程中对菜肴的评价标准也不是客观的,而是来自主观喜好。这就铸就了中国饮食文化中的模糊性特色。这不仅体现在饮食生产与消费上,还体现在饮食与其他领域的边界不清上,尤其是饮食与医疗上。这一方面是因为受阴阳五行等朴素哲学观念的影响,另一方面是因为饮食生产和审美的确需要时间的历练。

中国饮食文化的模糊性并不影响它的发展,直至今天,人们依然这样接受。尽管食品科学发展要求科学严格量化和程序化,人们在饮食中依然延续着这一传统。西医和中西医结合的发展也没有扭转中国饮食文化中的药食同源趋向。这不仅是传统的固化作用,而且是模糊性中有着一定的科学性。饮食生产制作中的量化,无论是用具体的量化器具测量后固定化,还是依靠人的经验细微调节,都取决于人体的需要。前者是理论的结果,后者是对人体需要的经验把握。相对而言,后者更为符合不同小环境下的人体变化对饮食的需求,更具有科学实践性。饮食与医疗都是围绕人的身体健康展开的,饮食不足和不当都会导致健康问题,饮食适宜有利于杜绝健康问题的发生。这些虽然没有系统科学的实验证明,但是历史实践是最好的科学证明。当然,中国饮食文化的模糊性不利于饮食产品的规模化生产和产品性能的控制,这些需要运用食品科学技术来弥补。

不过,食品科学技术的应用遵循科学精神,要具有人文关怀。因为食品科学技术应用的结果不仅仅是饮食生产效率的提高、饮食产业经济效益的提高,而且是生产有利于人的身体健康、智能发展的饮食产品。人不是机械,也不同于其他动物,需要精神文化的滋养,所以也要促进人的精神文化发展。当前,科学对人的异化问题在饮食领域也某种程度地存在,饮食文化就是要运用人文精神,防止科学技术对饮食的异化。

任务二 中国饮食文化的学习方法

任务描述

作为烹饪、旅游、食品等相关专业的专业基础课,"中国饮食文化"是一门怎样的课程,与其他专业课有着怎样的区别?面对上下数万年,纵横百万里的饮食文化内容又该怎样学习和掌握?如何才能有效地学习这门课程,为其他专业课的学习及今后的职业提升奠定扎实的专业文化基础?

任务目标

1. 了解"中国饮食文化"的课程性质。
2. 了解"中国饮食文化"的课程特征。
3. 掌握"中国饮食文化"的学习方法。

一、"中国饮食文化"的课程性质

"中国饮食文化"作为一门课程,在不同性质的学院专业定位也不同。在烹饪类专业中,"中国饮食文化"是专业基础课,属于必修课程。在有些专业(如旅游、营养学、食品等专业)中属于专业选修课,有的甚至定位于专业拓展课程。无论课程性质如何,"中国饮食文化"都是学生要学习和掌握的专业理论,是培养学生文化素养尤其是专业文化素养的必备课程。

"中国饮食文化"是专业文化理论课。从当前来看,一般是纯理论教学。其实,这门课程包含了大量的专业技能信息,目的是使学生提高专业技能水准,把技术提高到文化水准层面。有条件的院校可以探索理论实践一体化教学,将饮食文化的技能内容在理论上深化,在实践中再现,通过二者结合的方式传授给学生。

"中国饮食文化"课程的教学目标是培养学生的文化水平素养,提升饮食文化审美能力,提高饮食产品文化价值,增强学生的民族文化认同感与自豪感,让学生自觉传承中华优秀传统文化,保护饮食文化遗产,让中国优秀饮食文化薪火相传,提升饮食文化在国家文化软实力建设中的作用。

二、"中国饮食文化"的学习方法

"中国饮食文化"课程内容十分丰富,饮食历史、地域风味、饮食民俗风情、饮食思想科学等,上下五千年,纵横百万里。这么多的内容,如何学习和掌握呢?根据课程性质与教学目标,学生们可以通过以下几个方法学习这门课程。

(一)理论学习

"中国饮食文化"是一门专业文化理论课程,丰富的学习内容需要系统的理论统领,饮食文化知识也通过理论升华。学生不仅要掌握扎实的专业技能,也要掌握系统的专业理论,以理论指导技能实践,提升自己的饮食创新创意能力。理论学习不能仅仅依靠记忆和背诵,还要通过知识学习和饮食生产、生活实践深入理解。课堂上老师的讲授就是运用理论贯穿知识,通过生动实际的案例把理论深入浅出地讲授给学生。课堂学习是主要的阵地,一定要跟随老师的思路,学习和掌握中国饮食文化中的基本理论。中国饮食文化贯穿着饮食生存论、饮食智慧论、饮食发展论与饮食民族文化论等基本理论,交叉有历史学、语言文学、文化学、人类学、民俗学、中医学、地理学等学科理论。这些理论的学习需要同学们树立交叉学科学习的意识,掌握拓宽视野的认知方法。理论学习最好的方法就是理论联系实践,希望同学们结合饮食生活、生产的实践来学习和理解这些理论,从中掌握"理论来

6

自实践又应用于实践"的基本学习理念。

（二）知识学习

"中国饮食文化"课程以饮食文化知识学习为基础,这些知识是各民族人民在长期饮食生活、生产中总结出来的。知识的形态不同,有的来自日常生活、有的来自行业生产、有的来自农学、医药学著作,有的来自文学作品。一是要掌握好学习视角,要以饮食为中心学习这些饮食文化知识,不能偏离这一原则,否则会成为其他学科的知识学习。如《黄帝内经》等医药学书籍中有大量的饮食保健知识,对这些知识的学习是为了饮食文化的学习,不是学习医药学,所以要从饮食需要的视角而不是医药学的视角进行学习。二是要掌握好学习态度,课程知识不能碎片化学习,要从整体上、连贯性上系统学习,形成自己的课程知识体系。三是用理论贯穿知识学习,知识是生动的,但又是散乱的,知识是理论的基础,理论是知识的系统总结与升华性概述,知识需要运用掌握的学科理论进行贯穿学习。

（三）问题探究学习

"中国饮食文化"课程学习不只是为了学习理论知识,而是要运用这些理论知识发现、分析和解决饮食生活、生产中的问题。所以,问题探究学习是有效的学习方法。进行问题探究学习时一位同学是难以完成的,一般是以兴趣小组的形式进行。探究的问题既可以是授课教师提出的问题、教材中的课后思考题,也可以是同学们自己发现的问题或探究出来的问题。这种类型的学习需要同学们具备较强的问题意识和反思能力。问题探究学习培养学生在学习中发现问题、分析问题、解决问题的能力,也借助学习培养学生的团队合作意识。本课程中的每一个任务都可以提炼出值得探究的问题,在学习中也可以发现值得探究的问题。希望同学们以问题探究为驱动,深入学习课程内容,同时需要锻炼查阅资料、甄别资料、运用资料的能力。

（四）行业实践学习

实践出真知,"中国饮食文化"内容来自实践,也将会应用于实践。不同于著作和文学作品,课程学习是针对学生的专业学习需要而进行的。学生的专业学习又是为了今后的工作需要,因此结合行业生产需要的实践性学习是一种有效的学习方法。同学们可以在实践操作课程、外出就餐、家庭饮食、行业实习中有意识地应用中国饮食文化的理论知识,从中发现历史与现实、本地与外地、生活与思想、行为与观念、技术与文化之间的关联性。同时也可以反向学习,从上述活动中发现需要应用中国饮食文化理论知识的地方,有针对性地深入学习。值得注意的是行业实践学习应以自己为主导,不能人云亦云,要根据自己的认知去学习和应用。运用自己的高水平文化素养去感染行业人员,不能够被某些社会不良风气所诱导。

总之,"中国饮食文化"课程的学习方法是知识是基础,理论是提升,问题是动力,实践是检验。"中国饮食文化"课程学习是在老师指导下的专业课程学习,掌握的程度主要取决于自己的主动性,希望同学们发挥主观能动性,将习得的"中国饮食文化"课程内容服务于自己的饮食生活和工作岗位,提升自己的文化素养和品味。更为重要的是,通过对"中国饮食文化"课程的学习增强民族文化认同感与自豪感,自觉传承中华优秀传统文化,保护饮食文化遗产,为提升国家文化软实力贡献自己应有的力量。

项目小结

通过本项目的学习,学生要理解饮食的基本含义与范畴。掌握烹饪的概念,并能指导自己的实训实习。掌握饮食文化的概念,运用概念分析饮食中的文化现象。学会辨析饮食文化、烹饪文化与食品文化三者的关系。了解"中国饮食文化"课程的性质,掌握本课程的学习方法。

同步测试

中国饮食文化的发展历程

项目描述

本项目以历史为主线,讲述中国饮食文化的发展历程。上起原始先民的茹毛饮血,下到近代中西饮食文化被动性的融合,阐述中国饮食文化发展的历史成果。从时代社会背景,主要是与饮食密切相关的农业、手工业、商业,饮食原料的继承与开发利用,饮食器具的制作与应用,烹饪发展水平,饮食市场,饮食思想,饮食著作,各民族之间饮食文化交流以及中外饮食文化交流等方面阐述中国饮食文化发展历程中的阶段性特征与成就。通过学习,学生们对中国饮食文化发展历程有一个全面深入的认知过程,其阶段性特征与成就,也是专业学生必须掌握的饮食文化史资源,在饮食文化史资源的继承、保护、应用、开发中增强学生对民族饮食文化的自豪感。

项目目标

1. 了解中国饮食文化发展中各个阶段的社会背景。
2. 掌握中国饮食文化发展中各个阶段的主要饮食原料。
3. 掌握中国饮食文化发展中各个阶段的主要饮食器具。
4. 掌握中国饮食文化发展中各个阶段的烹饪水准与代表产品。
5. 掌握中国饮食文化发展中各个阶段代表人物的饮食思想。
6. 了解中国饮食文化发展中各个阶段的饮食文化交流概况。
7. 掌握查阅和应用古代饮食文化书籍的方法。
8. 掌握保护和应用中国饮食文化史资源的方法。

任务一　史前时期:萌芽阶段

任务描述

史前时期原始先民获取饮食原料的方式有哪些?人们制作食物的方法有哪些?生食与熟食的利与弊有哪些?史前时期取得了哪些饮食文化成就?有哪些代表人物和传说故事?史前时期饮食文化对现在饮食的影响有哪些?

任务目标

1. 了解史前时期饮食的自然环境。
2. 掌握史前时期的饮食文化成就。
3. 学会分析生食与熟食的各自利弊。

4．了解史前时期饮食文化代表人物及其传说。

5．了解和体会史前时期饮食文化对当今饮食的影响。

史前时期一般指自人类产生到有明确文献记载之间的荒蛮时期，在我国主要指夏代以前的漫长时期。人类产生之初，饮食活动的动物性占主体，随着人类体质和智能的发展，不断创造采集渔猎工具和饮食器具，饮食呈现出逐渐明显的文化色彩。史前时期是中国饮食文化的萌芽阶段，其发展概况主要体现在饮食原料的获取，饮食制作技艺、饮食器物和饮食观念等几个方面。

一、饮食的获取方式：渔猎采集

史前时期人类的所有活动都是围绕饮食、穿衣、居住等基本生活需求展开的，其中获取和维系生命能量的饮食活动是最常见也是最主要的活动。人们通过采集、狩猎、捕鱼等活动获取食物原料。受体质、体能、技巧和工具技术的限制，史前时期人们都要参加食物获取的劳动。青壮年男子猎取兽类，妇女孩童和老人负责采集或捕捞。在掌握人工取火前的数以万年计的漫长时间里，人的饮食方式是生食，茹毛饮血，吞食果菜，食物原料是能获取的一切动植物。随着原始农业和畜牧业的形成与发展，人们在食物原料上有了保障，来源趋于稳定，范围逐渐缩小，以满足生存需要为限度。烹饪产生后，生食原料逐渐减少。

史前时期各地的考古资料真实地展现了数百万年时间里人类的饮食生活。经考古证实，史前时期狩猎的对象主要是小型动物如兔子、鼠类、鹿、羊等，也有大型动物如野猪、野牛、大象、犀牛等。人们为了捕捉这些猎物制作了飞饼、石球、套索、弓箭等器具。空中飞禽、林中猛兽难以获取，人们主要是依靠采集和捕捉，草果花叶、鱼虾等都是采集捕捉的对象。

新石器时代，人们逐渐掌握了种植谷物和养殖禽畜的技术，中国的农业和畜牧业有了一定的发展，使得粟、黍、稻成为主要农作物，并种植芥菜、白菜、葫芦等蔬菜，在动物原料方面则以饲养的猪、狗为主，兼有一定量的牛、羊、鸡、马，基本上达到了"六畜"齐备。

但是，由于生产技术和各种条件的局限，只依靠当时农耕和畜牧业所提供的谷蔬及肉类食物不能够完全满足先民们的饮食需要，还必须进行采集渔猎。仅以动物原料为例，在新石器时代早期的一些文化遗址中，发现了许多野生禽兽，有的多达数十种。如半坡文化遗址出土的猎获物就有斑鹿、水鹿、竹鼠、野兔、狸、貉、獾、羚羊等走兽，河姆渡文化遗址出土的动物遗骸不仅有走兽飞禽，如红面猴、獐、虎、貉、獾、灵猫、豪猪、穿山甲、鸬鹚、鹤、野鸡、大雁等，而且有多种水生动物，如扬子鳄、乌龟、中华鳖、蚌以及鲤、鲫、鲶、黄颡、裸顶鲷。这些说明当时渔猎仍然是食物的重要来源之一。直到新石器时代后期的一些文化遗址中，野生动物的遗骨才逐渐减少。采集渔猎与农耕畜牧原料并用，极大地丰富了食物品种，从而奠定了中国人以粮食为主食、以蔬果和肉类为副食的饮食结构。

史前时期人类不仅吃动物的肉，还把动物的内脏吃掉，如食用牛、羊等动物的胃，饮用其中草的汁液。史前时期人类饮食一直影响今天的饮食风格。云南、贵州、湖南等地区少数民族保留有食用牛羊瘪的古风。

二、石器与陶器并存：饮食器具

烹饪工具与技术是相辅相成的，技术促进了烹饪工具的发明改进，工具的改进需要技术的支撑。烹饪产生于熟食时期，最初人们无意中食用了自然火烧熟或烧焦的动植物，深刻体会到熟食比生食更加适于食用，产生了用火制作熟食的强烈愿望。从最初利用自然火偶然性地烧熟食物到人工取火（石头击打石头产生火花，钻木生火），不知经历了多少代人的经验传承积累才成功。用火制作熟食的烹饪技艺从火烧、火烤发展为水煮、水蒸等，烹饪器具也随之不断发展。从简单地生火器具如树枝、石头等做成的烧烤支架，到石板、兽皮直至类型多样的陶器和少量的青铜器。饮水、羹汤和酿酒技术推进了饮品烹饪器具的产生和发展。熟食不能再用手直接拿着食用，需要借助器具，从而相应

史前茹毛饮血的遗风：羊瘪火锅

史前生食的遗风：岭南鱼生

Note

地制作出了大量的饮食器具。

具体而言,饮食器具有石器、兽皮、陶器、青铜器等。新石器时代的陶器产生的先后顺序是红陶、彩陶、黑陶、灰陶、白陶、硬陶和釉陶。较重要的有泥质灰陶、彩陶、黑陶和几何印纹陶四种。泥质灰陶是古代最普遍的陶器,表面有绳纹或篮纹、席纹等编织纹的装饰。灰色陶器的有代表性的器形是鬲(三空足的煮器)。这种陶器最初大概发生在陕、晋、豫交界一带,然后传播到各种不同的新石器文化中,在西北、中原、东北和东部滨海地带,都有发现。在时代上,一直延续到今天,但陶鬲的形式在汉代就已完全绝迹,陶器表面的绳席纹装饰,在汉代以后也不再出现。

彩陶发现的地点:河南安阳后冈等地,豫西(渑池县仰韶村、广武县秦王寨),淮河上游,晋南(夏县西阴村、万全县荆村及汾水流域各地),陕甘渭河流域,洮河流域,河北、辽宁、内蒙古长城地带及新疆。最近在湖北京山、天门也有发现。其中最早发现而又有代表性的遗址是河南的仰韶文化和青海的马家窑文化。鱼纹彩陶鬲和马家窑文化的陶甑见图 2-1 和图 2-2。

图 2-1　鱼纹彩陶鬲

图 2-2　马家窑文化的陶甑

三、饮食文化成就

(一)人工取火

燧人氏钻木取火等传说反映了火对人类发展的深刻意义。相传一万年前,有燧明国,不识四时昼夜。其人不死,厌世则升天。国有燧木,又叫火树,屈盘万顷,云雾出于其间。有鸟若鹗,用咀去啄燧木,发出火光。有位圣人从中受到启发,于是就折下燧枝钻木取火,人们就把这位圣人称为燧人氏。燧人氏是传说中发明钻木取火的人,这在先秦的古籍中已有记载。据《韩非子》记载:上古之世,人民少而禽兽众,人民不胜禽兽虫蛇……民食果蓏蚌蛤,腥臊恶臭而伤害腹胃,民多疾病。有圣人作,钻燧取火,以化腥臊,而民说(悦)之,使王天下,号之曰燧人氏。《汉书》亦有"教民熟食,养人利性,避臭去毒"的记载。清末著名学者尚秉和先生说:火自无而有者也,其发明至为难能。燧皇感森林自焚,知木实藏火,不知几经攻治,几经试验,始钻木得之。其功又进于有巢,而即以是为帝号,可见当时之诧为神圣,而利赖之深矣。又说:或谓火化而食始于庖羲,故以为号,岂知燧人既发明出火,其智慧岂尚不知炮食?况炮者裹肉而烧之,燎其毛使熟耳。在熟食中,燧人氏不仅发明了人工取火,而且最早教人熟食。在熟食中为至粗之法。

燧人氏应该是一个氏族,是较早成功掌握人工取火的氏族。中国文化的特色是把对人类发展进程中产生重大影响的发明或发现归功于神圣的人,使这类活动蒙上神秘的色彩。其实,这些都是普通劳动人民在长时期生活生产实践中的结果。人工取火的目的是为了制作熟食、驱寒取暖、照明和驱赶猛兽等,主要作用是饮食的发展。制作和食用熟食,人的体质与智能发展都获得了质的飞跃,不仅开创了熟食时代,促进了烹饪的发展,也加快了文明的发展。人工取火的另一结果是,人们为了饮食的需要烧山耕作,促进了原始农业的产生。

(二)陶器的发明与发展

《世本》载"昆吾作陶""神农耕而作陶"。人类生活生产中的重大发明有两个条件,一是生产生活的本身需要,二是工艺技术的成熟。陶器的发明主要是源于人的饮食需要与烧制工艺技术的成熟。根据考察,研究者们认为陶器的发明可能受到烹饪中烧制食物的启发。有人认为人们用泥巴裹在食物的外面烧制,在烧制过程中泥巴形成某种固定的形状而受到的启发;也有人认为人们看到自己和动物踩过的泥巴经日晒和火烧之后固定成型而受到的启发。所以人们开始用泥土、水制作陶器的坯子,然后用火烧制定型。这个时期考古出土的器具绝大多数是饮食器具,从某种程度上说,陶器的发明是人饮食发展需要的结果。

全国各地史前时期文化遗址都出土了大量的、风格不一的陶制饮食器具,其中的烹饪器具主要有鬲、甑、釜、甗、灶、鼎、鬶等。饮食器有碗、钵、簋、尊(樽)、盆、盘、盂、罐、杯、豆、壶、瓶、瓮、缸等。这些陶器以实物的形式证实了史前时期中国饮食文化的发展演进。

这些器具的分类并不十分严格,有些具有烹饪和盛装食物两用功能。陶罐既可以储存水,也可以用作炊具,可以烧水、煮粥,把甑放在上面可以蒸制食物。鼎由釜演化而来,所以二者都具有炊具的功能,也具有储存食物和水的功能。陶釜、鼎、罐、鬲都可以烧水、煮粥,但不可以直接蒸制食物,人们对蒸制食物的需求促进了甑的产生。这个时期的陶甑有三种类型,一种是原来盛食具底部穿孔形成的陶甑,类似于今天的汽锅,一种是在原来炊煮器的腰部横置一箅,还有一种是在炊具内的一定部位加一个固定的箅子。陶甑的出现为人们食用蒸制的干饭等粒食提供了工具条件。甗是鬲和甑的合体,一种是固定的,下鬲上甑,一种是活动的,可以分开,用于大量煮或蒸制食物。

(三)人工煮盐

夙沙氏就是解州盐宗庙里的"宿沙氏"。据说古人第一次煮海水为盐的,就是夙沙氏,所以他应该是人工煮盐的首创者。据记载,夙沙氏或宿沙氏,原是一个古老的东夷部落。

有关其传说记载存在着很多矛盾。段玉裁《说文》注引《吕览》注称:夙沙,大庭氏之末世。而《庄子》认为,大庭氏是与神农氏同一时代或者早于神农氏的部落。《太平御览》引《世本》称:宿沙作煮盐。下有小注,说夙沙乃是齐灵公的大臣。又据《鲁连子》称:宿沙瞿子善煮盐,使煮滔沙,虽十宿不能得。

《鲁连子》相传为战国时齐国人鲁仲连撰,他所记述的夙沙既不是神农本人,也不是神农时期的夙沙部落,而是出自夙沙部落或家族的以善于煮盐出名的盐工。夙沙代表的是一个最先煮海水为盐的家族,夙沙本人可能是这个家族中最善于煮盐的老盐工。所以,后人尊之为"盐宗",而不视之为"盐神",是有道理的。

煮海为盐技术的掌握为人们提供了稳定的食盐来源。食盐有多种用途,除了调咸味之外,还有杀菌消毒、储藏食物、治疗疾病等作用,最为主要的是为人体提供能量,提高了人的生产活动能力。从人类饮食智慧的发展和文化多地起源两个方面看,食盐的获取不仅仅是靠煮海水,内地应该也有从井水、盐湖、山石等获取盐分的技术,只是影响较小,没有流传下来。

(四)烹饪工艺的产生

生食阶段,人们直接食用获得的动植物。随着饮食经验的积累与工具制造能力的提高,逐渐采用石器、木器和骨器等将这些食物切割,分给众人食用,这是原始刀工的萌芽。史前社会的后期,出现了用于切割的刀、案、俎等烹饪初加工器具。

烹饪工艺由生食时期的切割发展出用火的烧和烤。最初制作熟食的烧的技法对中国烹饪影响深远,至今人们仍然把烹饪菜肴称作烧菜。由烧到借助树枝的烤,食物制作避免了烧到焦炭化。后来发展为借助石器的烤,在石板上烤称作"燔",至今还保留了这一技法,称作"石板烧"。陶器发明后,煮的技法得以产生,也有人认为在此之前人们借助动物的胃煮制食物,这是个别的现象。陶器的发明为煮的广泛使用提供了条件。甑的发明使得烹饪工艺由煮到蒸变为可能。食盐和采集到的蜂蜜、酸辣食物原料等促进了调味的萌芽,烹饪向烹调转化发展。

人们在饮料制作方面由直接饮用地表上河湖等的水发展为饮用井水,由饮用生水发展为饮用煮开的水,进而食用由水、谷物、蔬菜甚至肉类制成的稀粥。慢慢地人们从发酵的水果和粮食中领略到了酒的迷人魅力,逐步掌握了制作果汁和酿酒的技术。

(五)原始农业的发展

人们在渔猎采集中不是被动地活动,而是在美好饮食愿望下不断地观察和总结经验。到了史前

11

社会的后期,原始农业产生了。原始农业主要体现在谷物的种植、蔬菜的种植和动物的驯化上。黄河流域的北方培育和种植的是粟和黍,也就是今天的黄小米和黄黏米,一直以来,人们认为小麦来自西亚一带,其实史前时期就有小麦种植。南方的长江流域主要是水稻和大豆的种植。这是人们在众多的野生谷物中选择和培育的结果,传说中的神农播百谷就是这一历史信息的反映。慢慢地,百谷优胜劣汰,人们选择符合自己饮食需求的粮食作物种植。

从考古出土的实物看,史前时期人们食用的蔬菜主要来自采集,但是也开始了种植蔬菜的尝试。种植的品种主要有油菜、葫芦、甜瓜和蚕豆。

野生动物的驯化是从狩猎获得的多余动物中开始的。对人类最为重要的驯化动物是猪,汉字"家"的构成就表达了家就是猪生活的地方的含义,也就是猪与人共住一个地方,这一点至今仍有迹可循,表明了猪与人饮食生活的重要关系。后来驯化了用于狩猎的狗,用于耕作或食用的牛,用于交换物资的羊,用于食用的鸡,用作交通工具的马以及东北一带的驯鹿等。

原始农业的产生标志着我国文明由野蛮、懵懂地原始文明开始向农耕文明转向,从而奠定了中华农耕文明的基础。从这个意义上讲,史前时期的饮食文化是悠久灿烂的中华文化源头之一,这也是《礼记》把饮食作为礼的源头的原因所在。

任务二 夏商周时期:形成阶段

任务描述

夏商周时期饮食文化的社会背景是什么? 饮食原料主要有哪些? 饮食器具的分类与应用及其礼制意义。这个时期的烹饪方法有哪些? 有哪些代表性菜肴与面点? 孔子等饮食文化代表人物的饮食思想是什么? 夏商周时期取得了哪些饮食文化成就?

任务目标

1. 了解夏商周时期的饮食文化发展的社会背景。
2. 掌握夏商周时期的主要饮食原料。
3. 掌握夏商周时期的主要饮食器具及其意义。
4. 掌握夏商周时期的烹饪工艺和代表性菜肴与面点。
5. 掌握夏商周时期主要人物的饮食思想。
6. 掌握夏商周时期的饮食文化发展成就。

夏商周时期是指自启建夏到秦始皇统一六国这一时期。从社会制度上看,这个时期是中国历史上通常所说的奴隶社会时期。在这种社会环境下,中国饮食文化处于由萌芽到成形的转化期。

一、社会背景

(一)农业

商周时期,农业有了相当的发展,出现了以农业为主的复合经济形态。统治者以农业作为立国之本。夏代有圈养动物的苑囿。周天子每年春耕时要举行籍礼,农奴劳动规模多达万人。《夏小正》记事以农业为主,内容涉及农业物种、家庭畜养、苑囿园林、农时气候等。三月"祈麦实",五月"种麻樱黍"及"囿有见韭""囿有见杏"说明有菜园和果园。王权或诸侯国之间争夺土地、人口或富饶之地的目的是发展农业,富强自己。夏代的主要种植作物有稻、麦、粟、黍、稷、菽、麻、粱等,包括后世常说的五谷,饲养的家畜有猪、狗、牛、羊、马、鸡,也就是六畜。商周时期,基本上沿着这些谷物和家畜发展,但是区域性日渐明显,到了春秋时期,形成了八个农业区即周王畿农业区、秦农业区、晋农业区、燕农业区、齐农业区、楚农业区、吴越农业区、巴蜀农业区,为饮食文化圈的形成奠定了原料生产基础。周代在五谷中培育出一些新的品种,农作物中多达二十多种。家禽中鸡、鸭、鹅及家畜中猪、狗、牛、羊等成为肉食对象。

(二) 手工业

手工业分工趋细,技术趋精湛,规模逐步扩大,产品日渐丰富。青铜冶铸技术已十分精湛,制造了大量的各类烹饪器具和饮食器具,主要供王侯贵族使用。陶器制造业为平民百姓生产饮食器具,除了前代的灰陶外,也烧造红陶和细泥黑陶。另外,商代遗址中还出土了少量质地坚硬的白陶和精美的釉陶,釉陶标志着陶器向瓷器过渡。其设置了主管煮盐业的官吏。酿酒盛行,都城和地方都分布有大量的酒坊,其用大口的樽盛酒。西周时期,在商代的基础上,釉陶制作盛行。春秋时期,铁器冶铸成功,冶铸行业制作了少量的铁质饮食器具。

(三) 商业

商代的城邑中有专门用于交换物品的市,两边有各类的肆。市肆中有专门屠宰和售卖牛肉等肉食的商贩,出现了为商旅提供饭食的饭铺、饮酒的酒肆。西周时期,商业达到一定的水平,统治者加强市场管理。违背时令的五谷、不到捕捉时节的禽兽水产、不成熟的果子不能在市场上售卖,这是"不时不食"饮食观念在商业上的影响。春秋时期,出现了端木赐、弦高、范蠡、吕不韦等富商巨贾。这些大商人在各诸侯国间贩卖货物,其中就包括了饮食相关的物品如齐国的鱼盐、吴越的水产品等。酿造业中的醯(醋)、醢(酱)、酒成为重要的饮食商品。农业和手工业的发展促进了城市的形成,尤其是诸侯国的都城,是诸侯国的政治、经济、文化中心,也是商业中心,代表性的有东都洛邑、楚国的都城郢、齐国的临淄等,商业兴隆。城市市场上交易的与饮食相关的产品有粮食谷物、酒、盐、腊肉等。战国时期,粮食、食盐、畜产品是市中的大宗交易物品。市肆中出现了专门售卖饮食原料的商铺如粮食铺、盐铺、浆铺及卖猪肉、牛肉、狗肉、兔肉的商铺,卖鱼虾蟹鳖等的商铺也比较常见。这些与饮食关联的物品交易促进了酒肆饭铺的发展,出现了高挂酒旗的酒店。

(四) 宗法制度

宗法制度形态近于完备,从王、诸侯、大夫到士人的饮食规格等级森严。周代主管王室饮食的食官属于天官,仅次于宰官,且分工明细。膳夫掌管周王、王后和王子等的日常饮食和祭祀饮食。膳夫们用六谷制作米粮食物,六牲制作肉食菜肴,酿造六种酒饮,制作一百二十多种菜肴等。还要了解不大量饮食的规定,如在大丧、大荒、大札、天地有灾、邦有大故等情况下,不进行大量饮食。膳夫又分为掌管王及王后、世子膳羞之割、烹、煎、和之事的内饔和掌管外祭祀之割烹的外饔。除了膳夫外还有专管屠宰的庖人、捕鱼的渔人、把握烹饪水火的亨人、捕猎的兽人、制作腊味的腊人等。

二、饮食原料

(一) 谷物

农业的发展为饮食的发展提供了丰富的饮食原料,到了春秋时期,饮食原料中的粮食作物已经多达十几种,主要有粳米、籼米、糯米、粟、黍、稷、高粱、小麦、菰米、菽、薏米等。

从记载来看,黍、稷经常连用,都属于粟的一种。黍的黏性高,口感好,但产量低;稷口感差,但产量高。这几种作物主要在北方种植,散布于黄河流域,而长江流域则食用稻米。西周时期,小麦广泛种植于黄河中下游地区(包括现山西的汾水、陕西的渭水、河南、山东、安徽北部等地)。在西周时期,小麦产量低,是珍贵的粮食作物。菽就是大豆,百姓的日常生活是啜菽饮水,也就是吃蒸的豆饭、喝水。高粱是一种高产的谷物,但是口感不好,主要是百姓食用。菰米是南方人民采集水中的鸡头苞,把种子晒干,充作米来食用。

（二）蔬菜

夏商周时期的蔬菜主要有葵、芜菁（葑）、藿、芸（油菜）、瓠子、竹笋、茭白、芋头、芥菜、芹菜、芦菔（萝卜）、莲藕、韭菜、薤等。

因生长期不同，葵又分别称为春葵、秋葵和冬葵。葵作为蔬菜，最早见于《诗经·豳风·七月》中的"七月亨葵及菽"。葵不仅可作鲜蔬，还可作腌菜。葵后来被十字花科中的油菜和白菜代替。西周以来，芜菁就已作为中国的重要蔬菜之一，它起源于一种具有辛辣味的野生芸薹属植物，其根与萝卜很相像。西周以来，芥菜经过长期培育，变种很多，有利用根、茎、叶的不同品种，如叶用的有雪里蕻、大叶芥等；茎用的变种有著名的四川榨菜；根用的变种有云南的紫大头菜等。藿就是大豆的嫩叶，将其采摘下来煮着吃，被称为"藿羹"。芹菜有水芹和旱芹之分。在西周时期，芹菜主要指的是水芹。先民不仅把芹菜作为蔬菜食用，而且还将芹菜作为药用。西周时期，芹菜还可作为祭品。萝卜是中国最古老的栽培作物之一，早在西周时，就已在全国各地普遍栽种。西周时期，中原地区的人民普遍爱吃莲藕。韭菜是先秦五菜之一，很受人们重视。在西周时，人们不仅喜爱吃韭菜，而且还将它作为祭品。薤，俗称菖头，是中国原产的一种古老栽培蔬菜，也是先秦五菜之一。薤的地下鳞茎如指头大，样子类似葱，可以作菜吃，也可加工成酱菜。

（三）瓜果

果树的种植与培育促进了瓜果原料的丰富程度。周王室设置了场人，专职管理官方果园。这个时期主要有甜瓜、杏、梅子、李子、栗子、枣子、柑橘、榛子、樱桃、柿子、桑葚等。

瓜的品种主要有甜瓜，甜瓜是中国最古老的瓜种之一，西周时已广为种植。瓜是生吃的。为天子削瓜，要去皮，切成四瓣，再横切一刀，用细葛巾盖上；为国君削瓜，去皮，切成两瓣，再横切一刀，用粗葛巾盖上；为大夫削瓜，只去皮，不盖葛巾；为士削瓜，只去掉瓜蒂；庶民直接咬着吃。可见，周人食瓜还有严格的礼仪规定。《诗经》《夏小正》中，都有种枣食枣的记载。西周时期，人们食栗的方法很多，可做成甜食，还可以蒸食，是祭祀时进献的美食之一。中国是桃树的原产地，西周时期的关中一带出现了桃林、桃园等。桃子和李子是人们礼尚往来互赠的礼物。西周时，梅树的果实梅子是人们饮食调味的必需品，像盐一样重要，《尚书》云：若作酒醴，尔惟麴糵；若作和羹，尔惟盐梅。

（四）家畜

家畜主要是猪、狗、牛、羊、马，另外还有鹿和象。西周时期，猪的喂养面很广，猪肉已成为周人饮食生活中的主要肉食品种，所以一般家庭都养猪。人们养牛的目的不仅是食其肉，用其皮骨，而且还把牛作为一种比较珍贵的祭祀品。在西周，牛是六畜中最贵重的一种，这是由于西周以后，农业繁荣起来，耕地面积增长，放牧之地减少。同时，牛用于农事生产中的情况也日益增多。因此，牛就显得特别贵重。羊是仅次于猪、牛的三大肉食来源之一。而在西周时期，食狗之风也比较盛行，狗肉是天子到平民都很喜欢的肉食品种之一。

（五）家禽

家禽主要有鸡、鸭、鹅、鸽子等。西周时期，鸡除供人食用外，还大量用于祭祀。西周朝廷还设有"鸡人"一职，掌管祭祀、报晓、食用所需的鸡，鸡是国王饮食中不可缺少的肉食之一。鸭是中国重要家禽之一，饲养历史可以追溯到春秋时期以前。家鸭起源于野鸭。野鸭分布广且易于驯养。在世界上最先驯鸭的是中国。被驯养的家鸭可能在商周时期已经出现，但其人工饲养的明确记载则始见于春秋战国时期文献。鹅是中国古代重要家禽之一，曾被列为六禽之首。其饲养历史可以追溯到春秋时期以前。它是由鸿雁驯化而来的，鹅古称舒雁。

（六）水产品

水产品主要是淡水水产品，主要有鲤鱼、青鱼、鳜鱼、鲶鱼、中华鲟、白鲟（鲔）、鲂鱼、龟、甲鱼等。其中要数黄河的鲤鱼和鲂鱼比较珍贵，有"洛鲤伊鲂，贵如牛羊""岂其食鱼，必河之鲂"之说。鲔即白鲟,现在主要生活在长江中下游地区,但在西周时,黄河中也可捕到。鲟肉鲜美,为珍贵食品。鲟鼻肉可制成肉干,古人名为鹿头,亦名鹿肉,极言其美。鳔和脊索可制鱼胶,鱼子状如小豆,食之肥美。鳊与鲂亦双声一语之转,鳊鱼头小,缩项,穿脊阔腹,扁身细鳞,腹内有肪。鲂类中的团头鲂,即今日脍炙人口的"武昌鱼",所以李时珍在《本草纲目》中说:鲂鱼处处有之,汉沔尤多。

（七）饮品

汤在西周称为羹,最初的羹主要是用肉做的。见于古代文献中的西周羹名有羊羹、豕羹、犬羹、兔羹、雉羹、鳖羹、鱼羹、脯羹、鼋羹、鸡羹、鸭羹、鹿头羹、羊蹄羹、笔羹、牛羹等,这些羹除用肉外,还要加上一些经过碾碎的谷物,这是周人做羹的传统方法。酒有醴,稻米酿造的甜酒;鬯,指郁金草与黑黍米酿造的酒,用于祭祀;还有营养保健酒、果酒、药酒等。

象征意义上的代表性饮食原料见表 2-1。

表 2-1　象征意义上的代表性饮食原料

名称	不同注解	出　处
五谷	麻、黍、稷、麦、菽	《周礼·天官》:以五味、五谷、五药养其病。郑玄注:五谷,麻、黍、稷、麦、菽也。
	稻、黍、稷、麦、菽	《孟子·滕文公上》:树艺五谷,五谷熟而民人育。赵岐注:五谷谓稻、黍、稷、麦、菽也。
	稻、稷、麦、豆、麻	《楚辞·大招》:五谷六仞。王逸注:五谷,稻、稷、麦、豆、麻也。
	粳米、小豆、麦、大豆、黄黍	《黄帝内经》:五谷为养。王冰注:谓粳米、小豆、麦、大豆、黄黍也。
六谷	稷、黍、稻、麻、菽、麦	《吕氏春秋》
	稻、粱、菽、麦、黍、稷	《三字经》
五菜	葵、韭、藿、薤、葱	《黄帝内经》
五果	枣、李、杏、栗、桃	《黄帝内经》
五畜	牛、羊、豕、犬、鸡	《汉书·地理志》:民有五畜,山多麋鹿。颜师古注曰:五畜,牛、羊、豕、犬、鸡。
六畜	马、牛、羊、鸡、犬、豕	《周礼·天官》:庖人掌共六畜、六兽、六禽,辨其名物。杜预注:马、牛、羊、鸡、犬、豕。
六兽	麋、鹿、熊、麕、野豕、兔	郑玄注:六兽,麋、鹿、熊、麕、野豕、兔。
六禽	雁、鹑、鷃、雉、鸠、鸽	郑玄注引郑司农曰:雁、鹑、鷃、雉、鸠、鸽。

三、饮食器具

（一）陶器

夏商周时期,饮食和烹饪器具以陶器为主,有鼎、鬲、甑、甗、盆、小口樽、单耳罐;罍、瓮、斝、盘、豆、碗、盅、瓿、爵。另外尚有木器,如匕、勺、刀、叉、箸、瓒、削、斗等。

部分陶器见图 2-3 至图 2-6。

（二）青铜器

这个时期,尤其是商周时期,青铜铸造技术成熟,制作出供王和各级诸侯饮食需要的烹饪器具和

图 2-3　灰陶鬲

图 2-4　陶樽

图 2-5　陶盆

图 2-6　陶罐

饮食器具,主要有鼎、鬲、甑、甗、鍪;簋、簠、盨、敦、盂、豆、盆、鉴、盘、匜;樽、壶、盉、杯、角、爵、觯、彝、卣、罍;刀俎、案几等。

部分青铜器见图 2-7 至图 2-14。

图 2-7　青铜鼎

图 2-8　青铜釜

图 2-9　青铜甑

图 2-10　青铜甗

　　鼎是传统的炊器之一。鼎分镬鼎、升鼎和陪鼎三大类,是烹煮肉食或宴飨时的盛食或盛汤之器。镬鼎的形体硕大,专用于烹煮牲肉,是烹饪器具。升鼎是盛放镬鼎煮熟之肉的器具,乃盛食之器,吃肉时仍可在其腹底加火,以保持食温。陪鼎专用于盛汤。鬲产生于鼎之后,其用途主要是煮粥。此外,还和甑配套蒸煮食物。

　　鬲与鼎相似,主要区别在于足部,相当于现在的锅,用于蒸制食物。甗由两部分组成,上为甑,盆状,放置食物;下为鬲,内盛水。甑与鬲之间称箅,箅上留有通气孔。在鬲底部加火,即可蒸食。

图 2-11　青铜豆

图 2-12　青铜盘

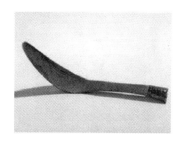

图 2-13　青铜匕

图 2-14　青铜爵

簋是盛放煮熟的黍、稷、稻、粱等饭食的器具。其形制一般为侈口,圆腹,圈足,有的足下有座,或圆或方,有的腹部两侧各有一环耳,盖呈锥形,盖顶上有一圈形捉手。

西周青铜豆主要盛肉和盛菹醢,豆的形状如同后世的高脚盘,用它来盛肉酱、咸菜。古人吃饭时,蘸这些肉酱就显得十分方便。大多数豆有盖,盖上有支撑物可仰置,腹部两侧有环形耳。

匕可以用来舀饭,也可以用来舀羹、舀汤、舀牲体、舀粮食等。西周以后,匕逐渐向圆勺形发展,可舀流质食物,古人还把它用来从盛酒器中挹酒,然后注入饮酒器中。

四、烹饪水平

(一)烹饪技法

❶ 刀工

戠,剔肉骨切厚块;脯,切长条;脍,切薄片和细丝;轩,连骨砍;新杀牛肉,切成薄片,横对着牛肉纤维纹路切才能把筋络切碎。

❷ 烹调方法

臛(红烧)、酸(醋烹)、炖、羹、虀法(碎切)、菹法(腌渍)、醢法(肉酱)、煎、炸、熏、炒等。还出现了干炒与滑炒。

干炒:将不挂糊的小型原料,经调味品拌腌后,放入八成热的油锅中迅速翻炒,炒到外面焦黄时,再加配料及调味品同炒几下,待全部卤汁被主料吸收后,即可出锅。干炒菜肴的一般特点是干香、酥脆,略带麻辣。

滑炒:质嫩的动物性原料经过改刀切成丝、片、丁、条等形状,用蛋清、淀粉上浆,用温油滑散,倒入漏勺沥去余油,原勺放葱、姜和辅料,倒入滑熟的主料速用兑好的清汁烹炒装盘。因初加热采用温油滑,故名滑炒。菜肴色白,汁清,质嫩,滋味咸鲜。

据考古工作者鉴定,在河南新郑春秋时期的墓中出土的王子婴次炉(图 2-15)就是一种专作煎炒之用的青铜炊器。湖北随县曾侯乙墓曾出土了一个提梁青铜炉盘(图 2-16),分上下两层,下层为一炉,上层为一盘,盘的两边有环链提梁,形同现代的吊炉炒锅。提梁青铜炉盘出土时盘上遗存有两副鱼骨。

17

图 2-15　王子婴次炉

图 2-16　提梁青铜炉盘

（二）原料认识与搭配

奴隶主贵族们饮食讲求礼制，这些规定是饮食安全卫生经验的总结。据《礼记》载，周王室和诸侯等贵族饮食禁食六物：夜里叫而且身上发臭的牛，毛零乱而且有膻气的羊，夜盲而且身上带腥气的猪，羽毛干枯叫声干哑的禽，尾巴脱毛的骚狗，脊背发黑、腿上有溃烂斑迹的病马。饮食礼制又告诫：不食雏鳖。狼去肠，狗去肾，猫去正脊（山猫去脊骨），兔去尻（脊骨尾端），狐去首，豚去脑，鱼去乙（鱼眼旁边的骨头），鳖去丑（就是窍）。雏尾不盈握，弗食舒雁翠、鹄、鸮胖、舒凫翠、鸡肝、雁肾、鸨奥、鹿胃。小鸟的尾巴，不满一握的鹅和鸭的尾，天鹅和猫头鹰肋旁的薄肉，鸡肝，大雁的肾，鸨（一种比雁大的鸟）的脾腺，鹿胃，都不能吃。

除了饮食安全，饮食要根据季节时令的变化而变化，并且肉食和谷物食物的搭配有着明确而详尽的规定。《周礼》：凡食齐视春时，羹齐视夏时，酱齐视秋时，饮齐视冬时。凡和，春多酸，夏多苦，秋多辛，冬多咸，调以滑甘。牛宜稌，羊宜黍，豕宜稷，犬宜粱，雁宜麦，鱼宜苽。春宜羔豚，膳膏芗。夏宜腒鱐，膳膏臊。秋宜犊麑，膳膏腥。冬宜鲜羽，膳膏膻。脍，春用葱，秋用芥。豚，春用韭，秋用蓼。脂用葱，膏用薤，三牲用藙，和用醯，兽用梅。

（三）调味技术的发展

在商周时期尤其是春秋时期，酸甜苦辣咸的五味分别有了各自的调味原料。咸味用盐酱、豆豉；酸味用梅子和醋；甜味用饴饧、蜂蜜、甘蔗汁等；苦味用苦茶；辣味用花椒、姜、桂皮、芥子酱、襄荷等。

不仅如此，厨师们把调味经验总结、上升为理论。《吕氏春秋》载：味之本，水最为始。五味三材，九沸九变，火为之纪。时疾时徐，灭腥去臊除膻，必以其胜，无失其理。调合之事，必以甘、酸、苦、辛、咸。先后多少，其齐甚微，皆有自起。鼎中之变，精妙微纤，口弗能言，志不能喻。若射御之微，阴阳之化，四时之数。故久而不弊，熟而不烂，甘而不浓，酸而不酷，咸而不减，辛而不烈，淡而不薄，肥而不腻。这是托商代名相伊尹之名而著，其实是厨师们在长时期的调味烹饪中追求味道适中，不断总结经验，然后形成系统理论的结果。这段话的意思是说味道的根本在于水。酸、甜、苦、辣、咸五味和水、木、火三材都决定了味道，味道烧煮九次变九次，火很关键。一会儿火大一会儿火小，通过疾徐不同的火势可以灭腥去臊除膻，只有这样才能做好，不失去食物的品质。调和味道离不开甘、酸、苦、辛、咸。用多用少用什么，全根据自己的口味来将这些调料调配在一起。至于说锅中的变化，那就非常精妙细微，不是三言两语能表达出来说得明白的了。若要准确地把握食物精微的变化，还要考虑阴阳的转化和四季的影响。所以久放而不腐败，煮熟了又不过烂，甘而不过于甜，酸又不太酸，咸又不咸得发苦，辣又不辣得浓烈，淡却不寡薄，肥又不太腻，这样才算美味。

这种理论对中国烹饪和饮食产生了深远的影响，奠定了中国烹饪民族化特征的基础，一直影响到今天的烹饪发展走向。

伊尹的本意是通过论述五味调和之法来说服商王汤发展实力，灭夏兴商。这种通过饮食来比喻国家治理的饮食思想在春秋时期比较流行。晏婴为齐景公论"和"与"同"时就用了调味比喻：齐之以味，济其不及，以泄其过，君子食之平和。以此比喻君臣之间的和谐关系。

五、代表菜点与饮品

（一）周代八珍

《礼记》所列:淳熬(肉酱油浇饭)、淳母(肉酱油浇黄米饭)、炮豚(煨烤炸炖乳猪)、炮牂(煨烤炸炖羊羔)、捣珍(烧牛、羊、鹿里脊)、渍(酒糟牛羊肉)、熬(烘制的肉脯)和肝膋(网油烤狗肝)八种食品。

这是周代上层贵族食用的八种精美菜肴,其选料精良,制作工艺复杂,开启了后世宫廷菜肴追求极致的先河。如炮豚的制作工艺十分繁复,首先要将小猪洗剥干净,腹中实枣,包以湿泥,烤干,剥泥取出小猪,再以米粉糊涂遍猪身,用油炸透,切成片状,配好作料,然后再置小鼎内,把小鼎又放在大镬中,用文火连续炖三天三夜,起锅后用酱醋调味食用。一道菜共采用了烤、炸、炖三种烹饪方法,而工序竟多达十道左右。

（二）技法与菜肴

❶ 五齑

切碎的昌本、脾析、蜃、豚拍、深蒲。

❷ 七醢

醢(多汁的肉酱)、蠃(螺、蚌做成的肉酱)、蠯(蛤做的酱)、蚳(蚂蚁卵酱)、鱼醢、兔醢和雁醢。

❸ 七菹

用韭、菁、茆(莼菜)、葵、芹、箈(菊花)、笋腌制的七种菜。

（三）三羹

周八士与
八宝甜饭

三羹指太羹、铏羹、和羹。太羹,即太古的羹,它是一种不加五味的肉汁,这也是羹的最原始做法。这种羹在西周时主要用于祭祀。铏羹,唐代的贾公彦认为铏是一种祭祀用的礼器,放在里面的羹叫作铏羹,一般用牛、羊、猪的肉,配上菜调味而成。清代的毛奇龄认为把肉从镬鼎中取出,放入小的鼎中加上菜,调和成羹,叫作铏羹。和羹,五味调和后的羹,一般是供贵族食用的。另外还有用鸡鸭鱼肉做成的各种肉羹。

（四）酒饮

五齐:泛齐(开始发酵,谷粒泛浮)、醴齐(酒味更甜)、盎齐(气泡胀裂发出响声)、缇齐(发酵液由黄变红)、沉齐(气泡消失,酒糟下沉),这实际上是酿酒的五个阶段。

六清:水、浆、醴、凉、医、酏。浆,以料汁为之,是一种微酸的酒类饮料。醴,为一种薄酒,曲少米多,一宿而熟,味稍甜。凉,以糗饭加水及冰制成的冷饮。医,煮粥而加酒后酿成的饮料,清于醴。酏,更薄于"医"的饮料。六清皆由浆人掌管之。

六、饮食方式

楚辞中的
饮食

（一）进食方式

夏代的飨字表明两个人对面跪着,用手抓食。喝粥不洗手,抓饭必须洗手。商代贵族尚酒成风。周代席地而坐,筵上铺席,主人或贵宾坐首席。天子铺五层、诸侯三层、大夫两层。春秋战国时期形成一日两餐或三餐制,分食制,每人各吃一份。受原始先民桴鼓抔酒的影响,先秦时期宴饮要奏乐,以乐侑食。音乐的作用是促进食欲、等贵贱、辨亲疏等。钟鸣鼎食便源于此。

（二）饮食卫生

喝粥不洗手,抓饭必须洗手。毋放饭,即要入口的饭,不能再放回饭器中,别人会感到不卫生。毋口它食,咀嚼时不要让舌在口中发出响声,主人会觉得是你对他的饭食表示不满意。毋刺齿,进食时不要随意不加掩饰地大剔牙齿,如齿塞,一定要等到饭后再剔。共饭不泽手,当指同器食饭,不可用手,食饭本来一般用匙。

（三）食礼规定下的饮食结构

食礼仅对贵族或士大夫而言。平民百姓,食不果腹,难言食礼。饮食器具:天子,九鼎七簋二十六豆;诸侯,七鼎五簋十六豆;大夫,五鼎三簋八豆或六豆;士人,三鼎一簋。

乡饮酒之礼:六十者坐,五十者立侍,以听政役,所以明尊长也。六十者三豆,七十者四豆,八十者五豆,九十者六豆,所以明养老也。民知尊长养老,而后乃能入孝悌。民入孝悌,出尊长养老,而后成教,成教而后国可安也。君子之所谓孝者,非家至而日见之也,合诸乡射,教之乡饮酒之礼,而孝悌之行立矣。

（四）食物摆放

用匕把肉从鼎中取出放在俎上,用刀割着吃。把饭从甑中取出,放在簋(图2-17)、簠或盨(图2-18)中,移到席上吃。把酒从罍中注入樽、壶,放在席旁,再用勺斗斟入爵、觥(图2-19)、觯(图2-20)或觚(图2-21)等酒器中饮用。殽(带骨头熟肉)在左边,胾(大块的熟肉)在右,殽左为饭(主食)(粒状的食物,饭,分也),胾的右边是羹。羹的右边是酒和饮料,酱醋等调料位于最里面。烧鱼尾向宾客,干鱼头向宾客。冬天鱼肚朝向宾客的右方,夏天鱼脊朝向宾客的右方。

图 2-17 簋

图 2-18 盨

图 2-19 觥

图 2-20 觯

图 2-21 觚

七、饮食思想

（一）五味调和思想

《周礼·天官》载:凡用禽献,春行羔豚,膳膏香;夏行腒鱐,膳膏臊;秋行犊麛,膳膏腥;冬行鲜羽,膳膏膻。岁终则会,唯王及后之膳禽不会。凡会膳食之宜,牛宜稌,羊宜黍,豕宜稷,犬宜粱,雁宜麦,鱼宜苽。凡君子之食恒放焉。凡食齐视春时,羹齐视夏时,酱齐视秋时,饮齐视冬时。脍,春用葱,秋用芥。豚,春用韭,秋用蓼。脂用葱,膏用薤。三牲用藙,和用醯。兽用梅。鹑羹、鸡羹、鸳,酿之蓼。鲂、鱮烝,雏烧,雉,芗,无蓼。凡和,春多酸,夏多苦,秋多辛,冬多咸,调以滑甘。

（二）孔子的饮食思想

❶ 制作精细

食不厌精,脍不厌细。失饪,不食。不时,不食。割不正,不食。不得其酱,不食。

2 卫生安全

食饐而餲,鱼馁而肉败,不食。色恶,不食。臭恶,不食。肉虽多,不使胜食气。唯酒无量,不及乱。沽酒市脯不食。不撤姜食,不多食。祭于公,不宿肉。祭肉不出三日。出三日,不食之矣。

3 饮食礼仪

升,必变食,居必迁坐。夫君子之居丧,食旨不甘,食不语,寝不言。君赐食,必正席先尝之。君赐腥,必熟而荐之;君赐生,必畜之。侍食于君,君祭,先饭。席不正,不坐。子食于有丧者之侧,未尝饱也。乡人饮酒,杖者出,斯出矣。有盛馔必变色而作。有酒食,先生馔。虽疏食菜羹,瓜祭,必齐如也。

4 食从于道

贤哉,回也!一箪食,一瓢饮,在陋巷,人不堪其忧,回也不改其乐。贤哉,回也!饭疏食饮水,曲肱而枕之,乐亦在其中矣。不义而富且贵,于我如浮云。君子谋道不谋食。

(三)《孟子》的饮食思想

1 饮食是人的本性

食色,性也。饮食男女,人之大欲存焉。

2 饮食原料生产保障

不违农时,谷不可胜食也。数罟不入洿池,鱼鳖不可胜食也。鸡豚狗彘之畜,无失其时,七十者可以食肉矣;百亩之田,勿夺其时,数口之家可以无饥矣。

3 救济饥荒

狗彘食人食而不知检,涂有饿莩而不知发。人死,则曰:"非我也,岁也。"是何异于刺人而杀之,曰:"非我也,兵也。"王无罪岁,斯天下之民至焉。

任务三　秦汉魏晋南北朝时期:交融阶段

任务描述

秦汉魏晋南北朝时期饮食文化的社会背景是什么?饮食原料主要有哪些?饮食器具的分类与应用。这个时期的烹饪方法有哪些?有哪些代表性菜肴与面点?南北各民族的饮食文化是怎样交流融合的?饮食市场的发展概况是什么?主要的饮食思想有哪些?这个时期取得了哪些饮食文化成就?

任务目标

1. 了解秦汉魏晋南北朝时期饮食文化发展的社会背景。
2. 掌握秦汉魏晋南北朝时期的主要饮食原料。
3. 掌握秦汉魏晋南北朝时期的主要饮食器具。
4. 掌握秦汉魏晋南北朝时期的烹饪工艺和代表性菜肴与面点。
5. 掌握秦汉魏晋南北朝时期主要著作及其饮食思想。
6. 了解秦汉魏晋南北朝时期的饮食文化交流融合概况。

我国从秦朝开始到汉朝进入中国封建社会第一个高峰,随后经历魏晋南北朝的长时间分裂,到隋朝重新统一。这期间经过了三国时期、南北朝时期等分裂阶段,是各民族大融合的历史阶段,各民族饮食文化在民族融合中相互吸收、内化,呈现了交流融合发展的时代特征。

一、社会背景

秦汉魏晋南北朝时期,无论是统一时期,还是分裂时期,各个统治者都十分重视社会生产。三国两晋南北朝时期,战争频繁,严重破坏了社会生产的发展成果。混乱的社会,人们难以安生,转而信奉宗教。居住在西北的少数民族趁机入主中原,南方的少数民族与南迁人民共同开发了农业资源。

(一)农业生产

为躲避战乱,北民大量南迁,把北方的农业耕作种植技术带到南方,原产北方的粟和麦在南方旱地大量种植。粟的种植区域分布于今甘肃、宁夏、陕西、山西、内蒙古、河南、河北、山东等北方地区,以及江苏、湖北、四川、湖南、广西等地。大范围的种植,培育出了众多的优秀品种,南北朝时期多达97种。麦类作物也传到了南方,长江下游、长江中游和上游等地都有种植,出现了大麦、青稞、燕麦等品种。原产于南方的水稻种植传到了北方的黄河流域,有粳米、糯米和籼米等品种,其中粳米有青、白、黑、红四种颜色。其他农作物中的粱、稷、大豆等也遍及南北各地。这个时期,南方广泛开发了雕胡米的食用方法,战乱频繁,人们以雕胡米替代粮食谷物。这些农作物的广泛分布为南北饮食交流提供了原料基础。

少数民族的南迁引起了养殖业的变动,养猪业萎缩,养羊业得到发展。家家户户养鸡,养鱼业尤其是南方十分发达,有了"水居千石鱼陂"的说法。蔬菜和水果种植技术有了很大的发展,培育出许多新的品种,产量大大提高,如"安邑千树枣""燕赵千树栗""蜀汉江陵千树橘"。

(二)手工业与商业

秦汉时期,漆器制造十分兴盛,出现了大量的漆器饮食器具,如杯、碗、盘、碟、案、俎、食盒等。食盐不仅有沿海的海盐,还有山西等地的卤盐、石盐、池盐和西南的井盐等。东晋南朝时期,制瓷业发展起来,越窑和瓯窑是两大著名的瓷器生产地,饮食器具中的瓷器品种日益增加,如碗、盘、杯、碟、罐、壶、樽等。

农业与手工业的发展促进了商业的繁荣。汉代城市的市场上有大量的饮食原料和食物出售。粮食谷物、酒、酱、醢、盐、醋、豆豉、猪、牛、羊等数以千计,蔬菜、水果和各种肉类也成为日常商品。饭铺里供应熟食,大的饮食场所供应米饭、枸杞蒸猪肉、韭菜炒鸡蛋、煎鱼、腌鱼、狗肉、马肉、羊肉、驴肉、酱鸡、鸟肉、马奶酒和甜豆浆等主食、菜肴和饮品。西晋时期,市场上出现了面、饼等食品。南方的茶传到北方,有人以卖茶糜谋生。南朝时,城市里的米、鱼、盐、油、脯、蜂蜜、水果等成为大宗交易产品。

二、饮食原料

(一)谷物

这个时期的粮食谷物主要有大麦、小麦、春麦、冬麦、粟、黍、粱、稻、豆类、菰米等。

秦汉魏晋南北朝时期,人们培育出许多的优良粮食作物品种,仅记载的粟就有五十几种,产地范围也比前代扩大了许多。这一时期,麦的种类非常多。按种植季节,可分为冬麦和春麦。冬麦为过冬之麦,秋季种植,又称宿麦。春麦又称旋麦,春季种植,当年收获。按性状和品质,可分为小麦、大麦、元麦、荞麦、青稞麦等。汉代水稻种植已达到相当高的水平,粳、籼、糯三大品类已基本成型。"谷中之美莫过稻",这是西晋人对稻米的评价,稻米在五谷中的突出地位在晋代开始显现出来。大豆的主要产地在淮河秦岭以北的中国北部地区,而中原地区大豆的种植业非常发达。长江流域种植大豆不如北方普遍,但魏晋以来受北方移民的影响,种植有逐渐增多的趋势。西北关陇地区也种植大豆,而且很有规模。

（二）蔬菜

这个时期的蔬菜主要有韭菜、葱、葵、芜菁、姜、芥菜、蒜、黄瓜、瓠子、莼菜、紫菜、茄子、萝卜、菘、蕨菜、折耳根、木耳、蘑菇等。

魏晋南北朝时期，人工栽培蔬菜的种类非常丰富，《齐民要术》中就记载了三十余种。葵，又称冬葵、冬寒菜或冬苋菜，是我国驯化较早的蔬菜，在魏晋南北朝时期种植广泛，号称百菜之首。《齐民要术》中有"种葵"篇，将其列在其他蔬菜之前。这一时期葵的品种有十余个，著名的有紫茎葵、白茎葵、鸭脚葵、蜀葵、落葵、防葵等。在这个时期，蔓菁是仅次于葵的蔬菜品种，《齐民要术·蔓菁》将其列为蔬菜类的第二位。蔓菁产量高，营养丰富。蔓菁的根、叶、子都可以充分利用，根、叶可食，子可榨油，但最主要的是根。蔓菁根除作蔬菜外，还可以作主食。作主食要先蒸熟。蔓菁根作菜有两种方法，一种是用盐生腌，另一种是用盐熟腌。芋，又称芋头、毛芋和芋艿，前代就有，但在魏晋南北朝时期有飞跃性的发展，是这一时期重要的蔬菜品种。四川是芋的主要产区，早在晋代已形成系列品种。中原和华北地区种芋少于南方，但也有一定规模的种植。芋既可以当蔬菜，也可以作主食。魏晋南北朝时期，人们更多的是把芋当作主食。芋的吃法很多，可以煨烤，可以蒸煮，也可以腌制。煨烤是直接放在小火上烤熟；蒸煮则是将芋放入釜甑中加热至熟；腌制是在蒸煮至熟后加盐制成。前两种是主食的加工方法，可代替主食充饥。韭在我国蔬菜栽培史上堪称元老，至魏晋南北朝时期，南方和北方都有广泛种植，栽培技术已臻于成熟，产量也达到了相当高的水平。北方韭菜种植的历史最久，虽然被后来居上的南方超过，但在魏晋南北朝时期也取得了很大成就，主要表现在两个方面：一方面是温室种植，另一方面是对种植技术的全面总结。在南方，特别是长江下游的江南地区，茄子种植非常普遍，以致有些地方用茄子命名。蕹菜，即空心菜，岭南最早种植，魏晋时期始见记载。菘，今之白菜的前身，魏晋时期江南地区多有种植。胡荽，已经从西域引种至内地。

（三）水果

这个时期的水果主要有桃、李、梨、枣、栗、棠、杏、柿、梅、柑、橘、橙、枇杷、荔枝、葡萄、胡桃、波斯枣、扁桃等。

魏晋南北朝时期，果树种植进一步发展。这一时期水果的种类有近百个，既有从前代继承下来的，也有新开发的。水果种类大量增加，增加的水果种类大多出自南方。桃树在我国分布广泛，历史悠久，南北方都有种植。桃一般在夏季成熟，秋季成熟则为晚桃，也有冬季成熟的。在魏晋南北朝时期，人们非常喜欢吃桃，有"王母甘桃，食之解劳"的俗语。梨是魏晋南北朝时期的重要果品，种植的范围已由秦汉时期的黄河流域发展到了长江流域，种类也有较大增加。在诸多果品中，枣的品种最为丰富多彩，其主产区在北方。这一时期枣的种植很普遍，虽然新品种上没有多少增加，但栽培技术有很大进步，产量也有所提高。从地域分布来看，山西、河北枣树种植较为广泛，也多名品。可以说在魏晋南北朝时期，枣在普通老百姓的日常生活中有着其他果品无法替代的作用。李，又称李子，或水李子，为魏晋南北朝时期重要的果品之一，虽然不如枣的地位高，但以品种多、产量高、口味独特深受人们的欢迎。柑橘类水果主要产区在南方，北方限于地理条件少有种植。南方的主要种植区在长江流域，岭南及云贵地区也有种植。长江流域上游的巴蜀地区是柑橘的传统产区，魏晋南北朝时期仍然保持着这一特点。三国蜀及晋都有专门的官员负责柑橘的生产和征收，称橘官或黄柑吏。南方柑橘的产量不断增加，就需要开拓市场。因此每年柑橘收获季节就会有相当数量的柑橘被运到北方贩卖，由于这一时期南北对峙，战争频繁，影响柑橘的运输和在北方的销售，也限制了南方柑橘生产的进一步发展。葡萄原产于地中海沿岸，秦汉时传入西域，在中原内地罕有种植，尚未进入人们的饮食生活。魏晋南北朝时期，大批来自西部的少数民族移居内地，使内地和西域的交往更加方便，也更加频繁，葡萄栽培技术在内地得到进一步推广。葡萄进入内地后，人们很快发现它不仅是很好的水果，具有很强的观赏性，而且还是独具风味的酿酒原料。

（四）肉类、水产

这个时期的肉类主要有鸡、鸭、鹅、马、牛、羊、猪、鹿、獐、麋、熊掌、兔子、大雁、野鸭、鸽子、鹌鹑；水产主要有鲤鱼、鲂鱼、鲫鱼、白鱼、鲈鱼、鳗鲡、鲟鱼、鲍鱼、蚶子、牡蛎、虾、蟹等。

这一时期的养猪业有两个特点：一是畜养方式，由放牧为主转向舍养为主；二是畜养技术有了重大进步。魏晋南北朝的养羊业同前代相比又有发展。北方因战乱造成大片土地荒芜，游牧民族内迁时带来大批牛羊，荒芜的土地可供放牧，而采用休耕制出现的休耕土地也可用于放牧。这一时期羊的主产区都在北方，关陇、华北和中原为三大产区。北方的食狗之风迅速在南方流行起来。这一时期的家禽饲养仍然以蛋鸡为主，在众多鸡种中，蛋鸡和肉鸡最普遍，饲养最多，也最受广大民众的欢迎，养鸭、养鹅是辅助。除了家禽外，狩猎仍然占肉食原料来源的一部分，在山林草原地区是主要的方式。

魏晋南北朝时期的渔业（包括捕捞业和人工养鱼业）都非常发达。在人工养鱼方面，大多利用池塘和稻田进行养殖。这一时期淡水鱼种非常丰富，南方强于北方。主要鱼种有鲤鱼、鲫鱼、鲂鱼、青鱼、草鱼、鳙鱼及武昌鱼、鲈鱼等。北魏时期，洛水鲤鱼和伊水鲂鱼以肉鲜味美名满朝野，尤其是在洛阳城中，更是有钱人家餐桌上的美味，一时价格居高不下。南方的著名鱼种鲈鱼、武昌鱼更是天下闻名。除淡水鱼外，这一时期人们了解和捕捞的海鱼种类也非常多，在沿海一带人们的饮食中，海鱼是最主要的。

（五）调味原料

这一时期主要的调味原料见表2-2。

表 2-2　主要的调味原料

调味类别	原　　　料	备　　　注
咸味	1.食盐：齐鲁等沿海地区的海盐、西部的湖盐、内地的池盐、西南的井盐。 2.酱：主要是豆酱，是汉代人们常用的调咸味的制品。豆酱在汉代北方地区又称为"末都"。都、豆系一音之转，"末都"即豆末，说明在制作豆酱时要将豆打碎。尚有，豆酱清、酱清（类似于现在的酱油制品） 3.豉：豆豉的产量很大，《释名》：豉，嗜也，五味调和，须之而成，乃可甘嗜也	豉的调味功用非常神奇，其作用仅次于盐，人们常常盐豉并提
辣味	姜、胡椒、野葱、野蒜	
酸味	醯（醋）、粟米醋、粳米醋、梅子	魏晋南北朝时期酢、醋混用。用作制作菹菜、烹饪菜肴和直接食用
甜味	饴糖、蜂蜜	

三、烹饪技艺

（一）菜肴制作技艺

菜肴通常有生制和熟制两种方法。生制菜肴一般不经过加热，把原料用腌、糟、醉、酱、渍、泡等方法制成。熟制需将原料经过初加工（图 2-22）和切配，做熟后食用。当时主要方法有炙、脍、菹、脯、鲊等。

图 2-22　烫鸡

❶ 炙

把各种肉放在火上烧烤,有把肉切成薄片烤的,和今天街上卖的烤肉串区别不大,有整只烤的,也有把肉事先用调料腌好再烤的。有人把"薄耆之炙"列为"天下至美"之一。

❷ 脍

把牛、羊、鹿、鱼肉切细,拌以调料食用,多为生吃。孔子也有"食不厌精,脍不厌细"的说法。具体做法是将鱼或肉切成细丝,佐以调味品进食。鱼脍类似今日的生鱼片。在西汉贵族的饮食中"鲜鲤之脍"是一道必备的美味。

❸ 菹

把肉或蔬菜用调料腌制,并利用乳酸发酵来加工保存的一种方法。《礼记·内则》记载用麋、鹿、鱼肉制作出来的叫"菹",用野猪肉制作的叫"轩",用兔肉制作的叫"宛脾"。菹是我国古代人们最常食用的菜肴,早在先秦时期就食用菹,进入汉代以后,仍然是人们经常食用的菜肴。东汉末年,在一些饮食店中有出卖"蒜菹"的。据称这种"蒜菹"很酸,表明是经腌制的酸菜品种。可见当时食用菹类食品已非常普遍。魏晋南北朝时期,菹的烹饪工艺用于青菜、瓜和水果。

❹ 脯

一种干肉,是我国古代对肉类加工、保存的最古老的方法之一,也是最常食用的一种肉食。脯是以畜、禽、鱼肉为原料,经切割、漂洗、腌渍、煮制、挤榨、暴晒或阴干等处理方法而制成。《说文解字》:脯,干肉也。《汉书·东方朔传》:朔曰,生肉为脍,干肉为脯。脯是最早出现于食品市场的肉食。先秦时期已经有了"沽酒市脯",到了汉代以后,依然占据食品市场的重要位置,并有了更大的发展。桓宽《盐铁论·散不足》中的贤良说:古者不粥饪,不市食。及其后,则有屠沽,沽酒市脯鱼盐而已。今熟食遍列,殽施成市。脯是熟食市场中的重要商品。在这个背景下,出现了卖脯的富商,"浊氏以胃脯而连骑"("胃脯",作"卖脯")。卖脯商人如此豪富,说明其经营规模相当庞大,反映了当时社会对脯消费量的提高。

❺ 鲊

在魏晋南北朝时期,鲊是非常流行的食品,在南方尤其受欢迎。鲊是一种储存保鲜的烹饪方法,主要用于鱼虾和各种肉的保鲜,所欲鱼鲊和各类肉鲊比较常见。

山东东汉庖厨画像石见图 2-23。

(二)主食制作

❶ 饼

蒸熟的面食都称蒸饼,唐代称笼饼,类似于今天的馒头等。这一时期,蒸饼的制作技术已经非常成熟,不仅能够恰到好处地掌握发酵火候,而且还可以添加果品类配料以增加色香味。汉代就出现了蒸制的饼和饵。用面粉蒸熟的是饼,用米粉蒸熟的称为饵。汤饼,是用水煮食的面食的统称,如索饼、煮饼、水溲饼、水引饼、馎饦等,都是汤饼。索饼、水溲饼、水引饼类似于今天的面条;煮饼是煮蒸

图 2-23 山东东汉庖厨画像石

饼之意,类似于今天的卤煮火烧;馎饦为面片之类。胡饼,即胡麻饼。胡麻就是芝麻,自西域引进,可榨油食用。这种饼需用炉子烤制,故又称芝麻烧饼。胡饼因为避讳曾改称其他名字。十六国时期,后赵皇帝讳胡,改称麻饼。魏晋南北朝时期,胡饼在人们的饮食生活中随处可见。髓饼是用动物油脂及蜜糖和面制成。乳饼,《齐民要术》中称截饼,是在面粉中加入适量牛羊乳制成。这种饼是胡汉饮食文化交流的结晶,是晋以后才出现的新饼种。

❷ 羹

汉代,是食羹最鼎盛期,出现了各种各样明目的羹。据马王堆出土的汉墓遗策所记,羹分别有白羹、巾羹、逢羹、苦羹。大羹有九种,大羹就是纯肉羹,分别是牛羹、羊羹、豕羹、豚羹、犬羹、鹿羹、凫羹、雉羹、鸡羹。白羹大概是用粉调和,不入酱的肉羹,食简记有七种:牛白羹、鹿肉鲍鱼笋白羹、鹿肉芋白羹、鸡瓠菜白羹、鲫白羹、小菽鹿胁白羹、鲍白羹。巾羹,食简记有三种:犬巾羹、雁巾羹、禺巾羹。逢羹可能是以麦饭和羹,食简记逢羹有三种:牛羹、羊羹、豕羹。苦羹,苦,估计指苦菜,和以苦菜做的羹,食简记有两种:牛苦羹和犬苦羹。这五羹加起来共二十四种。魏晋南北朝时期,北方的羊肉羹传入内地,深受人们的喜爱。贵族经常食用的还是猪肉、鸡肉、鸭肉等做成的羹,尤其是南方,人们经常食用的是用各种鱼制作的鱼羹。

❸ 粥

秦汉时期的粥主要有粟粥、麦粥、豆粥等,就是把这些谷物煮烂,融入水中。粥分为稠粥与薄粥,就是根据谷物的多少和熬制的时间分类的两种不同的粥。魏晋南北朝时期,人们用粟、黍、稷、稻和麦做粥,豆粥比较少用。根据用途,这个时期的粥分为救荒粥、养生粥、寒食粥和清贫粥等。

❹ 饭

这一时期饭的品种很丰富,有粟米饭、麦饭、稻米饭、豆饭、枣饭、菰米饭、粳米枣糒、蔬饭、橡饭等。汉代常用粟米、小麦、稻米蒸熟的饭做成干饭,称为"糒",吃的时候加入热水,泡散食用,称为"飧"。把蒸米饭晒干,研磨成粉,称为"糗"。粟米饭,简称粟饭,为魏晋南北朝时期普通百姓的日常主食,粟米做蒸饭多用甑。上好的粟米饭是贵族才能享用的,制作也比较复杂。《齐民要术》记载了粟米饭的做法:取香美好谷脱粟米一石,勿令有碎杂。于木槽内,以汤淘,脚踏;泻去渖,更踏;如此十遍,隐约有七斗米在,便止。漉出,曝干。炊时,又净淘。下馈时,于大盆中多着冷水,必令冷彻米心,以手挼馈,良久停之。折米坚实,必须弱炊故也,不停则硬。投饭调浆,一如上法。粒似青玉,滑而且美。据文献记载,魏晋南北朝时人们还是经常吃麦饭的,是将麦粒像粟米一样蒸煮成饭。蔬饭,又称蔬菜饭,是将蔬菜剁碎混合在米里,然后烹饪成饭。一般来说只有在主粮不足的时候才做蔬饭,以菜充饭,可更好地填饱肚子。由此看来,蔬饭是穷苦大众的食粮。在魏晋南北朝时期,稻米饭被认为是细粮,比粟米饭、麦饭等要高级得多,普通百姓是不能经常吃到稻米饭的。菰米饭,即雕胡米饭,魏晋南北朝时期为人们所常食,在江南尤其普遍。豆饭,指用豆类或以豆类为主蒸煮的饭。粳米枣糗,一种行旅干粮,将粳米蒸熟后晒干,捣碎,过筛成粳米饭粉,加入蒸熟的红枣汁液,仔细调和做成,既可以现吃待客,也可以干制,充作行旅食物。

四、代表性菜肴

秦汉魏晋时期的农书、食经、文赋中以不同的形式记载了该历史时期的饮食状况,其中就有各类菜肴。由于记录手法不同,有些菜肴是人们想象出来的,实际上并不存在。根据烹饪技法分为以下几个类别。

（一）炙烤

炙牛肉、炙牛百叶、炙猪肉、炙鸡、炙狗肉、炙鹿肉、炙灌肠、炙鹅、炙鸭、炙鱼、炙蚶子、炙牡蛎等。

（二）脍

脍鱼、脍牛肉、脍羊肉、脍狗肉、脍鹿肉。

（三）烩

烩类似于今天的杂烩,有用牛肚、舌、心、肺制成的杂烩,还有烩猪肉、烩鸡肉、韭菜烩鸡蛋。

（四）煎熬煮

煎熬猪肉、熬兔、熬鸡、熬鹌鹑、熬鸭、熬鹅、熬野鸭、熬天鹅、熬鹧鸪等,另外还有煮猪肉和羊肉做成的丸子、煮羊肺、牛羊百叶一起煮、煮狗肉、煎鱼等。

（五）蒸

蒸猪肉、蒸鱼、蒸泥鳅、蒸猪头、蒸羊肉、蒸狗肉、蒸熊肉、蒸鹅、蒸鸡、蒸藕等。

（六）缶

缶猪肉、缶鸡、缶冬瓜、缶茄子、糟肉等。

（七）臛

臛鹿头和猪肉、臛兔、臛猪羊肉、臛鸭肉、臛鱼等。

另外还有猪肉、羊肉、鹿肉做成的俎、五味脯、牛羊肉做成的度夏白脯、炒鸡蛋及腌制风干的腊鱼、腊猪肉、腊羊肉、腊鸡等。

五、厨艺人员状况

先秦以来,厨师的社会地位在秦汉时期发生了很大的转折性改变,厨艺人员社会地位逐渐下降。家庭中,一般由家庭主妇从事饮食制作。"不才勉自竭,贱妾职所当。绸缪主中馈,奉礼助烝尝",反映了家庭中地位卑贱的妇女从事厨艺时的内心之情。从汲水、洗涤到烹饪,都是由妇女来完成。秦

鲦鲒、五侯
鲭、五味脯

27

汉时期贵族家中或饭馆、酒店以及官厨里的厨师称为"膳夫""庖人""养""爨人""庖宰"。厨师头戴象征地位低贱的绿帻,人称"厨人绿"。汉代官厨或贵族家庭的厨中,有专门的管理人员,称厨监,他们的身份高于普通厨师。秦汉时期餐馆中的厨事人员大都是男子。汉代人认为,厨事本身是"贱事"的活动,从事厨事活动的人是社会地位低下的"贱役"。因此,厨师是不能参加上流社会活动的,否则会被人耻笑。

打虎亭汉代庖厨画像见图 2-24。

图 2-24 打虎亭汉代庖厨画像

六、饮食文化交流

秦汉魏晋南北朝时期,南北方各民族人民大量迁移,在移居过程中,各自既保留了原所在区域饮食文化的特色,又吸纳了本地饮食文化,相互交流融合。主要表现在饮食原料及成品、饮食器具和饮食方式三个方面。

为了躲避战乱,黄河流域的北方人民南迁到长江流域,把北方的农作物也带到了南方。原产于北方的粟、麦、黍、稷等在南方也有种植,尤其是粟和麦的大量种植。这改变了南方的饮食结构,南方人民也食用粟米饭、麦饭等。北方吃狗肉的饮食喜好也传到了南方,南方人民开始养狗和食用狗肉。游牧民族的内迁,带来了养羊技术,促进了养羊业的发展,羊肉、羊肉羹受到汉族人的喜欢。果蔬方面,少数民族地区的茄子、芫荽、葡萄、石榴等传入内地。葡萄酒、马奶酒由西北传入内地,又传到了南方。南方人民喜欢饮茶,北方人民习惯于羊酪;北方人民也接受了饮茶,茶和羊酪在南北方相互交流。《洛阳伽蓝记》记载:肃初入国,不食羊肉及酪浆等物,常饭鲫鱼羹,渴饮茗汁。京师士子道肃一饮一斗,号为漏卮。经数年以后,肃与高祖殿会,食羊肉酪粥甚多。高祖怪之,谓肃曰:"卿中国之味也,羊肉何如鱼羹?茗饮何如酪浆?"肃对曰:羊者是陆产之最,鱼者乃水族之长。所好不同,并各称珍。以味言之,甚是优劣。羊比齐鲁大邦,鱼比邾莒小国,唯茗不中,与酪作奴。

西南的羌人学会了秋鲭的做法,后来,这一做法又回传到内地。张华《博物志》载:又,仲秋月,取赤头鲤子,去鳞破腹,使脊割为渐米烂燥之,以赤秫米饭、盐、酒令糁之,镇不苦重,愈月乃熟,是谓秋鲭。鱼肠酱是沿海渔民制作和喜欢吃的食物,传入内地后,人们喜欢上这种酱,并结合内地的工艺进行了改进。少数民族的炙烤烹饪方法在内地广泛应用。游牧民族的胡羹、羊盘肠等以羊肉为主料的食物制作技艺被黄河流域的人们吸收改进。少数民族在汉族地区获得了蔬菜和烹饪方法,肉食、奶酪和蔬菜共用。内地人把奶酪应用在面食制作中,寒具、截饼、粉饼等就是用面粉、牛羊奶等加工而成,这种胡汉融合的食品受到各民族人民的喜爱。

内地的瓷制饮食器具如杯、盘、碗、碟、壶等,炊具釜、甑等不断传向少数民族地区。随着胡麻饼的流行,少数民族烤饼的炉子在内地也开始应用。少数民族贵重的器具如水晶钵、玛瑙杯、琉璃碗等被内地贵族所青睐,成为奢侈品。

七、饮食思想与著作

（一）饮食为民生之本

饮食是人民赖以生存的根本，也是国家长治久安的根本。《淮南子》说：食者民之本也，民者国之本也，国者君之本也。"饮食为生人之本"是《黄帝内经》中一句带有概括性的话，意思就是人靠吃饭活着。《史记》曰：王者以民人为天，而民人以食为天。这也是今天广为人知的"民以食为天"的由来。这些以食喻政的论断与观点直接反映了当时人们对饮食的重视程度，也是黎民百姓饮食得不到保障的侧面反映。

（二）提倡饮食节制

秦汉饮食文化处于先秦向魏晋南北朝的转变阶段，当时的学者多在关于礼仪或某些思想主张的论述中涉及饮食的内容。尤其在两汉时期，黄老思想盛行，于是在饮食观念上也多有体现。如以道家思想为主的著作《淮南子》主张：圣人量腹而食，近敖仓者，不为之多饭，临江河者，不为之多饮，期满腹而已。也反对过分贪求滋味，说：口好味，接而说之，不知利害，嗜欲也，食之不宁于体。认为追求美食厚味的人往往是精神空虚的人：陈酒行觞，夜以继日，罢酒撤乐，而心忽然若有所丧，怅然若有所亡也。《黄帝内经》提出"饮食有节"的主张，也是我国传统养生学的一个重要观点。

饮食有节，不但肉食要有节制，即使是粮食和一般食物和饮料，也不能暴饮暴食。《黄帝内经》还运用阴阳的概念和物性相反相成的规律，来处理食物与人体健康的关系问题。例如，提倡"饮食有节"，但又认为只要"适腹"偶然多吃一点也无妨；冬天可以适当增加肉食，增加营养物质，也是必要的；又如，饮食时要保持良好的心理状态，不急不躁，不怒不忧；饮食环境冬宜温暖之室，春宜柳堂花榭，夏宜临水依竹，秋宜晴窗高阁，以使神清气爽，更好地养生等。这些都明显地反映出我国古代先民的饮食养生的饮食观。

（三）养生食疗观念

秦汉时期，我国饮食疗法已经形成了一个医疗体系。1972年，在长沙马王堆出土的《五十二病方》中，收载的用于食疗和食补的食物，约占全部药物的三分之一，书中有不少食物与药物共同组成的方剂，如"诸伤"的方剂就是由桂、姜、椒、酒、甘草组成。

西汉时成书的《盐铁论》中，所收载的枸杞猪肉、韭菜炒蛋，也是后世较常用的药膳方。东汉时，我国出现了第一部药物学专著《神农本草经》，共收载三百六十五种药物，其中有不少食物，如枣、藕、核桃、芝麻、百合、龙眼、豆卷、山药、蜂蜜、薏米等，都被列为是具强身保健、延年益寿的上品药，表明当时人们对这些食物类药物的滋养补益性能已有相当深入的研究和把握，从而第一次把饮食治疗深入到了药物学的层次。

东汉医学家张仲景，在治疗疾病中经常使用食物，以"存津液，保胃气"。如在他的治疗外感疾病的名著《伤寒论》的第一个方剂"桂枝汤"中，就有大枣、生姜、桂枝、甘草等，并要求病人在服此方后喝热稀粥，以助药力。在其著作的三百余方中，有三分之一含有食物成分。他还主张患病期间要忌食生冷、黏腻、辛辣等食物。他的治疗杂病名著《金匮要略》中还有"禽兽鱼虫禁忌并治""果实菜谷禁忌并治"等篇章，重点论述了饮食调养与禁忌问题。

（四）饮食卫生

把握饮食卫生的原则，秦汉时人们认为凡是食物变了味后都是不宜吃的，吃了就容易病。东汉名医张仲景在《伤寒论》中云：秽饭、馁肉、臭鱼，食之皆伤人。六畜自死，则有毒不可食。这个原则的提出，是具有一定科学根据的，是汉代人科学饮食的经验总结。

另外，秦汉时人们还注意到饮食器具的清洁卫生，而且在洗涤饮食器具的时候又须注意手的清洁。《礼记·少仪》中说：凡洗必盥。同时，由于当时人们使用分食制，各人都有其常用食具，也避免了一些由于食具不洁而传染的疾病。

（五）饮食书籍

秦汉魏晋南北朝时期，饮食文化发展的成果不断被总结，形成了各类饮食书籍（表2-3）。这些书籍记载了这个时期的饮食物产、菜肴、烹饪技法、饮食观念等，为人们研究这个时期的饮食文化提供了珍贵的文献资料。

表 2-3　秦汉魏晋南北朝时期饮食书籍分类表

名　称	作　者	类　别	主　要　内　容	影　响
《四时食制》	曹操	饮食著作	现存的记载是各类鱼的产地与特征	
《食经》	崔浩	饮食著作	各类菜肴的烹饪方法	被《齐民要术》《北堂书钞》等引用
《食次》	不详	烹饪著作		《齐民要术》引用《食次》一书中的饮食资料已达15种之多
《食珍录》	虞悰	烹饪著作	魏晋以来帝王名门家族珍贵的烹饪名物	
《齐民要术》	贾思勰	农书	记载了食物的加工、烹饪，包括酿造、腌藏、果品加工、烹饪、饼饵、饮浆、制糖等	我国现存最古老、最完整的一部农书，素有"农业百科全书"之称
《急就篇》	史游	字书	记载了汉代的饭食、蔬菜、调味品、果品、酒、鱼、肉、烹饪与饮食器具	
《释名》	刘熙	字书	"释饮食"一章共释饮食名词78个	
《说文解字》	许慎	字书	记载了大量的饮食原料与烹饪技法	字书鼻祖
《饼赋》	束皙	文学	专写麦面饼的起源和品种，提到了十多种面点的名称与食用方法	
《七发》	枚乘	文学	记载了不少精美的饭、菜，虽有夸张的成分，但还是在一定程度上反映了当时的饮食面貌	

续表

名　称	作　者	类　别	主　要　内　容	影　响
《博物志》	张华	文学著作	饮食习俗和食物宜忌,饮食与养生之间的关系	
《黄帝内经》	不详	医学著作	饮食要阴阳平衡,食物要合理搭配	我国现存医学文献中最早的一部典籍
《华阳国志》	常璩	地方志著作	记载了不少四川地区的饮食文化状况,故而成为研究川菜历史发展的重要资料	
《荆楚岁时记》	宗懔	民俗著作	这个时期的饮食习俗与食物	研究我国食俗的宝贵资料,反映了食俗的变化

任务四　唐宋时期的成熟阶段

任务描述

　　唐宋时期饮食文化的社会背景是什么？饮食原料主要有哪些？饮食器具的分类与应用及其文化寓意是什么？这个时期的烹饪方法有哪些？有哪些代表性菜肴、面点与宴席？唐宋时期的饮食市场的发展状况怎样？饮食文化对外交流取得了哪些成果？孙思邈等饮食文化代表人物的饮食思想是什么？唐宋时期取得了哪些饮食文化成就？

任务目标

　　1. 了解唐宋时期饮食文化发展的社会背景。
　　2. 掌握唐宋时期的主要饮食原料。
　　3. 掌握唐宋时期的主要饮食器具及其文化寓意。
　　4. 掌握唐宋时期的烹饪工艺、代表性菜肴、面点与宴席。
　　5. 掌握唐宋时期主要人物的饮食思想。
　　6. 掌握唐宋时期的饮食文化发展成就。
　　7. 掌握查阅和应用唐宋时期饮食文化著作的方法。

　　唐宋时期是我国古代社会发展的高峰时期,呈现出盛唐气象和宋代清明的社会繁荣景象。饮食文化在内部交流、外部交流、社会物质生产水平提高、贵族追求、文人雅士赋予文雅等因素的影响下走向成熟。

一、社会背景

（一）农业的发展

　　隋唐五代和两宋时期,农业种植结构发生了变化。小麦逐渐扩大种植面积,种植规模超过了粟。水稻的地位上升,成为与麦并列的粮食作物。豆类地位下降,成为杂粮。北方的黄河流域是小麦的

31

主产区,以洛阳为中心的中原地区广泛种植小麦,河南、山东、河北、山西、陕西等地小麦成为主粮。从麦的生长期来看,又可分成春麦、冬麦两种。冬麦一般是秋种冬收,春麦为春种夏收。淮河-秦岭以南的南方区域以水稻为主,第二位的就是麦,稻麦复种至南宋时已成定制。种植结构的变化奠定了中国"南米北面"的主食格局。唐宋时期,不仅南方水稻产量提高,北方也种植水稻,关中、河南、山东、河北、苏北、甘肃等地都有水稻种植,这就形成了饮食中南方米中有面、北方面中有米,只是地位不同。豆类成为副食原料,主要用于制作豆豉、豆酱和豆腐等。

唐宋时期,养牛数量增加,不仅用于耕作,也用于食用,酒肆饭铺中的家畜肉食多为牛肉。民户人家喂养猪、牛、羊主要是为了经济收入,官办的猪、牛、羊的养殖场主要是为了食用。宋代,养猪数量大大增加,以至于价钱低廉。唐宋时期,京城与各州府都有官办养猪场、养牛场和养羊场,羊肉的地位上升,是人们喜爱的肉食。前代的狗肉逐渐被猪肉和牛羊肉替代,不再盛行。家禽中的鸡、鸭、鹅主要由百姓来喂养。唐宋时期,鸡肉的食用需求超过了鸭和鹅。淡水养鱼技术提高,人们掌握了鱼产卵的规律,产量提高。江南和岭南地区在稻田中养鱼,发明了养鱼开荒种稻的农耕模式。宋代的捕捞业遍布江河湖海,其中尤以近海捕捞业的崛起引人注目。

(二)手工业的发展

唐代与饮食直接关联的手工业有制作炊器的陶器、瓷器、制盐、制糖、榨油、碾米、磨面、酿酒、制茶等行业。镬就是大锅的意思,表明唐代的铁锅制作已经专门化。唐代的陶器和瓷器的烧造技术发展到较高的水平,制作得十分精美,富贵人家的饮食器具中的陶器和瓷器由专门的窑烧造。南方的越州、北方的邢州是唐代两大著名的瓷器生产基地。唐代中后期,全国的制盐业集中于江淮地区,盐商崛起。唐代小型的制茶、制糖、碾米、磨面等一般是家庭手工业生产;地主和家庭生产结合的磨坊、米坊、油坊、蜂蜜坊有较大的生产量。制盐、酿酒等行业一般由官府经营,实行专卖专供。坐贾行商经营的私营手工业规模较大,是市场上这些产品的主要生产者。宋代,百姓人家联合起来,用剩余的粮食去城里交换所需的油、盐、酱、醋、面粉、生姜、糖等。始于唐的制糖业发展起来,砂糖包括黑糖、红糖与糖霜(冰糖),广受欢迎。瓷器的花纹、色泽和造型都比前代有了发展,产地增多,官营和私营的瓷窑生产规模都有所扩大,出现了龙泉窑、哥窑、钧窑等著名的烧造工场。两宋时期,城市和市镇商业繁荣,饮食市场原料更加丰富多样,饮食店和旅店日夜经营,夜市上各类饮食琳琅满目,饮食摊贩也大量增加。

(三)商业的繁荣

唐宋时期,粮食贸易兴盛,大量的稻米从南方运到北方。"渔阳豪侠地,击鼓吹笙竽。云帆转辽海,粳稻来东吴"描写了长江下游的大量稻米运到北方边塞渔阳的盛况。范阳的北部郡,有大米行、粳米行等专门售卖南方稻米的粮行。除了粮食外,蔬菜、果品、油料是市场上常见的商品。

唐宋时期,驿站广设,在驿站旁有各层次提供食宿的旅店饭馆。唐代城市里,居住区和商业区分开,市与坊分区。都城长安有东西两市,经营的饮食门类有肉行、鱼行、麸行、饮食店、糕团店、饼店、酒肆等。各大城市和市镇都有类似的市,经营着类似的饮食原料和产品,概括起来有米行、面行、肉行、鱼行、屠行、熟食行、炭行、果子行、蔬菜行、油行、茶行、酒肆、饮食行、瓷器行、陶器行、酱行、糖行、柴草行等。城市里供人们享乐的除了教坊,还有酒肆、饮食摊贩、旅店和饮食店,提供美味佳肴和佳酿。

宋代饮食业,尤其是民间饮食业与唐代相比较为发达,都城酒楼、饭店、食店、食摊众多,菜肴品种丰富。在宋代,饮食业中出现一种筵席上门服务的项目,并出现相应的服务机构"四司六局"。凡婚丧嫁娶都可以雇请"四司六局"操办,数百人的宴席,当天即可办成。"四司"指帐设司、厨司、茶酒司、台盘司,"六局"指果子局、蜜煎局、菜蔬局、油烛局、香药局、排办局。据《东京梦华录》中记载,凡民间的婚宴喜庆、丧葬等宴会,桌椅及相应陈设、各种器皿盒盘、酒担及应用器物,自有茶酒司掌管租赁。饭食菜肴自有厨师料理。那些用托盘送东西、下请帖、安排座次、说唱劝酒的人,叫作"白席人",

四司六局

统称作"四司人"。

酒楼、食店布局比较合理,可以说大街小巷、城里城外都有分布。除数量多、分布广外,多种档次的酒楼、食店齐备,以适应不同阶层人士的需要。据《东京梦华录》记载:卖贵细下酒,迎接中贵饮食,则第一白厨,州西安州巷张秀,以次保康门李庆家,东鸡儿巷郭厨,郑皇后宅后宋厨,曹门砖筒李家,寺东骰子李家,黄胖家。九桥门街市酒店,彩楼相对,绣旆相招,掩翳天日。政和后来,景灵宫东墙下长庆楼儿盛。这说明,东京城中有几家酒店是专门为"中贵"即宦官服务的,所售的是原料珍贵、制作精细的下酒菜肴。此外,酒楼、食店的营业时间安排随需要而定,早、中、晚均有营业。一般而言,大的酒楼、食店中午及晚间开业较多,小的羹店、酒馆清晨及夜间也有营业的。宋代酒楼、食店的服务相当周到、细致。据《东京梦华录》记载:凡酒店中不问何人,止两人对坐饮酒,亦须用注碗一副,盘盏两副,果菜碟各五片,水菜碗三五只,即银近百两矣。虽一人独饮,碗遂亦用银盂之类。其果子菜蔬,无非精洁。若别要下酒,即使人外买软羊、龟背、大小骨、诸色包子、玉板鲊、生削巴子、瓜姜之类。

(四)文化的兴盛

隋炀帝开设科举,唐朝发展得更为完备。寒门子弟通过科举考试可以获得官职,跻身上流社会。宋代吸取唐朝藩镇割据的教训,重用文官。唐宋时期,都十分重视文化的发展,科举考试对书画、诗词的考查大大促进了诗词书画等文化的发展。城市商业的繁荣促进了消遣逗乐的曲艺的发展。社会阶层通过文化学习互动改变,文人社会地位日渐提高。风流儒雅的文人饮食讲究雅趣,追求饮食中的口味与意境。文人的崛起、文化的兴盛加快了饮食文化的发展。唐宋时期,尽管也经历了战争和分裂,但是和平与发展是主流。农业、手工业尤其是商业的发展提高了饮食业的发展水平,饮食业细分,规模扩大,分布范围也由城市向市镇发展。在这种社会背景下,中国饮食文化经历了前代的交融后,走向了成熟。

二、饮食原料

(一)谷物

北方以小麦为主,南方以水稻为主,小麦和水稻是唐宋时期主要的粮食作物。祖咏:刘麦向东菑,对酒鸡黍熟;王建:回看巴路在云间,寒食离家麦熟还。这些诗歌反映了各地麦种已经融入日常生活。其他的谷物有豆、粟、黍、粱、菰米等,都是贡米。据《新唐书·地理志》和《元和郡县图志》记载,扬州土贡有黄稑米、乌节米,苏州、常州有大小香粳,湖州有糯米、糙粳米,饶州有粳米,四川宣汉桃花米是贡米。小麦贡品有凉州白麦、棣州(今山东惠民)麦等。关内道京兆府的紫秆粟、河南大蛇粟、扬州和苏州的蛇粟、绛州的粱米、河北幽州的粟米等是粟的优良品种。据《新唐书·地理志》记载,向中央专供的贡粟有关内道京兆府的紫秆粟,河南道曹州济阴郡的大蛇粟,扬州广陵郡和苏州吴郡的蛇粟,河东道绛州的粱米,河北道幽州范阳郡的粟米,山南道利州益昌郡的粱米。唐德宗从新罗引进黄粒稻在安徽种植。隋唐时期引入荞麦,逐渐推广。稞大麦,即青稞,主要盛产于西北地区,产量较高。

(二)蔬菜

唐代的主要蔬菜有冬瓜、瓠、越瓜、茄、芋、葵、蔓菁、萝卜、蒜、薤、葱、韭、蜀芥、芸苔、胡荽、兰香、荏、蓼、姜、襄荷、苜蓿、藕、荸荠、小蒜、菌、百合、枸杞、莴苣、薯蓣、术、黄菁、决明、牛膝、牛蒡等。此外,还有白菜、芹菜、菠菜、西瓜、茭白、菱角、莼菜等。

莴苣原产西亚,隋代引入我国。据《清异录》卷上记载:呙国使者来汉,隋人求得菜种,酬之甚厚,故因名千金菜,今莴苣也。菠菜,原产泥婆罗国(地在今尼泊尔境内),唐初引入我国。据《新唐书·西域传》记载:贞观二十一年,(泥婆罗)遣使入朝,献波棱。葵菜主要是蜀葵,白居易的《烹葵》:昨卧不夕食,今起乃朝饥。贫厨何所有,炊稻烹秋葵。红粒香复软,绿英滑且肥。芋既是蔬菜,也可作主食,吃法有三种:蒸、煮和煨烤。蕹菜即空心菜,原为水生蔬菜,魏晋以后逐渐为人们所认识,隋唐时

33

期由岭南地区引种至各地。

宋代时,芥菜、葱、韭、蒜、姜、瓠、黄瓜、茄子、水芹、藕、芋等蔬菜的地位基本保持不变,而蔓菁、萝卜、菘、菠菜、莴苣、笋、菌、冬瓜、茭白等蔬菜的地位则有所上升,种植也越来越普遍。蔓菁是秋冬季节两用蔬菜,秋天吃茎,冬天吃根。陆游《蔬园杂咏·芜菁》云:往日芜菁不到吴,如今幽圃手亲锄。凭谁为向曹瞒道,彻底无能合种蔬。宋代能够用温室栽培韭黄,其是官宦人家喜爱的春季鲜嫩蔬菜。山药,古称薯蓣、山芋、山薯、白苕等,是营养价值较高的养生保健蔬菜。茭白,别名茭笋、菰手、茭瓜,主要产自南方地区。

(三)水果

基本品种仍是上代继承下来的桃、梨、李、杏、枣、樱桃、瓜、柿、柰、核桃、栗、林檎、石榴等。桃受到人们的青睐,品种十分丰富。洛阳桃的品种有小桃、十月桃、冬桃(至冬方熟)、蟠桃、千叶缠桃、二色桃(一枝上二色)、合欢二色桃(朵上二色)、千叶绯桃、千叶碧桃、大御桃、金桃、银桃、白桃、昆仑桃、憨利核桃、胭脂桃、白御桃、旱桃、油桃、人桃、蜜桃、平顶桃、胖桃、紫叶大桃、社桃、方桃、邠州桃、圃田桃、红穰利核桃、光桃(无毛)等。

晋绛黄消梨、陕府凤栖梨、青州水梨、郑州鹅梨在唐至五代时期都曾作为贡品。柑橘中的黄柑受到隋文帝和唐玄宗的喜欢。此外,乳柑、朱橘、霜橘是优良品种,产地常以此进献皇室。金桃就是今天的黄桃,由西域作为贡品进献唐王朝,《册府元龟》载:康国献黄桃,大如鹅卵,其色如金,亦呼金桃。偏桃又称扁桃,就是今天的巴旦杏,原产中亚地区。据《西阳杂俎》载:偏桃,出波斯国,波斯呼为婆淡,树长五六丈,围四五尺,叶似桃而阔大,三月开花,白色,花落结实,状如桃子而形偏,故谓之偏桃。树菠萝,又称波罗蜜,原产南亚地区,唐代引种至我国。

宋代水果需求量大,南北交流频繁,品种繁多,有梅、李、杏、梨、莲、安石榴、枇杷、橘、金柑、橙、朱栾、柚、杨梅、樱桃、林檎、葡萄、栗、榛、椎、银杏、枣、柿、杨桃、瓜、木瓜、榅、菱、芡、荸荠、藕、甘蔗、葛、茨菰等。福州出产的果品有荔枝、龙眼、橄榄、柑橘、橙子、香橼子、杨梅、枇杷、甘蔗、蕉、枣、栗、葡萄、莲、鸡头、樱、木瓜、瓜、柿、杏、石榴、梨、桃、李、林檎、胡桃、柰、杨桃、王坛子、茨菰、菩提果、新罗葛等。单单北宋东京市场上梨的品种就有河北鹅梨、西京雨梨、夫梨、甘棠梨、凤栖梨、镇府浊梨、瀧梨、水鹅梨等。

(四)肉类

唐宋时期中原居民豢养的家畜主要有马、牛、羊、猪、狗等。无论是在唐代,还是在宋代,羊肉在各种家畜肉中都占有压倒性优势。当时的社会已形成一种比较浓厚的食羊习俗,人们对羊肉普遍偏好,这种偏好一直延续到唐宋时期。唐代时,人们普遍把羊肉当作肉食中的上佳美味,"羊羔美酒""羊羹美酒""肥羊美酝"等在文人的作品中多有提及。在现实生活中,羊肉也是唐人首选的肉食。猪肉在唐宋时期的地位仅次于羊肉。唐代时,人们虽然以羊肉为主导肉食,但"猪肉在唐人肉食中的地位越来越高"。唐人对养猪也很重视,除一家一户的零散饲养外,一些地方政府也设置有专门的养猪机构。如唐代宗大历年间,虔州刺史卢杞上奏称"虔有官豕三千为民患"。一个州的官办养猪场存栏3000头猪。唐代是中国人食用狗肉态度发生变化的关键时期。在一般人的观念中,狗已不是可以用来食用的动物了,只有那些不务正业的恶少们才会屠狗食肉。唐代牛肉的地位较高,在唐代的肉类食品中,牛肉被当作最佳品种,常用牛肉待客。王昌龄《留别岑参兄弟》云:何必念钟鼎,所在烹肥牛。

唐宋时期中原居民豢养的家禽主要有鸡、鸭、鹅。水产主要有鹿子鱼、鲨鱼、黄腊鱼、竹鱼、乌贼鱼、石头鱼、比目鱼、鳄鱼、鲐鱼、嘉鱼、鳜鱼、鲈鱼、鲤鱼、金鱼、鲸、鲫鱼、縢鱼、鲇鱼、鲳鱼、鲮鱼、鲩鱼等。宋代淡水鱼主要有青鱼、草鱼、鲢鱼、鲤鱼、鳙鱼、江鱼、石首鱼、鲋鱼、鲳鱼、鳗鱼、鲚鱼、鲫鱼、白鱼及白蟹、河蟹、河虾、田鸡等。海产品有蛤蜊、牡蛎、梭鲻、鲈鱼、蛏子、香螺、海参、鲅鱼、江珧柱、石首鱼、鱼翅等名贵产品。蛤蜊肉有个文雅的称谓"西施舌",传说西施被勾践沉在海里淹死后,变成了蛤蜊,文人们把蛤蜊肉称为"西施舌"。吕本中《西施舌》:海上凡鱼不识名,百千生命一杯羹;无端更号西施舌,重与儿童起妄情。梭鲻的最佳食用时节是冬季,据王得臣记载:闽中鲜食最珍者,所谓子鱼者也。长七八寸,阔二三寸许,剖之子满腹,冬月正其佳时。鲥鱼是一种肉味极其鲜美的名贵鱼类,四月份正是捕捞的好时节,鱼肉最为肥美。梅尧臣《时鱼》:四月时鱼逴浪花,渔舟出没浪为家。甘肥不入罟师口,一把铜钱桛浆牙。

唐代菜肴烹饪原料的扩展,不仅表现在制作菜肴所用的肉蔬瓜果的种类增多上,更重要的是猪、羊、牛、鸡等普通家畜、家禽的内脏、血、头、脚、尾、皮等"杂碎"更多地受到了人们的重视,被烹制成各种美味佳肴。动物"杂碎"入馔历史较早,但以往人们所重视的动物"杂碎"多是些珍奇野味的"杂碎",如熊掌、豹胎、驼峰、猩唇之类。唐代以前,人们对普通家畜、家禽"杂碎"的利用,仅限于头、脚、尾、皮等"硬杂碎"和"软杂碎"(内脏)中的心、肝、胃,而肠、肾、肺、脾等很少被人们烹饪成菜肴。这与唐代以前的烹饪技术还不十分发达有关。头、脚、尾、皮等"硬杂碎"和"软杂碎"中的心、肝、胃等味道鲜美,异味较轻,而肠、肾、肺、脾等或油腻肥厚,或腥臊干枯,异味较重。

(五) 野菜

唐人最常采食的野菜包括莼、蕨、薇、藜荠、蓼、苍耳、马齿苋等品种。

莼菜,亦名水葵,属水生睡莲科植物,其叶片浮于水面,嫩茎和叶背有胶状透明物质,我国长江以南多野生,春夏采其嫩叶可作蔬菜食用。唐时,江浙一带的莼菜最为知名,其水生量之多,放舟可采。贺知章《答朝士》诗云:镜湖莼菜乱如丝,乡曲近来佳此味。张志和:松江蟹舍主人欢,菰饭莼羹亦共餐。

蕨属蕨类植物,凤尾蕨科,多年生草本植物,南北荒山中均有生长。其幼叶可食,称蕨菜。春夏之际,唐人常入山岗中采集。白居易《放鱼》诗云:晓日提竹篮,家僮买春蔬。青青芹蕨下,叠卧双白鱼。

薇是豆科植物中的大巢菜,多生于山地,分布甚广。唐人入山采集,当作蔬菜食用。宋之问《嵩山夜还》诗云:家住嵩山下,好采旧山薇。

藜,亦称灰菜,属藜科,南北均产,其嫩叶可食。徐夤《偶吟》:朝蒸藜藿暮烹葵。荠菜属十字花科植物,生于田野及庭园,春季鲜嫩时可食。蓼,指水蓼,一年生草本植物,生于湿地、水边或水中,我国南北均有分布。水蓼味辛辣,含有辛辣挥发油,人们一般将其作为调味食物。

苍耳,又名卷耳、地葵、进贤菜,属菊科植物,生于荒地及路旁,处处可见。唐朝人多摘新鲜苍耳,用作蔬食。

马齿苋,又叫马齿菜,广生于田野、荒坡和农作物之间,夏秋时多可采集。唐人把马齿苋当作难得的佳蔬,有时在菜园中采到,即同园蔬一并收获。唐人采食的野菜品种很多,诸如睡菜、水韭、荇菜、苦菜、堇菜、鼠耳、金盘草、孟娘菜、四叶菜、蕺、蘩蒌等。

宋代的野菜有蕨,别名蕨苔、蕨菜、龙头菜、鸡爪菜等。马齿苋,又名长命草、五行草、瓜子菜。巢菜,一种野生豌豆。荠菜,是早春的一种野菜,常用来做羹汤,也用于救荒。

(六) 调味品

唐代的调味品中的豆酱、豆豉和醋的制作有了较大的发展。豆酱是人们饮食生活中不可缺少的调味品。从普通百姓到王公贵族,从民间到宫廷,食酱制酱。唐代宫廷之中还专门设置机构和人员编制,负责豆酱等调味品的生产,制酱技术有所提高。在前代,制酱要经过蒸豆、和曲和罨黄等多个步骤,到了唐代可一次完成。豆豉仍然是主要调味品,其独特的调味功效使人们对之赞不绝口。唐陈藏器《本草拾遗》曰:蒲州豉味咸,作法与诸豉不同,其味烈。陕州有豉汁,经年不败。入药并不如今之豉心,为其无盐故也。醋常常是一些美味佳肴的外在调味品。如食鱼脍时,醋是必备品。

宋代已经有了"柴米油盐酱醋茶"的俗语。制作植物油的榨油坊分为官营和私营。北宋汴京的油醋库、南宋临安的官营油坊是官营油坊的代表。这些官营和私营作坊生产的食用油,通过商人源源不断地输送到全国各地。食用油主要有麻油、菜籽油和豆油,此外还有杏仁、红蓝花子、蔓菁子油、鱼油等。宋代产糖区在唐代基础上迅速扩展到江、浙、闽、广、湖南、蜀川等地,并形成了福唐、四明、番禺、广汉、遂宁五大产区。糖类已增加至蜂糖、蔗糖、砂糖、乳糖和冰糖(糖霜)等品种,其中又以冰糖产量最大,最为流行。宋代共有两淮、两浙、福建、两广、长芦、四川 6 个盐区。醋在宋代已成为人们日常生活中必不可少的调味品之一,需求量极大,有果醋、米醋和麦醋等种类。"酱油"一名,始见于宋代的文献记载。林洪《山家清供》中数则食谱中有使用"酱油"的记载,是目前发现使用"酱油"二字的最早文献。出现了方便调料"一了百当",就是"甜酱一斤半,腊糟一斤,麻油七两,盐十两,川椒、马芹、茴香、胡椒、杏仁、姜、桂等分,为末,先以油就锅内火熬香,将料末同糟、酱炒熟,入器"。"入器"收储后,做菜时就可以酌量使用。

三、烹饪工艺

(一) 主食工艺

主食的工艺有煮、蒸、烤、烙、煎、炸、冷淘等。就面食的烹饪方法而言,唐代流行烤,宋代流行蒸。唐代烤制的面食多呈扁平状,宋代蒸制的面食多呈立体状。

❶ 蒸

传统社祭都要用到黍,隋唐五代时期一些大家族仍然保持着这一传统。粟米的做法是煮和蒸,上乘的粟米饭有黄粱饭等,杜甫《佐还山后寄三首》:白露黄粱熟,分张素有期。已应春得细,颇觉寄来迟。味岂同金菊,香宜配绿葵。老人他日爱,正想滑流匙。又《赠卫八处士》:夜雨翦春韭,新炊间黄粱。

雕胡饭是山间人家的主食,也招待来客。李白诗云:跪进雕胡饭,月光明素盘。杜甫诗云:滑忆雕胡饭。稻米蒸成的白米饭是南方的主食,在北方是细粮食物,也用来煮粥。

名贵的米饭有清风饭和青精饭等。清风饭是用特殊工艺制作的高档风味饭,以水晶饭、龙脑末、牛酪浆为原料,做成冷食,供夏天消暑。这是以植物汁液为辅料而制成的一种饭,具有健身和美容功效。陆龟蒙曾写下咏叹青精饭的诗句:旧闻香积金仙食,今见青精玉斧餐。自笑镜中无骨录,可能飞上紫雪端。

金饭,因以金黄色正菊花和米共煮而成,故名。玉井饭,以削成小块的嫩白藕、去掉皮心的新鲜莲子和米煮成的饭。盘游饭,为一种以煎角虾、鸡鹅肉块、猪羊灌肠、蕉子、姜等和米杂煮而成的饭食。流行于江南、岭南一带。

❷ 煮

唐宋时期,随着粮食产量的提高,粥成为一种普通食物,主要有用粳米、粟和麦为原料煮成的三种粥。南方多喝稻米粥,北方多喝小米粥和麦粥。粥是用米少而又能填饱肚子的农家饭食,当时少粮的贫苦百姓人家吃不起蒸食,只能天天吃粥。宋代粥的品种也较多,仅周密《武林旧事》中所载的就有七宝素粥、五味粥、粟米粥、糖豆粥、糖粥、糕粥、徽子粥、绿豆粥等。此外,林洪《山家清供》中尚载有茶蘼粥、梅粥、真君粥、河祇粥、豆粥等类。

❸ 饼食制作

饼的制作工艺主要有蒸、煮、烤、油炸等。在配料上,可以添加芝麻、乳酪,或加入果料、肉馅等。在造型上,可以用模子,也可以手工造型。

胡饼是一种在炉中烤制的面制食品,由于常常加入芝麻,故又称胡麻饼。这种饼不仅百姓喜爱,上层社会的官员也喜欢食用。白居易的好友杨万州在京外做官,想念长安的胡麻饼,写信要白居易为他寄去。白居易附上诗曰:胡麻饼样学京都,面脆油香新出炉。寄与饥馋杨大使,尝看得似辅兴无。蒸饼就是蒸熟的面食,分为加馅料和不加馅料的两种,类似于今天的包子和馒头。因为用蒸笼蒸熟,被称为笼饼。凡是在汤水中煮食的面制品都称汤饼,主要包括面条、馄饨等。有一种夏天吃的冷汤饼,因为要用冷水淘面,俗称冷淘。杜甫《槐叶冷淘》就是对这种汤饼的描写:青青高槐叶,采掇付中厨。新面来近市,汁滓宛相俱。入鼎资过热,加餐愁欲无。碧鲜俱照箸,香饭兼苞芦。经齿冷于雪,劝人投此珠。愿随金騕裹,走置锦屠苏。路远思恐泥,兴深终不渝。献芹则小小,荐藻明区区。万里露寒殿,开冰清玉壶。君王纳凉晚,此味亦时须。

此外还有南北朝时期就有的馎饦,包馅料的馄饨又称包面和牢丸(类似于今天的饺子)。用荞麦面制的烧饼称荞麦烧饼,在隋唐时期是一种较为流行的食品。

饼在宋代一般为面制食品的统称,种类比唐朝更加多样。《司马氏书仪》载祭祀时的面食有薄饼、油饼、胡饼、蒸饼、环饼等。《东京梦华录》载都城东京市面上出售的饼有油饼、蒸饼、宿蒸饼、油蜜蒸饼、糖饼、胡饼、茸割肉胡饼、白肉胡饼、肉饼、莲花肉饼、环饼、髓饼、天花饼等十余种;《梦粱录》《武林旧事》等书中载有金银炙焦牡丹饼、三肉饼、芙蓉饼、菊花饼、月饼、梅花饼、开炉饼、甘露饼、肉油饼、炊饼、乳饼、糖水酥皮烧饼、春饼、芥饼、辣菜饼、熟肉饼、鲜虾肉团饼、羊脂韭饼、旋饼、胡饼、猪胰胡饼、七色烧饼、焦蒸饼、风糖饼、天花饼、秤锤蒸饼、金花饼、睡蒸饼、炙炊饼、菜饼、荷叶饼、韭饼、糖饼、髓饼、宽焦饼、蜂糖饼等数十种。

❹ 糕团制作

糯米食品有栗粽、糍糕、豆团、麻团、汤团、水团、糖糕、蜜糕、栗糕、乳糕等。蓬糕是"采白蓬嫩者,熟煮,细捣,和米粉,加以白糖,蒸熟"而成。水团是"秫粉包糖,香汤浴之",粉糍是"粉米蒸成,加糖曰饴"。宋代还有米面,时称米缆或米线,谢枋得描写"米线"诗曰:翕张化瑶线,弦直又可弯。汤镬海沸腾,有味胜汤饼。粽子"一名角黍",宋时"市俗置米于新竹筒中,蒸食之",称"装筒"或"筒粽",其中或加枣、栗、胡桃等,用于端午节。

唐代擀面俑及唐代面食制作场景见图2-25、图2-26。

图2-25 唐代擀面俑

图2-26 唐代面食制作场景

(二)菜肴技艺

唐宋时期,中原居民最常用的副食烹饪方法是烤、煮、脍(鲙)、炒等。唐宋时期的菜肴烹饪,刀法获得了较大发展。由于炒菜多为大火急炒,炒之前多要求对原料进行改刀处理,以切成片、块、丁、粒等,刀法随着炒菜的繁荣而发展,唐代时就出现了专门论述刀功技艺的《斫脍书》。宋代菜肴制作工艺有炸、炒、炙、煮、蒸、烤、煎、煨、熬、烧、炉、焐、焊、焙、爊等二三十种之多。

❶ 脍

由于脍为生食,食脍需要拌食醋、蒜等各种调味品,脍切割得越薄就越利于调味,因此脍匠都具有高超的刀功,如《酉阳杂俎》载:南孝廉者,善斫鲙。谷薄丝缕,轻可吹起。操刀向捷,若合节奏。当时的刀功之精湛,甚至达到了以人背为砧板,缕切肉丝而背不破的地步。

❷ 食品雕刻

隋唐五代时食品雕刻已扩大到饭、糕和菜肴方面。宋代的食品雕刻开始走出贵族的筵席,出现了普及化的发展趋势。林洪《山家清供》所记的"玉灌肺",就是用真粉、油饼、芝麻、柿子、核桃、莳萝六种原料,加白糖、红曲少许为末,拌和入甑蒸熟,切作肺样。对于过分的食品雕刻,宋人也有表示反对的,如赵善璙批评道:饮食所以为味也,适口斯善矣。世人取果饵而刻镂之、朱绿之,以为盘案之玩,岂非以目食者乎?

③ 花色拼盘

唐宋时期花色拼盘技术也获得了较大进步。宴席上的冷荤菜多采用拼盘的形式,如唐代韦巨源《烧尾宴食单》中的"五生盘",就是选用羊、猪、牛、熊、鹿五种动物的肉细切成脍拼制而成的。唐代还出现了组合风景拼盘,诗人王维晚年所居的辋川别墅有20景,唐代一位法名梵正的比丘尼,竟用酱肉、肉干、鱼鲊、酱瓜之类的冷食,将这20景在食盘上拼制出来。《清异录·馔羞门》记其事云:比丘尼梵正,庖制精巧,用鲊臛、脍脯、醢酱、瓜蔬,黄赤杂色,斗成景物。若坐及二十人,则人装一景,合成辋川图小样。

四、代表性菜点

隋唐时期的名菜名点散见于各类书籍中,其中的特点是名字尤其文雅,有些蒙上神幻色彩。谢枫的《食经》记载了隋代的一些名菜点。有飞鸾脍、剔缕鸡、龙须炙、千金碎香饼子、花折鹅糕、修羊宝卷、越国公碎金饭、云头对炉饼、剪云析鱼羹、紫龙糕、春香泛汤、香翠鹑羹、添酥冷白寒具、乾坤夹饼等。最为著名的是《烧尾宴食单》中的"烧尾宴",是宰相韦巨源献给皇帝的奢侈宴席。"烧尾宴"是唐代的一种习俗。士子登科、荣进及迁除,好友同僚一起慰贺,盛宴置酒馔、音乐,谓之"烧尾"。唐中宗时,大臣拜官亦要举办宴席献食天子,名叫"烧尾"。《烧尾宴食单》共收录58种菜点,其菜肴有用羊、牛、豕、鸡、鹅、鸭、鹑子、熊、鹿、狸、兔、鱼、虾、鳖等为原料制成的各种荤食;其饭点有乳酥、夹饼、面、膏、饭、粥、馄饨、汤饼、毕罗、粽子等。所收菜点的选料制作均十分考究,反映了唐代皇室和官僚贵族饮食的豪侈。如"素蒸音声部(面蒸,像蓬莱仙人,凡七十事)",王子辉先生认为:这组食品是用面粉包着馅料蒸制而成的,类似今日包子一类,其馅料取材之奇,面粉之精,以及滋味要求之美,姑且不说,仅就造型而言,也是令人惊异的。它要求制作成70人组成的舞蹈场面,既有弹琵琶、鼓琴瑟、吹笙箫的乐工,又有身着罗绮、翩翩起舞的歌女,各人有各人的服饰、姿态、动作和表情。

唐宋时期的著名菜点有很多,记载比较详细又比较真实的如下。

(一)菜品

① 鱼干脍

这是沿海渔民发明的一种食物,是把鱼去骨切成细丝,晾晒干后封存的保鲜办法。据记载,其制作方法:海船上,作脍,去皮骨,取其精肉,切缕,晒三四日使其极干,用没沾水的新白瓷瓶装盛,泥密封,经过五六十天还和新鲜鱼肉一样。要吃的时候,取出干脍用布包裹,瓮中盛水,渍三刻,带布沥干水,置盘,细切香柔叶铺上,调匀即可食。味美如刚捕之鱼。《大业拾遗记》载其原产地是苏州一带,制法:当五六月盛热之日,于海取得鲅鱼。大者长四五尺,鳞细而紫色,无细骨不腥者。捕得之,即于海船之上作脍。去其皮骨,取其精肉缕切。随成随晒,三四日,须极干,以新白瓷瓶,未经水者盛之。密封泥,勿令风入,经五六十日,不异新者。取啖之时,并出干脍,以布裹,大瓮盛水渍之,三刻久出,带布沥却水,则曝然。散置盘上,如新脍无别。细切香柔叶铺上,筋拨令调匀进之。

② 浑羊殁忽

从名字上看,是游牧民族传入的一道宫廷大菜。唐卢言《卢氏杂说·御厨》载:每有设,据人数取鹅,焊去毛,及去五脏,酿以肉及糯米饭,五味调和。先取羊一口,亦焊剥,去肠胃。置鹅于羊中,缝合炙之。羊肉若熟便堪,去却羊,取鹅浑食之。谓之浑羊殁忽。

③ 金齑玉脍

金齑玉脍的名称,最早出现在北魏贾思勰所著《齐民要术》中。金齑共用七种配料:蒜、姜、盐、白梅、橘皮、熟栗子肉和粳米饭。把白梅与其他六种配料捣成碎末,用好醋调成糊状,就是金齑。金齑配上白色鱼肉做成的鱼脍,就是金齑玉脍,从贾思勰的归类记载看,南北朝时期,这道菜要配上芥末酱食用,金齑、芥末酱及其他调料与生鱼片分别装碟,食者按自己的爱好自由选用。隋唐时期,鱼脍用鲈鱼制作,是江南扬州一带的名肴。

④ 翰林齑

取时令鲜菜数种,去掉老叶、老帮,入瓮腌泡。腌时,菜要满瓮,封闭要严,检查要勤,等到颜色洁白、味道芳香时就算腌成功了。食用时,"先炼雍州酥",今日关中西部为古雍州,雍州酥即关中西部出产的酥油。"次下干齑及盐花",应该是去掉水分的"齑"与盐。至于所腌之菜,则因时令的不同而选择不同的品种,例如冬季与春季用笋,夏季与秋季用藕。也要切作碎末,炒熟后,拌入齑中。因为当年的翰林卢质曾亲自制作,所以被称为"翰林齑"。他认为此菜"极清美"。

⑤ 辋川小样

梵正,为五代时尼姑、著名女厨师,以创制"辋川图小样"风景拼盘而驰名天下,拼盘的始祖,号称"菜上有山水,盘中溢诗歌"。辋川图小样是用脍、肉脯、肉酱、瓜果、蔬菜等原料雕刻、拼制而成。拼摆时,她以王维所画辋川别墅 20 个风景图为蓝本,制成别墅风景,使菜上有风景,盘中溢诗情。《清异录·馔羞门》中倍加夸赞:比丘尼梵正,庖制精巧,用鲊臛、脍脯、醯酱、瓜蔬,黄赤杂色,斗成景物。若坐及二十人,则人装一景,合成辋川图小样。

⑥ 黄金鸡

黄金鸡的制作方法,在林洪《山家清供》有载:浔鸡净洗,用麻油、盐,水煮,入葱、椒。候熟,擘钉,以元汁别供,或荐以酒,则"白酒初熟,黄鸡正肥"之乐得矣。有如新法川炒等制,非山家小屑为,恐非真味也。

⑦ 炉焙鸡

炉焙鸡为宋代比较有特色的鸡肉类菜肴。吴氏《中馈录》中有载:用鸡一只,水煮八分熟,剁作小块;锅内放油少许,烧熟,放鸡在内略炒,以镟子或碗盖定;烧及熟,酒醋相半、入盐少许烹之。候干,再烹。如此数次,候十分酥熟,取用。

⑧ 蒸鲥鱼

吴氏《中馈录》载:鲥鱼去肠不去鳞,用布拭去血水,放荡笋内,以花椒、砂仁酱擂碎,水酒、葱拌匀其味,和蒸,左鳞供食。

⑨ 蟹酿橙

据林洪《山家清供》所载,其具体制法:选用已经黄熟的大橙子,切开顶部,挖去橙子里面的穰肉,仅留少量橙汁,然后用蟹黄蟹肉塞满,再把切下来的橙子顶部带着枝叶盖在上面,放进小蒸锅中,用酒、醋、水蒸熟。吃时再蘸上醋、姜、盐等调料。这道菜属深秋风味菜,因其制作独特,味道鲜美,使人食后会产生新酒、菊花、香橙、螃蟹的情趣,深受文人士大夫的喜爱。

⑩ 山家三脆

山家三脆为宋代山村盛行的一道风味特色菜,以嫩笋、小蕈、枸杞头三者为主料。因这三种原料均具有甘甜香脆的特点,故名"山家三脆"。林洪《山家清供》载其制法曰:嫩笋、小蕈、枸杞头,入盐汤焯熟,同香熟油、胡椒、盐各少许,酱油、滴醋拌食。

⑪ 东坡豆腐

东坡豆腐,相传为苏轼(东坡)所创,故名。林洪《山家清供》载其法道:豆腐,葱油煎,用研榧子一二十枚和酱料同煮。又方,纯以酒煮。俱有益也。由此可见其制法有两种:一是将豆腐用葱油煎后,再取一二十只香榧炒焦研成粉末,加上酱料,然后同豆腐一起煮;另一种方法,是纯用酒煮油煎过的豆腐。

⑫ 雪霞羹

用豆腐和芙蓉花烧制而成的菜肴。由于豆腐洁白似雪,芙蓉花色红如霞,故名。林洪《山家清供》载其制法云:采芙蓉花,去心、蒂,汤焯之,同豆腐煮。红白交错,恍如雪霁之霞,名雪霞羹。加胡椒、姜,亦可也。

（二）面点

❶ 玉尖面

玉尖原指纤细洁白如玉的指尖或被白雪覆盖的山峰。由名字可以看出这是一道雪白细尖的面点。据《清异录》载，该面食是用鹿肉或熊肉做馅料蒸制而成的。这是一道宫廷美食，赵宗儒在翰林时，闻中使言，今日早馔玉尖面，用消熊栈鹿为内馅，上甚嗜之。由此可以推断玉尖面是今天包子的雏形。

❷ 同阿饼

后唐的一种饼，用面粉同酵面和好后发酵，再将切碎的猪肉同发好的面掺和在一起，揉成手臂大小的长条，再切成三寸厚的块，上笼蒸熟，即可。

❸ 云英面

将藕、莲、菱、芋、鸡头、荸荠、慈姑、百合混在一起，选择净肉，蒸烂。用风吹晾一会儿，在石臼中捣得非常细，再加上四川产的糖和蜜，蒸熟，然后再入臼中捣，使糖、蜜和各种原料拌均匀，再取出来，作一团，等冷了变硬，再用干净的刀随便切着吃。

❹ 松黄饼

春末，取松花黄和炼熟蜜拌匀，制作成如鸡古龙涎的饼状，香味清甘，能够养颜益智。

❺ 玉延索饼

春冬采山药根，白者为上，以水浸之，放入矾少许，一夜后净洗去涎，焙干后磨成粉，过筛为面，宜作汤饼用。

❻ 雪花酥

油下到小锅里，化开滤过，将炒面随手下进搅匀，不稀不稠，挪离火，洒白糖末，下在炒面内搅匀，和成一处，上案擀开，切象眼块。

❼ 五香糕

上白糯米和粳米二六分，芡实干一分，人参、白术、茯苓、砂仁总共一分，要磨得非常细，筛过，用白砂糖滚汤拌匀，上锅蒸熟。

❽ 糖薄脆

白糖一斤四两，清油一斤四两，水二碗，白面五斤，加酥油、椒盐水少许，揉成剂。擀薄像酒盅口大，上面均匀撒上芝麻，入炉烤熟，吃起来又香又脆。

❾ 酥儿印

用生面掺豆粉同和，用手搓成像筷子头粗的条，切二分长，逐个用小梳掠印齿花，收起。放进酥油锅内炸熟，用漏勺捞起来，趁热洒白砂糖拌之。

❿ 水滑面

用上好白面揉成剂。一斤面粉揉十几个剂，放在水内，让它们充分发酵，逐块抽拽成形，抽拽的面宽而薄，下入滚汤煮熟，用麻油、杏仁酪、咸笋干、酱瓜、糟茄、姜、腌韭、黄瓜做浇头，或用煎肉浇在上面。

（三）北宋市肆饮食

❶ 饭食

水饭、旋索粉、玉碁子、胡饼、软羊诸色包子、猪羊荷包、糕、团子、糍粑等。

❷ 羹汤

百味羹、头羹、新法鹌子羹、三脆羹、金丝肚羹、石肚羹、果不翘羹、血羹、粉羹、决明汤、盐豉汤等。

❸ 面点

鳝鱼包子、麻饮细粉、冰雪冷元子、水晶皂儿、细料馉饳儿、决明兜子等。

名人名菜
——东坡肉

④ **素菜**

莴苣、假元鱼、假蛤蜊、假野狐、假炙獐等。

⑤ **家禽类**

鸡、家鹅、鸭、夏月麻腐鸡皮、鸡头穰砂糖、鸡皮、鸡碎、野鸭肉、鸠鸽、莲花鸭、签鹅鸭、签鸡、炙鸡、燠鸭、玉板鲊鸭子等。

⑥ **肉食**

燠肉、干脯、王楼前獾儿、野狐、肉脯、梅家鹿、兔、肚、肺、腰肾、旋煎羊、白肠、鲊脯、批切羊头、辣脚子、冬月盘兔、旋炙猪皮肉、滴酥水晶鲙、煎夹子、猪脏之类等。羊头、肚肺、赤白腰子、肚胘、鹑兔、二色腰子、虾蕈、货鳜鱼、肉醋托胎、衬肠沙鱼、两熟紫苏鱼、白肉、夹面子茸割肉、汤骨头、乳炊羊、羊角、炙腰子、排蒸荔枝腰子、还元腰子、烧臆子、签酒炙肚胘、虚汁垂丝羊头、入炉羊头、签盘兔、炒兔、煎鹑子、生炒肺、鸭、羊脚子、点羊头、脆筋巴子、獐巴、鹿脯、烧肉干脯、炒鸡兔、煎燠肉等。猪胰、胡饼、和菜饼、獾儿、灌肠、姜豉、抹脏、红丝水晶脍等。

⑦ **水产**

冻鱼头、螃蟹、蛤蜊、炒蛤蜊、炒蟹、煠蟹、洗手蟹、姜虾、酒蟹、煎鱼等。

⑧ **腌菜小碟**

姜辣萝卜、生腌水木瓜、药不瓜、酝菜、芥辣瓜儿等。

⑨ **鲜果干果**

菉豆、广芥瓜儿、杏片、梅子姜、香糖果子、梅汁、间道糖荔枝、越梅、紫苏膏、金丝党梅、香枨元、素签砂糖、干果子、炒银杏、栗子、河北鹅梨、梨条、梨干、梨肉、胶枣、枣圈、梨圈、桃圈、核桃、肉牙枣、林檎旋乌李、李子旋樱桃、煎西京雪梨、夫梨、甘棠梨、凤栖梨、镇府浊梨、河阴石榴、西川乳糖、狮子糖、霜蜂儿、橄榄、温柑、绵枨金橘、龙眼、荔枝、召白藕、甘蔗、漉梨、林檎干、枝头干、芭蕉干、人面子、巴览子、榛子、榧子、蜜煎香药、党梅、柿膏儿、胡桃、泽州饧、奇豆、鸭梨、石榴等。

⑩ **冷饮**

甘草冰雪凉水、荔枝膏等。

五、饮食思想与著作

（一）讲求饮食环境，创设美好意境

唐宋时期人们在宴饮时，非常重视自然宴饮环境的选择和人工宴饮环境的营造。在风景秀丽的自然环境或名园芳圃中宴饮，颇有"天人合一"的自然情趣，胸襟开阔的唐人非常喜欢在这样的环境中野宴。野宴的时间多选择在百花盛开的春季，如王仁裕《开元天宝遗事·看花马》载：长安侠少，每至春时，结朋联党，各置矮马，饰以锦鞯金鞍，并辔于花树下往来，使仆从执酒皿而随之，遇好圃时驻马而饮；《开元天宝遗事·油幕》载：长安贵家子弟，每至春时，游宴供帐于园圃中，随行载以油幕，或遇阴雨，以幕覆之，尽欢而归；《开元天宝遗事·裙幄》载：长安士女游春野步，遇名花则设席藉草，以红裙递相插挂，以为宴幄，其奢逸如此也；《开元天宝遗事·探春》载：都人士女，每至正月半后，各乘车跨马，供帐于园圃，或郊野中，为探春之宴。长安韦氏家族墓壁画《野宴图》，生动地描绘了唐人春日野宴的情景。唐代长安人野宴最好的去处，是位于城东南的曲江。曲江是唐代长安风光最美的开放式皇家园林，每年三月的上巳节，上至帝王将相，下至士庶百姓，都可到曲江园林举行野宴。除上巳节游宴外，每年新进士及第后的"樱桃宴"也在曲江园林举行。唐代不少诗人写有歌咏新进士曲江宴的诗歌，如唐人刘沧《及第后宴曲江》云：及第新春选胜游，杏园初宴曲江头。紫毫粉壁题仙籍，柳色箫声拂御楼。霁景露光明远岸，晚空山翠坠芳洲。归时不省花间醉，绮陌香车似水流。

宋代时，野宴之风仍盛行不衰。如北宋东京居民在清明节时，往往就芳树之下，或园圃之间，罗列杯盘，互相劝酬。都城之歌儿舞女，遍满园亭，抵暮而归。西京洛阳同样如此，邵伯温《邵氏闻见

录》载:洛中风俗尚名教……三月牡丹开。于花盛处作园圃,四方伎艺举集,都人士女载酒争出,择园亭胜地,上下池台间引满歌呼,不复问其主人。抵暮游花市,以筠笼卖花,虽贫者亦戴花饮酒相乐。宋室南渡后,清明游宴的风气比北宋有过之而无不及,吴自牧《梦粱录·清明节》云:官员士庶,俱出郊省坟,以尽思时之敬。车马往来繁盛,填塞都门。宴于郊者,则就名园芳圃,奇花异木之处;宴于湖者,则彩舟画舫,款款撑驾,随处行乐。有些官僚士大夫拥有私家园圃,他们更是经常在花前柳下欢宴,如朱弁《曲洧旧闻》载:蜀公居许下,于所居造大堂,以长啸名之。前有荼䕷架,高广可容数十客。每春季花繁盛时,燕客于其下。约曰:有花飞堕酒中者,为余釂一大白。或语笑喧哗之际,微风过之,则满座无遗者。当时号为飞英会,传之四远,无不以为美谈也。

与室外的野宴相比,人们更多的是在室内进行餐饮的。因此,室内餐饮环境与人们的联系更为紧密。唐宋时期,人们主要依靠各种陈设手段的变化来营造不同的室内餐饮环境或气氛。如宫廷大宴往往要营造出一种庄严隆重的气氛来,据《宋史·礼志》记载:凡大宴,有司预于殿庭设山楼排场,为群仙队仗、六番进贡、九龙五凤之状,司天鸡唱楼于其侧。殿上陈锦绣帷帟,垂香球,设银香兽前槛内,藉以文茵,设御茶床、酒器于殿东北楹间,群臣醆斝于殿下幕屋。民间宴饮虽不如宫廷这样豪华排场,但对于那些富有财货的达官贵人来说,各种铺设也极其讲究,想方设法营造出所需要的宴饮环境或气氛。如晚唐诗人张孜《雪诗》云:长安大雪天,鸟雀难相觅。其中豪贵家,捣椒泥四壁。到处爇红炉,周回下罗幂。暖手调金丝,蘸甲斟琼液。醉唱玉尘飞,困融香汗滴。岂知饥寒人,手脚生皲劈。在大雪纷飞的隆冬,用红炉、罗幂营造出温暖如春的宴饮环境。

唐代更有人用冰、龙涎香等在烈日炎炎的夏季营造出清凉的宴饮环境,如王仁裕《开元天宝遗事》载:杨氏子弟,每至伏中,取大冰使匠琢为山,周围于宴席间。座客虽酒酣而各有寒色,亦有挟纩者。苏鹗《同昌公主传》载:一日大会韦氏之族于广化里,玉馔俱陈,暑气将甚。公主命取澄水帛以蘸之,挂于南轩,满座则皆思挟纩。澄水帛长八九尺,似布轻细,明薄可鉴,云其中有龙涎,故能消暑也。康骈《剧谈录》载:一次李德裕夏日宴客,既而延于小斋,不甚高敞,四壁施设皆古书名画,俱有炎烁之虑。及别列坐开樽,烦暑都尽,良久觉清飙爽气,凛若高秋,备设酒肴,及昏而罢。出户则火云烈日,燋然焦灼。有好事者求亲信之,云此日唯以金盆储水,渍白龙皮置于座末。北宋的宋祁更是奇思妙想,与众宾客会饮于广厦中,外设重幕,内列宝炬,歌舞相继,坐客忘疲,但觉漏长,启幕视之,已是二昼,名曰"不晓天"。

与唐代相比,宋代的饮食业更为发达,人们到店肆就餐的机会更多。为了吸引更多食客,宋代的各种饮食店肆普遍重视店肆内外饮食环境的营造,如店门装设彩楼欢门,店内珠帘绣额,挂名人字画,插四时花卉等。在档次较高的酒楼,夏天增设降温的冰盆,冬天添置取暖的火箱,使人有宾至如归的良好感觉。

（二）食无定味,适口者珍

林洪在《山家清供》中记有这样一件事,宋太宗赵匡义向翰林学士承旨苏易简说:"食物中最为珍美的,究竟是什么?"苏易简回答说:"食无定味,适口者珍。臣的体会是,齑汁最美。"太宗听了,不甚明白,苏易简接着又做了进一步的解释:"臣在一个非常寒冷的夜里,抱着暖炉温酒,几杯下肚,大醉而卧。半夜忽然醒来,觉得口中干渴得很,于是穿衣下床,乘着月光走到庭院中。我一眼看到,在残雪中立着一个装齑的罐子,顾不上唤来侍童,自己用雪洗了手,倒出酸酸的齑汁就喝下几大碗。臣在当时,自以为天上的龙脯凤脂,也比不上那齑汁的滋味。"林洪将这齑汁称为"水壶珍",不过是以清汤渍菜而成,但有止醉渴的功效,所以苏易简醉后会觉得它味美无比。

（三）饮食养生

唐代时,医学家们普遍认识到饮食对养生保健的重要作用,大医学家孙思邈称:安身之本,必资于食。不知食宜者。不足以存生也。

❶ 提倡合理膳食

人体要维持健康,必须吸收各方面的营养。早在汉代,《内经》中便提出了"五谷为养,五果为助,五畜为益,五菜为充"的理想膳食结构。孙思邈在《千金食治》中也引用了这一段话,并具体发挥了这一观点,他将食物分为果实、蔬菜、谷米、鸟兽四大类,详细介绍了当时 156 种日常食物的性味、营养和功效。这说明孙思邈非常重视建立合理的膳食结构,主张营养平衡,合理搭配。

❷ 平衡食味

孙思邈云:五味入于口也,各有所走,各有所病。具体而言:酸走筋,多食酸令人癃;咸走血,多食咸令人渴;辛走气,多食辛令人惕心;苦走骨,多食苦令人变呕;甘走肉,多食甘令人恶心;多食酸则皮槁而毛夭,多食苦则筋缩而爪枯,多食甘则骨痛而发落,多食辛则肉胝而唇寒,多食咸则脉凝泣而色变。因此,人们在日常的饮食中就要注意五味平衡,不可偏嗜。还要根据人体状况和四季变化来调配五味,使之平衡。

❸ 明察食性

中医药理学认为,每种食物都有一定的食性,或寒,或热,或温,或凉,或平,或有毒,或无毒等。不同食性的食物对人体养生的效果亦不相同。以蔬果为例:有些可以久食,如"味甘,大寒,滑,无毒"的小苋菜,"可久食,益气力,除热";有些不可以久食,如"味甘,平,无毒"的越瓜,"不可久食";有些可以常食,如"味甘,平,涩"的樱桃,"调中益气,可多食,令人好颜色,美志性";有些不可多食,如"味甘,微酸,寒,涩,有毒"的梨,"除客热气,止心烦,不可多食,令人寒中"。

❹ 讲究饮食卫生

孙思邈在《千金要方·养性》中说:食当熟嚼,使米脂入腹,勿使酒脂入肠。人之当食,须去烦恼,如食五味必不得暴嗔,多令人神惊,夜梦飞扬。每食不用重肉,喜生百病。常以少食肉,多食饭及少菹菜,并勿食生菜、生米、小豆、陈臭物,勿饮浊酒。……食毕当漱口数过,令人牙齿不败,口香;茅屋漏水堕诸脯肉上,食之成瘕结。凡暴肉作脯不肯干者,害人。……饮食上蜂行住,食之必有毒,害人。一切马汗气及毛,不可入食中,害人。

(四)饮食著作

唐宋时期饮食著作见表 2-4。

表 2-4　唐宋时期饮食著作表

名　　称	作　者	类　　别	主　要　内　容	影　　响
《膳夫经手录》	杨晔	笔记	分为粮谷、蔬菜、荤食、水果、茶、熟食等类。分别简述了房豆、胡麻、薏苡、薯药、芋头、桂心、萝卜、苜蓿、水葵、苋蓤、芜黄、羊、鳗鲡、樱桃、枇杷、茶等20多种动植物原料,有的仅提及产地,有的则叙述性味,还有的涉及食用方法	有助于后人对唐代食品名称进行考证
《千金食治》	孙思邈	医学	"序论""果实""菜蔬""谷米""鸟兽"(附虫鱼)5篇。"序论"精辟地论述了药与食的关系,食疗养生的原理和方法。其余4篇共收录果实29种,菜蔬58种,谷米27种,鸟兽虫鱼40种。在每种食物的下面列出它们的性味、损益、服食禁忌及主治疾病,有的还记述了它们的食用方法	《千金食治》所阐发的食治重于药治的思想对于中国食疗养生学的发展产生了重大而深远的影响

名　称	作者	类　别	主　要　内　容	影　响
《西阳杂俎》	段成式	小说	南北朝和唐代的食物原料、酒名、饮食掌故；《吕氏春秋·本味》中提到的100多种食品原料及菜肴的名称；几条亡佚的《食经》《食次》中所记载菜点的做法	后世研究唐代及其以前的饮食原料与菜肴的重要文献资料
《岭表录异》	刘恂	小说	唐代岭南地区的牲畜野兽、奇特的饮食风俗、蔬果、禽鸟、各种海产鱼虾的产地与烹饪方法、岭南特殊的虫类食物	汉代以来岭南风物研究的总结
《清异录》	陶谷	小说	分果、蔬、禽、鱼、酒、茗、馔羞等，共238条	研究唐及五代饮食文化的极为珍贵的资料
《山家清供》	林洪	饮食著作	记录了当时流传的菜点、饮料制法104种。收录了一些食疗食品、饮品	研究宋代素食的重要参考资料
《笋谱》	赞宁	农书	记录了名笋的名称、产地和食用方法	研究笋的食用与烹饪的重要参考资料
《蟹谱》	傅肱	饮食著作	全书共2卷，分总论、上篇和下篇三部分。总论中分门别类介绍了蟹的名称、形状、习性等知识。上、下两篇则逐条记述了有关蟹类的故事、食品、诗赋。其中，上篇多采旧文，收集了"离象""有匡""仄行"等42个条目，多是有关螃蟹的外表特征或生理特性	我国古代论述螃蟹的专著
《东京梦华录》	孟元老	笔记	记录了北宋都城饮食各个行业的发展盛况，详细记录了大量食物、饮食民俗和市场管理等	研究北宋饮食文化的重要著作，研究与开发宋代烹饪的重要资料
《梦粱录》	吴自牧	笔记	临安的饮食行市、店铺和早市、夜市的饮食，饮食店肆，如"茶肆""酒肆""分茶酒店""面食店""荤素从食店（诸色点心事件附）""米铺""肉铺""鲞铺"等和饮食民俗	研究南宋的饮食市场及饮食烹饪极具参考价值的资料
《南宋市肆记》	周密	笔记	记录了南宋烹饪品名或饮食行业的发展情况	研究南宋饮食文化的重要资料

任务五 元明清时期的繁荣阶段

任务描述

元明清时期饮食文化发展的社会背景是什么？元明清时期饮食原料主要有哪些？元明清时期饮食器具的分类与应用及其文化寓意是什么？这个时期的烹饪方法有哪些？元明清时期有哪些代表性菜肴与面点？元明清时期的对外交流传入了哪些新的饮食原料与食物？元明清时期的饮食市场有哪些发展？袁枚等饮食文化代表人物的饮食思想是什么？元明清时期取得了哪些饮食文化成就？

任务目标

1. 了解元明清时期饮食文化发展的社会背景。
2. 掌握元明清时期的主要饮食原料与海外传入的新原料。
3. 掌握元明清时期的主要饮食器具及其文化寓意。
4. 掌握元明清时期的烹饪工艺和代表性菜肴与面点。
5. 掌握元明清时期主要人物的饮食思想。
6. 了解元明清时期的饮食文化对外交流。
7. 掌握元明清时期的饮食文化著作。
8. 掌握元明清时期的饮食文化成就。

元明清时期，是中国封建社会的后期，清朝中期进入了封建社会的第三个高峰。在这一时期，中国社会的政治、经济和文化都有极大变化，而这些变化促使中国饮食进入繁荣时期。

一、饮食文化发展的社会背景

（一）农业发展

元朝初年，受战争和落后的游牧经济等影响，北方农业受到严重破坏。元世祖忽必烈开始重视农业生产，提出要"使百姓安业力农"（《元史》），设立劝农司、司农司等农业管理机构，大力倡导垦殖；颁行《农桑辑要》，推广先进的生产技术；保护劳动力和耕地，限制将农民沦为奴隶，禁止霸占民田以改为牧场的行为等。这些措施使农业有所恢复和发展，《农桑辑要》称：民间垦辟种艺之业，增前数倍。明朝开国皇帝朱元璋深知"农为国本，百需皆其所生"（《明太祖洪武实录》），颁布了鼓励农民垦荒种田的诏令，使得粮食总产量提高，仓储丰裕。《明史·赋役志》言：是时宇内富庶，赋入盈羡，米粟自输京师数百万石外，府县仓廪蓄积甚丰，至红腐不可食。明朝中期，农业生产水平进一步提高，闽浙有双季稻，岭南有三季稻，并且引进了番薯等新农作物，使农作物的品种和数量增加。清朝初年，满族统治者采取武装镇压、收夺土地等民族压迫政策，使社会经济遭到严重破坏，《清世祖实录》载，即使在当时的直隶也是"极目荒凉"。从康熙以来，面对持续不断的民众反抗，统治者只得下令停止部分地区的圈地，采取相应措施，促使农业生产得以恢复和发展，主要表现在耕地面积和粮食总产量的大幅增长。到雍正年间，耕地面积已超过明朝的数量，江南、湖广、四川等地稻米产量和粮食总产量都比较高，而高产作物番薯等被广泛种植，甚至在浙江宁波、温州等地出现"民食之半"。

（二）手工业发展

农业生产的恢复和发展，也使得手工业恢复和发展。元朝时，江西景德镇成功地创制出青花、釉里红等新型瓷器，使瓷器在生产工艺、釉色、造型和装饰等方面有了很大提高。明朝时，手工业脱离农业独立发展的趋势更加显著,许多生产技术和生产水平已超过元朝。景德镇成为当时的瓷都,官窑有59座,民窑已超过900座,所制的青花瓷器品种丰富、数量众多并且畅销海内外。在一些城市的手工业部门中还出现了资本主义萌芽。到了清朝,在农村到处是与农业紧密结合的家庭手工业,而在城市和集镇则遍布各种手工业作坊,如磨坊、油坊、酒坊、瓷器坊、糖坊等,生产水平和劳动生产率都比明朝有所提高,产品、产量和品种更加丰富,北京的景泰蓝、江西的瓷器、福建的茶叶、四川和贵州的酿酒等都成为举世公认的名品。清初受到摧残的资本主义萌芽也在清朝中期以后有了复苏和发展。

（三）商业发展

全国的统一,农业和手工业的发展,海运和漕运的沟通,纸币交钞的发行,促进了元朝商业的繁荣,有售鱼图(见图2-27)可窥一斑。京城大都,号称"人烟百万",有米市、铁市、马牛市、骆驼市、珠子市、沙剌(珊瑚)市等,商品数量和品种极多。《马可·波罗游记》言:"大都百物输入之众,有如川流不息,仅丝一项,每月入城者计有千车,为商业繁盛之城也。"泉州是对外贸易的商港,各种进出口商品都在这里集散和启运,政府甚至在此设市舶都转运司,"官自具船给本,选人入番贸易诸货"(《元史·食货志》)。明朝时,粮食、油料、铁器、瓷器等逐渐成为重要商品,较多地用于贸易。如景德镇的瓷器"东际海,西被蜀,无所不至""穷荒绝域之所市者殆无虚日"(王宗沐《江西省大志》)。永乐年间,北京成为全国最大的商业城市,江南和运河两岸许多城市的商业也很发达。全国出现了更多的商人,其中徽商人数最多、最为知名。到清朝,商品生产的发展促进了各地商业的繁荣。康雍乾时期,许多城市都恢复了明朝后期的繁盛,而南京、广州、佛山、汉口等还有更大的发展。《皇朝经世文编》载,汉口"地当孔道,云贵、川陕、粤西、湖南处处相通,本省湖河,帆樯相属,粮食之行,不舍昼夜"。此外,对外贸易也更加频繁,在嘉庆以前,中国在国际贸易中始终保持领先地位。当时,全国最富有、最著名的商人是山西的票商、江南的盐商和广东的行商。

农业、手工业的发展,商业的繁荣,必然促进中国饮食的全面发展,最终使其进入繁荣时期。

图 2-27 售鱼图

二、饮食原料

元明清时期,饮食原料不断增多,到清末已达2000余种,凡是可食之物都用来烹饪,形成了用料广博的局面。

（一）原料的开发

人们通过两个途径进行新原料的开发:一个途径是继续发现和利用新的野生动植物品种。以植物为例,明朝《救荒本草》中记录的野生植物可食者高达414种,虽然其目的是用来解饥荒之苦,但客观上却扩大了食物原料的范围,丰富了品种。豆分大豆、小豆、豌豆三类,大豆有黑豆、黄豆和白豆三种。小豆有绿豆、赤豆、红小豆、豌豆、板豆、羊眼豆、十八豆、回回豆等。另一个途径是继续利用不断提高的各种技术培育和创制新品种。如豆腐在明朝时已经发展成一个"家族",除大豆豆腐外,还有仙人草汁加入米中制成的绿色豆腐,薜荔果汁加胭脂制的红色豆腐,橡栗、蕨根磨粉制成的黄色豆腐、黑色豆腐,色彩斑斓,不仅好看、好吃,而且营养和食疗价值也很高。

元代食用的家畜肉,以羊肉最为重要,南方羊肉供应较少,比不上猪肉。牛肉、马肉也是比较常见的用于膳食的家畜肉,比羊肉、猪肉都要贵重一些,常用于宴会场合。元代饲养供食用的家禽,主要有鸡、鸭、鹅等。当时狩猎所得供食用的野兽有熊、鹿、狐、兔、野猪、黄羊、土拨鼠等。野禽有天鹅、野鸡等。

元代鱼类可以分为淡水鱼、海鱼两大类。沿海居民捕捞的海鱼,主要有石首鱼(黄鱼)、鲥鱼、比目鱼、鲻鱼、鲳鱼、海鳗、规鱼(河豚)、鲥鱼、带鱼等。内陆江河湖泊中出产的淡水鱼有鲤鱼、鲫鱼、鲟鱼、鲂鱼、鲢鱼、鳙鱼、鲭鱼、鳊鱼、鲩鱼、鳕鱼等。蚬、蚌、蛏、蛤、螺、牡蛎、江瑶、鱿鱼、乌贼、海参、淡菜、海蛇等，也都是人们捕捞食用之物。

元代蔬菜品种比较常见的有菘（白菜）、萝卜、茄子、瓠、冬瓜、黄瓜、芥、菠薐（赤根）、莴苣、苋菜、芋、韭、姜、葱、蒜、薤、葵、菌子（蘑菇）、芹等，其中尤以菘（白菜）、萝卜、茄子、菠薐（赤根）、冬瓜、黄瓜、瓠、芋、莴苣、葱、蒜、韭、姜、薤等常用。胡萝卜在宋代由海外传入我国，元代广泛种植，成为一种大众化蔬菜。回回葱在元代传入内地，成为人们喜爱的蔬菜。

元代南北普遍出产的果类有梨、桃、李、梅、杏、枣、栗、柿、葡萄、西瓜、石榴、枇杷、木瓜、甜瓜、桑椹等。岭南的龙眼、香蕉、菠萝、波罗蜜等也运往北方。

元代调味品是盐、酱、醋、糖等。醋的原料主要是粮食，其次是果品。粮食中陈米、小麦、大麦、麦麸、糠、面粉均可制醋。果品中可用来造醋的有桃、葡萄、枣等，所制成的便是桃醋、葡萄醋、枣醋。元代兴起了用香料进行菜肴调味的烹饪方法。《饮膳正要》载有胡椒、小椒、良姜、茴香、莳萝、陈皮、草果、桂（皮）、姜黄、荜拨、缩砂、荜澄茄、甘草、芫荽子、干姜、生姜、五味子、苦豆（葫芦巴）、马思答吉、咱夫兰、栀子等饮食用香料。明代食用油以胡麻油、萝卜籽油、黄豆油、大白菜籽油为上品，苏麻油、油菜籽油、茶籽油、苋菜籽油稍次，大麻仁油为下品。明代食盐的种类很多，大体可以分为海盐、地盐、井盐、土盐、崖盐和砂石盐等 6 种。

明清时期基本上沿用了元代的饮食原料。农业生产技术发展达到了古代中国的高峰，饮食原料生产方式改变，效率提高，产量也明显提升，并且培育出新的品种，加工方法更加多样化。清代培育出优良稻米"御稻米"，米色微红而粒长，气香而味腴，以其生自苑田，故名御稻米。马铃薯经过改良，大量种植。葡萄不仅是鲜美的水果，还用于酿造葡萄酒，葡萄干制作技术提高，被大量制作和广泛销售。清代的菜豆推广种植，称为"季豆"，又名碧豆。甘蓝在山西种植成功，人们称其为葵花白菜。花菜由欧洲引种，在上海郊县种植，供上层富贵人士食用。

（二）新原料的引进

这一时期，中国从国外引进的食物原料有番薯、番茄、辣椒、吕宋杧果、洋葱、马铃薯等，而影响力最大的是辣椒。辣椒原产于南美洲的秘鲁，15 世纪传入欧洲，明朝时传入中国，被称为番椒。它在最初传入时只是作为花卉，汤显祖的《牡丹亭》中记有"辣椒花"，后来逐渐用作调味料，明末徐光启的《农政全书》才指出它的食用价值：色红鲜可爱，味甚辣。清朝时，它在中国的西部和南部广泛种植，并且培育出新品种，既作蔬菜，也作调味料，尤其是川、滇、黔、湘更是大量和巧妙地使用辣椒，使当地烹饪发生了划时代的变化。

番薯原产美洲，由欧洲人带回欧洲。根据资料记载，中国引种番薯在明万历年间。引种的情况有广东人陈益从越南引进、林怀兰从越南引进和福建人陈振龙从菲律宾引进三种说法。据宣统《东莞县志》记载：明万历八年，广东东莞县人陈益到越南，当地人用甘薯招待他。陈益通过酋长仆人取得薯种，万历十年从安南（今越南）带回国内，念其来之不易，先种于花台，结得薯块，起名为番薯。《电白县志》载："相传番薯出交趾（今越南北部），国人严禁，以种入中国者罪死。林怀兰善医，薄游交州，医其关将有效，因荐医国王之女，病亦良已。一日赐食熟番薯。林求生者，怀半截而出，亟辞归中国……种遍于粤。"福建长乐人陈振龙，曾侨居吕宋（今菲律宾）。他发现当地种植和食用一种根大如拳、皮色朱红、芯脆多汁、生熟可食、夏栽秋收、广种耐瘠、产量高、食味好的植物，决心引入中国。当时吕宋为西班牙统治，严禁薯种外传。陈振龙于公元 1593 年回国时，把薯藤秘密缠在缆绳上，表面涂以污泥，航行七日抵达福建。当年 6 月，陈振龙命其子陈经纶向福建巡抚献薯藤，并介绍用途和植法，不久在福建试种成功。闽广地区每年夏季台风不断，番薯适应性强，产量高，其价值迅速被人们认识。为纪念陈振龙父子传播薯种的功绩，后人在福建乌石山海滨设立"先薯祠"。

马铃薯又称土豆、洋芋、山药蛋等，原产于美洲，后于明万历年间传入中国。明代万历年间蒋一葵《长安客话》记载：土豆绝似吴中落花生及香芋，亦似芋，而此差松甘。马铃薯传入我国可能有两路，南路是从南洋印尼传入广东、广西，向云南、贵州发展，故广东称之为荷兰薯、爪哇薯，显然是由爪哇引进的。另一路是北方传入，可能是欧洲传教士带来的。

尽管玉米在中国古代已有种植，但一直没有成为主要的农作物物种。欧洲人东来以后，带来了美洲玉米品种。但从文献记载看，玉米在明代种植并不广泛，直到17世纪中后期才开始广泛种植。

大约15世纪晚期或16世纪早期，花生从南洋引入我国。最早明确记载花生的是明代嘉靖《常熟县志》：三月栽，引蔓不甚长，俗云花落在地，而生之土中，故名。我国也是原产地之一。考古学者在江西修水县原始社会时代遗址中发现了四粒炭化花生，其粒肥大，呈椭圆形，其中一粒长11毫米，宽8毫米，厚6毫米。这说明我国种植花生的历史至少已经有4000年以上。欧洲人把美洲的花生品种带到东南亚，再传入中国，推广种植，成为主要的油料作物。

大约在17世纪向日葵从东南亚传入我国。我国古代土生的葵与现代种植的向日葵应是不同的品种。虽然古代中国已经种植葵，但并没有成为主要农作物品种。

西红柿，即番茄，原产于美洲，大约在16世纪末或17世纪初（明万历年间）传入我国。万历年间有一本叫《植品》的书就记载有西方传教士带来"西番柿"，天启年间的《群芳谱》把西红柿叫作番柿，《植物名实图考》称为小金瓜，《烟雨楼笔记》称为洋柿。乾隆二年，《台湾府志》记载：柑仔蜜，形似柿、细如橘、可和糖煮茶品。在清朝台湾人眼中的西红柿是可以煮茶喝的。开始，西红柿作为观赏植物，种在园圃中，供人观赏。直到清朝末年，西红柿才真正成为食品走上中国餐桌。

比较公认的中国最早关于辣椒的记载是明代高濂撰《遵生八笺》，曰：番椒丛生，白花，果俨似秃笔头，味辣色红，甚可观。据此记载，通常认为，辣椒是明朝末年传入中国。史料记载贵州、湖南一带最早开始吃辣椒的时间是清乾隆年间，而普遍开始吃辣椒更迟至嘉庆、道光时期以后。

（三）已有原料的巧妙利用

人们通过三种途径对已有原料进行巧妙利用：一是一物多用，即将一种或一类原料通过运用不同的烹饪技法制作出多种多样的菜点。这时，人们分别用猪、牛、羊为主要原料，制作出有数十乃至上百款菜肴的全猪席、全牛席、全羊席。清朝的《调鼎集》记载了以猪蹄为主料制作的20余款菜肴。二是综合利用，即将多种原料组合在一起烹制出更加丰富的菜点。如把粮食与果蔬花卉、禽畜水产及一些中药配合在一起，制作出品类多样的饭粥面点等，清朝黄云鹄《粥谱》记载的粥品达247种。三是废物利用，即将烹饪加工过程中出现的某些废弃之物回收起来重新制成菜点。如豆渣，本是废弃之物，但清朝王士雄《随息居饮食谱》载当时人用它"炒食，名雪花菜"，四川人则用它制作出名菜"豆渣烘猪头"。

元明清时期引进饮食原料表见表2-5。

表2-5　元明清时期引进饮食原料表

名　称	原　产　地	引　种　时　间
番薯（甘薯、山芋、地瓜）	美洲	明朝
马铃薯（土豆、洋芋、山药蛋）	美洲	明朝
玉米	美洲	明朝（备注：古代有种植）
花生（落花生、长生果）	美洲	明朝（古代有种植）
向日葵（葵花）	美洲	明朝（古代有种植）
辣椒	美洲	明朝
番茄（番柿、洋柿、臭柿）	美洲	明朝
四季豆	美洲	明朝
木瓜	墨西哥	明朝
菠萝	巴西	明朝

续表

名　称	原产地	引种时间
花菜	地中海沿岸	清朝
西葫芦	美洲	清朝
生菜	地中海沿岸	清朝
草莓	英国	清朝

三、饮食器具

（一）陶瓷餐饮器具

元明清时期是中国瓷器的繁荣与鼎盛时期。景德镇成功地创烧出釉下彩的青花、釉里红以及属于颜色釉的卵白釉、铜红釉、钴蓝釉,发展成为全国的制瓷中心,所制餐饮器具品种众多、造型独特新颖。如明朝永乐、宣德时的压手杯,口沿外撇,拿在手中正好将拇指和食指稳稳压住,小巧精致;清朝康熙时的金钟杯如同一只倒置的小铜钟,笠式碗好像倒放的笠帽;乾隆时流行的牛头尊,形似牛头,绘满百鹿,又称百鹿尊。瓷制餐具在装饰上更是丰富多彩,主要以山水人物、动植物及与宗教有关的八仙、八宝、吉祥物为题材绘制图案,也流行绘写吉祥文字、梵文、波斯文、阿拉伯文等。如明朝成化时的鸡缸杯,各式不一,皆描绘精工,点色深浅莹洁而质坚,鸡缸上面画牡丹,下面画子母鸡,跃跃欲动。

（二）金属餐饮器具

这一时期,金属餐饮器具在数量和质量上有很大提高。仅以金银器为例,其造型和装饰都非常考究。如清朝御用的酒具云龙纹葫芦式金执壶,采用浮雕装饰手法,花纹凸出且密布壶面,纹饰以祥云、游龙为主,显得高贵豪华且富丽堂皇。而孔府现存的一套银制餐具更是空前精美。这套餐具全称为"满汉宴·银质点铜锡仿古象形水火餐具",由小餐具、水餐具、火餐具及点心全盒组成,共404件。其造型有两种,一种是仿照古青铜器时代饮食器具的形状。另一种是根据食物原料的形象,装饰以翡翠、玛瑙、珊瑚等珍品镶嵌物,餐具外刻有花卉、图案和吉言、诗词等。整套餐具匠心独运,堪称文化、艺术、历史与文明的结晶。

元代的进食用具,有匕(匙)、箸(筷子)和叉三种。箸在元代用途扩大,不仅夹菜,也用来拨饭。在元代墓葬中,银箸、银匙都有发现。此外还有象牙制作的匙、箸。山东嘉祥石林村元代曹元用墓出土一套类似的叉和餐刀,刀叉均为骨柄铁质。铁质的锅是煮饭、炒菜肴的器具。碗、碟、盆以瓷制的居多,也有铜制、木制和金银制的。陶制的碗、盆、碟等,那是比较简陋粗糙的,人们用"水饭"时用大鸟盆和木勺。清代,宫中所用饮具食器,多为金银玉石、象牙器皿,且有专门的工匠精工制作;所用瓷器,则为江西景德镇"官窑"烧造御用瓷器。

四、面点工艺与产品

（一）面食

元明清时期,菜点的制作技术及其工艺环节都发展出较为完善的体系。在面点制作上,面团的制作,按水温可以分为冷水、热水、沸水面团,而发酵面团按发酵方法可以分为酵汁法、酒酵法、酵面法等面团;面点的成型技术分为擀、切、搓、捫、包、裹、捏、卷、模压、刀削等。元代常见的面食有面条、馒头、蒸饼、烧饼、馄饨、扁食(饺子)等。宫廷饮食中有春盘面、皂羹面、山药面、挂面、经带面、羊皮面等。民间经常食用的面条有水滑面、经带面、索面、托掌面、红丝面、翠缕面、山药面、勾面等。馎饦、拨鱼,都要在沸水中煮熟而后食用,称为"湿面食品"。蒸熟后食用的,在当时称为"干面食品",有馒头、包子、角儿、奄子、兜子、经卷儿、饦饼(蒸饼)等。明代烤烙的面食有烧饼、炉饼、烙饼、月饼、炒饼、春饼和煎饼等；油炸的面食有油饼、薄脆、油条、麻花等。据《金瓶梅词话》中描述，北方城市有各种各样的面点，如火烧、波波(饽饽)、烧卖、艾窝窝、黄米面枣糕、玉米面果馅蒸饼、鹅油蒸饼、蒸角儿(蒸饺)、水角儿、包子、桃花烧卖、荷花饼、乳饼、肉兜子(油煎馅饼)、烧馏𫠊(似煎馄饨)、元宵圆子、糖薄脆、板搭馓子等。清代面食制作工艺更加复杂，如福建人爱吃的八珍面，"以鸡、鱼、虾肉晒极干，加鲜笋、香蕈、芝麻、花椒为极细末，和入面，将鲜汁(焯笋煮蕈及煮虾之汁均可)及酱油、醋和匀拌面，勿用水，擀薄切细，滚水下之"。饼的制作更加精细美观，广东人中秋节赠人的宫笔花饼"涂以花草人物，灿染以五彩，以锦匣装潢"，蓑衣饼"以冷水调干面，不可多揉，擀薄，卷拢再擀，使薄，用猪油、白糖铺匀，再卷拢擀成薄饼，用猪油煎黄。如欲其咸，加葱、椒、盐亦可"。广州梁广济饼店销售的老婆饼，传说有人爱之如狂，竟然把自己的老婆卖了，换来钱购买食用。

(二)粥

元代用稻米熬制的粥多种多样，被认为是食疗的一种有效手段。分为肉粥、蔬菜粥、果子粥和药粥等。肉粥是加入肉类的粥，以动物居多。如羊骨粥、猪肾粥、鹿肾粥、乌鸡膏粥、雀儿粥，与鱼类同熬的有鲤鱼脑髓粥等。蔬菜粥是加入蔬菜的粥，如山药粥、萝卜粥、马齿菜粥、蔓菁粥等。果子粥有酸枣粥、莲子粥、鸡头粥、桃仁粥等。药粥是食疗保健的药膳，有生地黄粥、荜芨粥、竹叶粥、良姜粥等，明清时期延续了这一饮食传统，制作更加精美，民间普及率提高。

(三)糕点

明代的糕点有白糖万寿糕、雪花糕、玫瑰八仙糕、果馅凉糕、黄米面枣糕、艾窝窝、元宵等。清代，以稻米为主料的糕团制作技术更为精湛，品类、花样更为繁多，主要有年糕、云英糕、玉带糕、雪花糕、豆沙糕、栗糕、绿豆糕、松糕、茯苓糕、山楂糕、桂花糖糕、白糖油糕等。

五、菜肴工艺与代表性菜肴

在菜肴制作上，切割、配菜、烹饪、调味、装盘等技术及其环节都形成了较为完善的体系，但最具代表性的是烹饪方法。这一时期，烹饪方法已经发展为三大类型：一是直接用火制熟食物的方法，如烤、炙、烘、熏、火煨等；二是利用介质传热的方法，其中又分为水熟法(包括蒸、煮、炖、余、卤、煲、冲、汤煨等)、油熟法(包括炒、爆、炸、煎、贴、淋、泼等)和物熟法(包括盐焗、沙炒、泥裹等)；三是通过化学反应制熟食物的方法，如泡、渍、醉、糟、腌、酱等。在这三大类烹饪方法中，每一种具体的烹饪方法下面还派生出许多方法，如同母子一般，人们习惯上把前者称为母法，后者称为子法，有的子法还达到相当数量。如炒法，到清朝时已派生出了生炒、熟炒、生熟炒、爆炒、小炒、酱炒、葱炒、干炒、单拌炒、杂炒等十余种。到清朝末年，烹饪方法的母法已超过50种，子法则达数百种。

图2-28　后宫尚食图

元代宫廷菜肴以羊肉为主，羊皮、羊肝、羊肚、羊心、羊肺、羊尾子、羊胸、羊舌、羊腱子、羊腰子、羊苦肠、羊头、羊蹄、羊血、羊脂、羊髓、羊辟膝骨、羊肾、羊骨都可作为菜肴原料。后宫尚食图见图2-28。代表性菜肴保留了蒙古族的草原饮食特色，如柳蒸羊是"于地上作炉三尺深，周回以石，烧令通赤，用铁芭盛羊上，用柳子盖覆土封，以熟为度"。家畜制品不多，只有豕头姜豉、攒牛蹄、马肚盘、牛肉脯、驴头羹、驴肉汤数种。家禽制品有攒鸡儿、炒鹌鹑、芙蓉鸡、生地黄鸡、乌鸡汤、炙黄鸡、黄鹏鸡、青鸭羹。以鱼制作的菜肴有团鱼汤、鲫鱼汤、鱼弹儿、姜黄鱼、鱼脍、鲫鱼羹等。民间菜肴的烧烤类代表菜有炉烧羊、酿烧鱼、酿烧兔；蒸煮类有蒸煮羊肉、猪肉、驴肉、马肉、熊肉、酥骨鱼等；糟制肉食常见的是糟鱼和糟蟹；民间流行吃川炒鸡和灌肠等；素食以蔬菜、豆腐、面筋等为主。

明代京城市肆受人喜爱的菜肴有市俗的烧鹅鸡鸭、烧猪肉、冷片羊尾、爆(炸)羊肚、猪灌肠、大小套肠、带油腰子、羊双肠、猪脊肉、黄颡管耳、脆团子、烧笋鹅鸡、爆腌鹅鸡、炸鱼、炸铁脚雀、卤煮鹌鹑、鸡醢汤、米烂汤、八宝攒汤、羊肉猪肉包、枣泥卷、糊油蒸饼、乳饼、奶皮、烩羊头、糟腌猪蹄、鹅肫掌等。官宦富商常用"五割三汤"待客,就是专指交替着上五道盛馔和三道羹汤。第一道大菜几乎总是鹅(烧鹅、水晶鹅),接着是烧花猪肉、烧鸭、炖烂跨蹄儿之类,隆重的官筵还有烧鹿、锦缠羊。

烩三事

六、地方风味流派

饮食形成地方风味流派,是与政治、经济、地理、物产、习俗等因素密切相关的。早在周朝时期,周朝八珍和楚宫名食代表着北方与南方菜肴不同的特点,开始了中国饮食南北地区风味的分野。秦汉以后,区域性地方风味食品的区别更加明显,南北各主要地方风味流派先后出现雏形。进入唐宋时期,各地的饮食烹饪快速而均衡地发展,据孟元老的《东京梦华录》等书记载,在两宋的京城已经有了北食、南食和川食等地方风味流派的名称和区别。到清朝中晚期,东西南北各地的烹饪技术全面提高,加上长期受地理、气候、物产、习俗等因素差异的持续影响,主要地方风味形成稳定的格局。清末徐珂的《清稗类钞·饮食类》大致描述了当时四方的口味爱好:北人嗜葱蒜,滇、黔、湘、蜀人嗜辛辣品,粤人嗜淡食,苏人嗜糖。他还客观地记录了他所了解的地方风味发展状况,指出:肴馔之有特色者,为京师、山东、四川、广东、福建、江宁(即南京)、苏州、镇江、扬州、淮安。

在清朝形成的稳定的地方风味流派中,最具代表性的有全国政治、经济、文化中心北京的京味菜,中国重要经济中心上海的上海菜,黄河流域的山东风味菜,长江流域的四川风味菜,珠江流域的广东风味菜,江淮流域的江苏风味菜。它们对清朝以后的中国饮食烹饪有着深远的影响。当今闻名世界、习惯上被称为"四大菜系"的川菜、鲁菜、粤菜、苏菜,就是在清朝形成的稳定的地方风味流派基础上进一步发展起来的。

明代,在南京、北京、扬州这样的大城市里,有很多餐馆标榜自家美食为齐鲁、姑苏、淮扬、川蜀、京津、闽粤等风味,以展示自家餐馆特色。明朝王士性撰写的《广志绎》记载了各地饮食的嗜好:海南人食鱼虾,北人厌其腥;塞北人食乳酪,南人恶其膻。河北人食胡葱、蒜、薤,江南人畏其辛辣。万历时谢肇淛说:今之富家巨室,穷山之珍,竭水之错,南方之蛎房,北方之熊掌,东海之鳆炙,西域之马奶。《陶庵梦忆》也记载了各地饮食原料的差异:越中清馋,无过余者,喜啖方物。北京则苹婆果、黄鼠、马牙松;山东则羊肚菜、秋白梨、文官果、甜子;福建则福橘、福橘饼、牛皮糖、红乳腐;江西则青根、丰城脯;山西则天花菜;苏州则带骨鲍螺、山楂丁、山楂糕、松子糖、白圆、橄榄脯;嘉兴则马交鱼脯、陶庄黄雀;南京则套樱桃、桃门枣、地栗团、莴笋团、山楂糖;杭州则西瓜、鸡豆子、花下藕、玄笋、塘栖蜜橘;萧山则杨梅、莼菜、鸠鸟、青鲫、方柿;诸暨则香狸、樱桃、虎栗;嵊则蕨粉、细榧、龙游糖;临海则枕头瓜;台州则瓦楞蚶、江瑶柱;浦江则火肉;东阳则南枣;山阴则破塘笋、谢橘、独山菱、河蟹、白蛤、江鱼、鲥鱼等。

明末清初,山东人在京师(北京)开了许多饭馆,卖炒菜的称盒子铺,卖烤鸭的称鸭子铺,卖烧肉的称肘子铺。这些小本经营店铺后来发展成许多"堂"字号大饭庄,如福寿堂、庆寿堂、天寿堂、庆和堂等,但这些"堂"字号饭庄后又被"居"字号饭庄代替,最著名的有"八大居",即福兴居、东兴居、天兴居、万兴居、砂锅居、同和居、泰丰居和万福居。京师小吃选料甚为精细。首先,其所用主料,遍及麦、米、豆、黍、肉、蛋、奶、果、蔬、薯各大类;其次,各种小吃在烹饪制作技艺方面亦十分精湛。主要技法有蒸、炸、煮、烙、烤、煎、炒、煨、爆、烩、熬、炖、旋、冲等,而其中包含擀、抻、包、裹、卷、切、捏、叠、盘等。

七、饮食市场

随着商业的发展和城市的增加,饮食市场也持续繁荣和兴盛。专业化饮食行业异彩纷呈,综合性饮食店种类繁多、档次齐全,它们之间激烈竞争、互补,形成了能够满足各地区、各民族、各种消费水平及习惯的多层次、全方位及较完善的市场格局。

（一）专业化饮食行的增多

专业化饮食行主要依靠专门经营与众不同的著名菜点而生存发展,有风味超群、价格低廉、经营灵活等特点,在全国各地饮食市场中数量不断增多,占据着越来越重要的地位。如清朝时,在北京出现的专营烤鸭的便宜坊、全聚德,烤鸭技艺独占鳌头,名扬天下;上海有专营糕团的糕团铺,专营酱肉、酱鸭、火腿的熟食店,专营猪头肉、盐鸭蛋的腌腊店;在成都,有许多著名的专业化食品店及名食,《成都通览》对此做了详细记载,有澹香斋之茶食、大森隆之包子、开开香之蛋黄糕、陈麻婆之豆腐、青石桥观音阁之水粉等。

（二）综合性饮食店的完善

综合性饮食店种类繁多、档次齐全,在当时的饮食市场中有着举足轻重的地位。它们有的以雄厚的烹饪技术实力、周到细致的服务、舒适优美的环境、优越的地理位置吸引顾客,有的以方便灵活、自在随意、丰俭由人而受到欢迎。如明朝南京有十余个官建民营的大酒楼,富丽豪华,巍峨壮观,且有歌舞美女佐宴。清朝天津的"八大成饭庄",庭院宽阔,内有停车场、花园、红木家具、名人字画等,主要经营"满汉全席,南北大菜",接待的多是富商显贵。成都的饭馆、炒菜馆等,经营十分灵活,非常大众化。《成都通览》言:炒菜馆菜蔬方便,咄嗟可办;客人可自备菜蔬交灶上代炒,只给少量加工费。

除了高中低档餐馆外,还有一些风味餐馆和西餐厅。如《杭俗怡情碎锦》载,清末时杭州有京菜馆缪同和、番菜馆聚丰园及广东店、苏州店、南京店等,经营着各种别具一格的风味菜点。上海在西方饮食文化的影响下出现了数家中西兼营的餐馆和西餐厅。

八、饮食著述

这一时期,饮食著述越来越丰富和完善,在饮食保健理论和烹饪技术理论方面形成了较完整的体系。

（一）饮食典籍

在食经、食谱方面,有指导家庭主妇烹饪的书,如清朝曾懿《中馈录》、顾仲《养小录》;有主要记载素食的,如清朝薛宝辰《素食说略》;有主要记载地方风味的,如元朝倪瓒《云林堂饮食制度集》、清朝李调元《醒园录》等;有综合性的食谱,如元末韩奕《易牙遗意》和忽思慧《饮膳正要》、明朝宋诩《宋氏养生部》、清朝朱彝尊《食宪鸿秘》和袁枚《随园食单》。其中,《饮膳正要》由忽思慧根据管理宫廷饮膳工作的经验和中国医学理论写成,是一部营养卫生与烹调密切结合的食疗著作。《随园食单》是一部烹饪技术理论与实践相结合的著作。其中的二十须知和十四戒首次较为系统地总结前人烹饪经验,从正反两方面阐述了烹饪技术理论问题;其菜单则比较系统地介绍了当时流行的菜肴。

在茶经、酒谱方面,最值得一提的是清朝郎廷极《胜饮篇》。该书收集历代有关酒的资料,论述了饮酒的良时、胜地、名人、韵事、功效和酒的制造、出产、名号、器具等,就像一部酒的百科全书。

（二）涉及饮食的书籍类别多样

在史书与方志方面,元明清的正史和各种地方志都有关于饮食烹饪的记载,而最著名的是《成都通览》。它总共有 8 卷,记载饮食烹饪的接近 1 卷,收录川菜品种达 1328 种,真实地反映了清末成都的饮食生活状况。

在医书与农书方面,最著名的是明朝李时珍写的医学巨著《本草纲目》。该书涉及饮食的资料十分丰富,在许多条目下列出了相应的食疗方及功效,是研究养生健身、食疗食治和烹饪原料性味、功能的必备书籍。如粥目下列有 62 种粥的疗效,酒目下列有 78 种酒的疗效。

在诗词文赋方面,元朝的刘因、王恽、许有壬,明朝的杨慎、徐渭、张岱,清朝的朱彝尊、袁枚、李调元等,都写有许多饮食诗文。最有趣的是,明朝谈迁《枣林杂俎》载,朝廷选贤良方正时竟然出了选试豆芽菜赋的题,蒙城人陈嶷获得第一名。他的《豆芽菜赋》言:"有彼物兮,冰肌玉质。子不入于淤泥,根在资于扶植。金牙寸长，珠蕤双结。匪青匪绿，不丹不赤。宛讶白龙之须，仿佛春蚕之蜇。虽狂风疾雨，不减其芳，重露严霜，不凋其实……涤清肠，漱清臆，助清吟，益清职。"文章生动地描绘了豆芽的生长状。

九、饮食思想与著作

(一) 士大夫撰写饮食论著

繁荣的商业把这些城镇装点得万紫千红，丰富的日用品，华贵的奢侈品，活跃的游乐场所，以及由此而发达的各种行业，提高了城镇的生活水平和消费方式，扩大了人们的眼界，刺激各种生活享受的欲望喷薄而出，这在满足口腹之欲的饮食消费中表现尤为突出。富豪之家的穷奢极欲，文人雅士的讲究饮食形成社会风气。

宋元以来，中国的烹饪著作就非常丰富，明代的食书更多，如《多能鄙事》《墨娥小录》《居家必用事类统编》《便民图纂》等书的饮馔类，张岱的《陶庵梦忆》、何良俊的《四友斋丛说》、陈继儒的《晚香堂小品》、冒襄的《影梅庵忆语》等有关篇章。各种专著多姿多彩，论述茶道酒政的就有朱权的《茶谱》、屠隆的《茶说》、陆树声的《茶寮记》、夏树芳的《茶董》、许次纾《茶疏》、万邦宁的《茗史》，还有冯时化的《酒史》、袁宏道的《觞政》等不胜枚举。作为最能反映饮食水平的综合性著作有《易牙遗意》《宋氏养生部》《饮食绅言》《遵生八笺·饮馔服食笺》《闲情偶寄·饮馔部》，以及《菽园杂记》《升庵外集》《明宫史》的饮食部分，在中国饮食史上承前启后，多有创意。更为重要的是，撰写饮食论著被视为文人的风雅，张汝霖的《饕史》、张岱的《老饕集》、袁宏道的《觞政》、屠隆的《茶说》、李渔的《闲情偶寄》等都成为名士之作，形成美食文学，享誉一时。

(二) 以品尝美食为生活情趣

这股思潮最有代表性的是撰写《觞政》的袁宏道所倡导的"真乐"，这就是所谓"目极世间之色，耳极世间之声，身极世间之鲜，口极世间之谭"。许多高才秀质之士，或以狂狷，或以放荡自诩，都以嗜好美味为乐事。他们的才华和声誉，以及用美食寄寓生活情趣的思想，具有广泛的影响。饮食活动不仅是简单的进食，进食的全过程都讲究闲情逸致。

《明宫史》记载宫廷内的螃蟹宴说：凡宫眷内臣吃蟹，活洗净，用蒲包蒸熟，五六成群，攒坐共食，嬉嬉笑笑。自揭脐盖，细细用指甲挑剔，蘸醋蒜以佐酒。或剔胸骨，八路完整如蝴蝶式者，以示巧焉。《天启宫词一百首》记述说：玉笋苏汤轻盥罢，笑看蝴蝶满盘飞。那些寂寞的嫔妃宫女以剔蟹骨像蝴蝶形作消遣，这就超出饮食的本身，成为一种文化性的活动。

《琅诗集》有《咏方物》36首，对各种鱼肉瓜果蔬菜食物的造型、色彩的描写，洋溢着浓郁的艺术情趣。如：咏鲥鱼——鳞白皆成液，骨糜总是脂；咏皮蛋——雨花石锯出，玳瑁血斑存；咏火腿——珊瑚同肉软，琥珀并脂明；咏荔枝——霞绣鸡冠绽，霜腴鹄卵甘；咏葡萄——磊磊千苞露，晶晶万颗冰；咏西瓜——皮存彝鼎绿，瓤具牡丹红；咏蚕豆——蛋青轻翡翠，葱白淡磊窑。玲珑剔透，琳琅满目，一幅幅像是美妙绝伦的静物小品，更胜似小品，令人兴趣盎然，垂涎欲滴。有些烹饪高手对食品的制作也融入艺术趣味，一代名妓董小宛精心收集各地菜谱，鸡鸭鱼肉一经她的烹饪，"火肉久者无油，有松柏之味；风鱼久者如火肉，有麂鹿之味。醉蛤如桃花，醉鲟骨如白玉，油鲳如鲟鱼，虾松如龙须，烘兔酥雉如饼饵，可以笼食。"腌的菜"能使黄者如蜡，碧者如苔。蒲、藕、笋蕨、鲜花、野菜、枸、蒿、蓉、菊之类，无不采入食品，芳旨盈席。"各色点心小吃，更是令人叫绝，夏季的西瓜膏"取五月桃花汁、西瓜汁一瓢一丝，洒尽，以文火煎至七八分，始搅糖细炼。桃膏如大红琥珀，瓜膏可比金丝内糖。"

(三) 从养生到"尊生"

在讲究美食、美味的同时，中国传统的养生之道，在明代饮食思想中的新发展表现为，把饮食保健的意义提高到以"尊生"为目的，在各类饮食著作中受到普遍的重视和发挥。何良俊认为美食必以安身、存身为本，说：修生之士，不可以不美其饮食。所谓美者，非水陆毕备异品珍馐之谓也，要在生冷勿食,坚硬勿食,勿强食,勿强饮。又说:安身之本,必资于食,不知食宜,不足以存生。高濂的《遵生八笺·饮馔服食笺》为首选,他认为饮食能养人也能害人,养人者是因为饮食能使人五脏调和,血气旺盛,筋力强壮,但如嗜食不当,有失调理,也会戕害身体。因此他主张:日用养生务尚淡薄,勿令生我者害我,俾五味得为五内贼,是得养生道矣。口味清淡本是道家养生学说的主张,在明代成为饮食的时尚。洪应明在《菜根谭》中说:"肥辛甘非真味,真味只是淡。神奇卓异非至人,至人只是常。"万历的进士祝世禄在《祝子小言》中说:世味酽,至味无味。味无味者,能淡一切味。淡足养德,淡足养身,淡足养交,淡足养民。"高濂将汤水和蔬菜放在前列,而将脯脍肉食简略言之,李渔则以蔬食第一为命题,认为饮食之道,脍不如肉,肉不如蔬。

(四)反对虐生

追逐享受和讲究吃喝的风气中,也有为了满足口腹之欲而不择手段虐待动物的现象,明代笔记中记载:"昔有一人,善制鹅掌。每豢养肥鹅将杀,先熬沸油一盂,投以鹅足,鹅痛欲绝,则纵之池中,任其跳跃。已而复擒复纵,炮瀹如初。若是者数回,则其为掌也,丰美甘甜,厚可经寸,是食中异品也。"猴脑的吃法更残忍,在食客围坐的大圆桌中间留个洞套住猴头,用铁榔头活生生地敲开猴子的脑壳,生啖脑浆,猴子在人们大快朵颐中慢慢死去;炙甲鱼如同炮烙刑,把甲鱼头套在炙烤器的上端,让甲鱼身在锅里烟熏火燎,甲鱼受不住灼热的熬煎,张嘴喘息,厨师趁机灌进油盐酱醋,让作料浸透全身。一些仁爱之士痛斥这种"虐生"现象说:"惨哉斯言!予不愿听之矣。物不幸而为人所畜,食人之食,死人之事。偿之以死亦足矣,奈何未死之先,又加若是之惨刑乎?二掌虽美,入口即消,其受痛楚之时,则百倍于此者。以生物多时之痛楚,易我片刻之甘甜,忍人不为,况稍具婆心者乎?地狱之设,正为此人,其死后炮烙之刑,必有过于此者。"《闲情偶寄》中以食鱼为例说:"鱼之为种也似粟,千斯仓而万斯箱,皆于一腹焉寄之。苟无沙汰之人,则此千斯仓万斯箱者生生不已,又变为恒河沙数。至恒河沙数之一变再变,以至千百变,竟无一物可以喻之,不几充塞江河而为陆地,舟楫之往来能无恙乎?故渔人之取鱼虾,与樵人之伐草木,皆取所当取,伐所不得不伐者也。我辈食鱼虾之罪,较食他物为轻。兹为约法数章,虽难比乎祥刑,亦稍差于酷吏。"

(五)饮食著作

元明清时期饮食著作表见表 2-6。

表 2-6　元明清时期饮食著作表

名　　称	作　者	类　别	主　要　内　容	影　　响
《云林堂饮食制度集》	倪瓒	笔记	49 条饮食资料中,水产品占了 17 条。其中,虾蟹 7 条,贝 6 条,鱼 4 条	所收菜肴制作精细,对后世产生了较大影响
《饮膳正要》	忽思慧	医学养生	介绍了 94 种药膳的作用和烹调方法	研究元代中外饮食文化交流极具价值的书籍
《居家必用事类全集》	不详	类书	分类全面记载了元代饮食制作情况	研究元代饮食生活全貌的重要资料

续表

名　称	作　者	类　别	主　要　内　容	影　响
《宋氏养生部》	宋诩	笔记	全书分六卷。第一卷包括茶制、酒制、酱制、醋制 4 类;第二卷包括面食制、粉食制、蓼化制、白糖制、蜜煎制、糖剂制、汤水制 7 类;第三卷包括兽属制、禽属制 2 类;第四卷包括鳞属制、虫属制 2 类;第五卷包括菜果制、羹藏制 2 类;第六卷包括杂造制、食药制、收藏制、宜禁制 4 类	研究明代江南与北京等饮食生产的重要资料
《金瓶梅词话》	不详	小说	记载了明中后期市井饮食与官府、富商饮食	研究明朝世俗饮食生活的重要资料
《水浒传》	罗贯中,施耐庵	小说	记载了元末明初或宋代市肆饮食	研究明朝世俗饮食生活的重要资料
《西游记》	吴承恩	小说	记载了明朝各地的民间饮食和寺院素食	研究明朝世俗饮食生活的重要资料
《红楼梦》	曹雪芹,高鹗	小说	记载了清前期官府宫廷的豪华饮食生活	研究清代官府饮食的重要资料
《随园食单》	袁枚	饮食专著	全书共分"须知单""戒单""海鲜单""江鲜单""特牲单""杂牲单""羽族单""水族有鳞单""水族无鳞单""杂素菜单""小菜单""点心单""饭粥单""茶酒单",计 14 单	一部系统论述饮食文化理论、烹饪技术和南北菜点的饮食经典著作
《调鼎集》	不详	菜谱	分类记载了调味品、筵席知识、海鲜、杂味、家禽、蔬果、茶酒、点心等。该书共收录菜点 2000 多种	研究清代扬州盐商饮食的重要资料,也是我国古代南方饮食的总结性菜谱
《闲情偶寄》	李渔	笔记	分"蔬食第一""谷食第二""肉食第三"三篇	记载了饮食原料与制作方法,是研究明清时期饮食思想观念的重要著作

任务六 晚清民国时期的近代化阶段

 **任务描述**

晚清民国时期饮食文化的社会背景是什么？饮食原料主要有哪些？这个时期形成了怎样的烹饪技法体系？各个区域有哪些代表性菜肴与面点？近代中外饮食文化交流的社会因素是什么？中外饮食文化是如何交流融合的？近代的饮食文化观念发生了哪些变化？晚清民国时期取得了哪些饮食文化成就？

任务目标

1. 了解晚清民国时期饮食文化发展的社会背景。
2. 掌握晚清民国时期的主要饮食原料。
3. 掌握晚清民国时期中西饮食文化交融的社会因素。
4. 掌握晚清民国时期的烹饪工艺体系,各地代表性名菜名点。
5. 掌握晚清民国时期饮食文化观念的变迁。
6. 掌握晚清民国的饮食文化发展成就。

一、中国饮食文化发展的社会背景

（一）社会转型

1840 年的鸦片战争,西方列强用洋枪大炮打开了中国的大门,西方文化与经济随之涌入,中国沦为半殖民地半封建社会。为了摆脱悲惨境地,革命党人在 1911 年发动了辛亥革命,领导人民推翻了清朝政府,建立起中华民国,许多有识之士自觉而大量地学习和引进西方先进的科学技术及文化,以期救国救民。但是,革命成果很快落入军阀手中,开始了军阀混战。1931 年日本侵略中国,中华民族经历 14 年的浴血奋战,终于取得了抗日战争的伟大胜利。近代社会,帝国主义列强在坚船利炮中将西洋和东洋饮食文化带入中国,中国各个社会阶层被迫由传统的饮食方式向近代化转变。

（二）经济生产转型

随着中国社会的近代化转型,经济生产也由传统的自给自足的自然经济向近代工商经济转型发展。农业生产、手工业生产的传统模式不能适应近代化的潮流,开始以近代生产技术替代传统技术。工商社会的发展造成了农民和手工业者的破产,许多人涌向城市,开放口岸城市和大的市镇人口增加,经营饮食摊贩和餐馆等成为他们的主要谋生手段之一。这就形成了乡村饮食极度贫乏,市镇尤其是大城市饮食市场繁荣的景象。中西饮食文化在城市里由对立、交流到相互吸收,形成了近代中国饮食文化承传古代,融合西方的发展特色。

二、饮食原料的变化

近代中国的饮食原料来源更加广泛,在农作物方面除了原有的小麦、水稻、高粱、豆类外,明清时期传入中国的饮食原料被广泛种植,西方人带来本国的饮食物种在中国种植,推进了前期引种物种的改良。饮食原料的变化主要是由加工方式的改变带来的。小麦、稻米、豆油、花生油等由传统的作坊生产,变为作坊生产与机器化工厂生产并存,人们逐渐接受和喜欢上了洋米洋面。一些蔬菜如花椰菜、西兰花、甘蓝、生菜在中国种植。西方饮食原料如黄油、白砂糖、酱料、牛奶及牛肉、羊肉等肉类和水果罐头、鱼类等也随着西方人饮食生活和番菜馆的开设涌入租界地。烧碱、味精、食用香精、蒸馏水、百里香、罗勒、欧芹、藏红花等逐渐被社会上层接受。民族工商资本家也纷纷建立饼干厂、油厂、炼乳厂、面粉厂(图 2-29)、罐头厂、汽水厂、饼干厂、糖果厂。

图 2-29 福新面粉厂

这一时期,传统饮食原料的优质品种也不断增多,最引人注目的是粮食、禽畜及加工品。在粮食中名品众多,仅米的名品就有广东丝苗米、福建过山香、云南接骨糯、湖南乌山大米、天津小站米、江苏胭脂米等。

在禽畜类原料中,猪的优良品种有四川的荣昌猪、小香猪和浙江金华猪、湖南宁乡猪、苏北淮猪、云南乌金猪等,鸡的优良品种有寿光鸡、狼山鸡、泰和鸡、固始鸡等。加工制品的优良品种也很多,如火腿名品有南腿、北腿、云腿等;板鸭有江苏南京板鸭、福建建瓯板鸭、四川什邡板鸭、重庆白市驿板鸭等;豆腐名品有八公山豆腐、榆林豆腐、五通桥豆腐、泰安豆腐等。

三、国内外饮食文化交融与发展

(一)晚清时期

晚清时期,西餐与西式饮料、点心逐步开始在中国传播,并在沿海地区为人们所接受。清人食西式饮食,或称西餐,或称大餐、番菜、大菜,日本也在我国东北地区及北京、上海等地开设餐馆。番菜馆环境优雅,讲究卫生,单独食用,餐具是刀叉,菜品量也不大,有牛扒、猪扒、羊腿、面包、罗宋汤、冰肌力等。西餐馆一般以"春"命名,上海先后有海天春、一家春、江南春、吉祥春等番菜馆。汉口、天津、北京、广州、南京、厦门等地也先后有了西餐馆。随着西式饮料汽水、咖啡的制造,出现汽水店、咖啡馆专门出售。西式点心有黑面包、白面包、布丁、蛋糕等。

随着西餐的进入,西式烹饪方法也进入中国。清末的《造洋饭书》(图 2-30)记载其中有汤、鱼、肉、蛋、小汤、菜、酸果、糖食、排、面皮、朴定、甜汤、馒头、饼、糕、杂类等,计 25 章,267 个品种或半成品,外加 4 项洗涤法,大部分品种都列出用料和制作方法。

图 2-30 造洋饭书

(二)民国时期

民国时期,中国的主食仍沿用着米饭、面食和糕点三大类,南方以白米饭为主,还有白米粥和各类米食糕点,北方以馒头、窝头、面条为主,其他面食有饼、包子、饺子、馄饨、麻花、油条等。在保持传统中也接受了西方饮食,开始使用西式的牛肉汁、鸡汁、咖喱汁、番茄汁等各类调味酱汁。西式烹饪技法被中国厨师吸收,融入地方风味中,罐头原料以快捷、耐储存等优点被人们接受。

受西方影响,各地特色饮食也改变销售模式,成为地域的知名饮食产品。随着食品加工工艺水平的提高,各地的名吃逐渐品牌化。比较有代表性的有上海的生煎馒头、南翔馒头、排骨年糕、鸡粥,扬州的翡翠烧卖,淮阳汤包,嘉兴五芳斋粽子,湖州诸老大粽子,金华火腿,天津的茶汤、面茶、煎饼果子、锅巴菜、牛羊杂碎、羊肠子、肉烩火烧、江米粥、江米藕、煎焖子、水爆肚、素焖子三角、油炸蚂蚱、炸豆腐干、十香乌豆、素卷圈、香酥豌豆、嘎嘣脆性、散子麻花、糊皮崩豆、什锦糖堆、糖块、药糖、梨膏糖、砂板糖等(但最为有名的是狗不理包子、十八街麻花)。此外还有:河北保定的姑苏八件、雪花饼,唐山的"义盛永"熏鸡,故城的龙凤贡面,饶阳的金丝杂面,杨村的糕干;山西运城的相枣,芮城的酱菜、麻片、龙凤面等;广东阳江的豆豉;四川成都的夫妻肺片、叶儿粑、张凉粉;北京的梨膏糖、白家豆腐脑及北京烤鸭等。

四、中外并立的饮食市场

据《沪游杂记》记载,当时上海从小东门到南京路有菜馆一二百家之多。其中:安徽菜馆有萃楼、同庆园、大中华等;苏锡菜馆有正兴菜馆、三兴园、得和馆、招商饭店以及后来的东南鸿庆楼、大鸿运酒家等;粤菜馆有粤商大酒楼、新雅粤菜馆、大三元酒家、东亚大酒店等;宁波菜馆有金陵东路鸿运楼、甬江状元楼、四明状元楼等;镇扬菜馆有汉口路老半斋酒楼、新半斋酒楼等;京帮菜有会宾楼、悦宾楼、太白楼等;川菜馆早先有大雅楼、美丽慎记、都益处、陶禾春,后来有聚丰园、蜀腴饭店、梅龙镇等;河南菜馆早先有梁园致美楼,后来有厚德福;福建菜馆早先有小有天、别有天,后来有天乐园等;清真馆有洪长兴、宴林春、南来顺等;素菜馆有功德林、春风松月楼、玉佛寺等;番菜馆有老德记西餐馆、礼查饭店、杏花楼、同香楼、一品香、一家春、申园等英、法、德、意、俄、日等诸多西方国家不同风味的饮食餐馆30多家。

图 2-31 起士林

天津是北京的后花园,清朝的遗老遗少、军阀政客在民国年间再次在此居住活动,高档酒楼相继出现,著名的有庆兴楼、鸿宾楼、会芳楼、相宾楼、会宾楼、同庆楼、大观楼、迎宾楼、宾晏楼、富贵楼、畅宾楼、燕春楼等"十二楼"和"八大成"为代表的包席馆。同时也有起士林(图2-31)、大华饭店、利顺德饭店等西式餐饮,20世纪30年代,天津有西餐馆30多家。

1927年以前,南京菜馆集中于城南,在贡院街南侧,秦淮河北岸,由西而东,排列着第一春、金陵春中西菜馆、长松东号、海洞春旅菜馆、老万全酒栈,金陵春中西菜馆自称"中西办馆"。民国初期的广东西式菜馆主要集中在东堤大沙头和沙基谷埠等繁华地带,达数十家之多。北京著名的鲁菜馆有"八大居"和"八大楼"。"八大居"是广和居、同和居、和顺居、泰丰居、万福居、阳春居、恩承居、福兴居。八大楼是东兴楼、东北楼、安福楼、致美楼、正阳楼、新丰楼、泰丰楼、鸿兴楼。除了北京饭店,北京还有一些比较出名的西式饭店、饭馆提供西菜,如六国饭店、德昌饭店、长安饭店等。到1914年北京较出名的西菜馆已有4家,至1920年更发展到12家。据《汉口小志》记载,1913年汉口大旅社所设的瑞海西餐厅为武汉首家西菜馆。此后,一江春、海天春、第一春、万回春等西菜馆陆续开业。到了20世纪30年代,武汉西餐馆已形成很大规模,且日益兴盛,而中餐馆却有些不太景气了。当时汉口有大中型西菜馆26家,西餐小吃更多。

五、饮食研究与书籍

(一)地方志书籍

据《中国地方志联合目录》统计,民国时期,各类志书编纂总数达1705种。其中通志类94种,币志类53种,县志类1011种,乡土志类132种。其他类159种,无确切编纂年代者256种,涉及范围为全国30个省份。在这些种类繁多的地方志中,几乎都有专篇叙述当地的风俗、物产与饮食等。民国时期地方志,一是整理古代的志书,编写通志或各个王朝时期的地方志;二是组织地方乡绅和文史人员编写民国时期的地方志。除了以地方志命名的书籍外,还有地方乡土类书籍。这些书籍都是由熟悉当地和对当地有相当研究的人员编写的,其中收录和编校的饮食物产、特色饮食与饮食习俗等具有极高的研究价值,是研究地方古代和民国时期饮食文化的必备资料,古籍和其他类书中涉及地方的饮食记载,经整理变得更加真实。

（二）整理和编写各类地方风情资料

除了上述丰富的地方志中记载有全面系统的饮食烹饪史料外,在民国时期形成的其他文献,如个人笔记、竹枝词、风俗志、游记等资料书籍中,也有相当多的饮食方面的描述。胡朴安编的《中华全国风俗志》一书,成书于 1922 年,该书对我国各地区汉族、少数民族的饮宴、岁时礼俗的来龙去脉、演变等均有详尽的记载。在民国笔记史料中,陈无我著《老上海三十年见闻录》一书有关饮食的记载弥足珍贵,该书不但对当时上海饮食业的发展变化情况、英租界的茶楼业和酒楼的酒文化进行了概括,而且尤为难得的是该书中保留的内容,更为我们研究当时上海的西餐业发展情况,提供了第一手资料。

（三）研究性著作

民国时期,一些留学归来的学者和本土学者运用现代科学方法研究饮食,取得了各自期望的成果,形成了具有现代科学理论意义的饮食著作。代表性著作有《延寿新法》、《家庭食谱》、《家庭食谱续编》、《吃饭问题》、《烹饪一斑》、(梁桂琴的)《治家全书》、《食物新本草》、《北平食谱》、《白门食谱》、(张恩廷的)《饮食与健康》、(龚兰真等编写的)《实用饮食学》等。

🍳 项目小结

本项目从社会背景,饮食原料的开发与应用,烹饪工艺的发展,烹饪器具的发展,菜肴面点与宴席等的发展,区域性和中外饮食文化交流融合,饮食市场的发展与繁荣,代表人物的饮食思想与著作等方面阐述了中国饮食文化的发展历程。各个历史时期的饮食文化成就都是在上一个时期的基础上继承和发展的,由此培养学生继承和发展中国饮食文化的强烈责任意识,从中培养学生对中国古代饮食文化的保护和发展能力。

同步测试

中国饮食主要风味流派

项目描述

　　本项目将为您解读以下问题：中国在世界范围内素有"美食王国"的美誉，这主要得益于中国饮食众多的风味体系和庞大的菜肴数量。作为一个烹饪工作者或者是一位酒店厨房管理者、餐饮经营者、饮食文化研究者，都非常有必要全面、系统地了解、学习、掌握中国饮食风味流派的相关知识，包括饮食风味流派的内涵、界定及其划分，我国主要饮食风味流派，常见的具有代表性的中国菜肴体系，了解并掌握各少数民族菜肴体系的特点、代表菜肴，面点小吃风味流派的分类及其特点等。

项目目标

　　1. 了解中国饮食风味流派的成因及其形成过程。
　　2. 掌握中国饮食风味流派的划分依据与认定标准。
　　3. 掌握鲁菜风味、苏菜风味、川菜风味、粤菜风味的构成特点及其代表菜，了解其他地方风味流派。
　　4. 熟悉少数民族风味流派的基本知识。
　　5. 掌握面点小吃风味流派的分类及其特点。

任务一　中国饮食风味流派概述

任务描述

　　什么是风味？不同时期对风味的理解有什么不同？饮食是什么？饮食风味和饮食风味流派是怎样的形成过程？中国饮食风味流派形成的条件和认定依据有哪些？让我们一起走进中国饮食风味流派的形成过程，了解中国饮食风味流派的成因。

任务目标

　　1. 理解风味和饮食的定义。
　　2. 了解饮食风味和饮食风味流派的形成。
　　3. 了解中国饮食风味流派的形成条件。
　　4. 掌握中国饮食风味流派的划分依据与认定标准。
　　5. 熟悉中国饮食风味流派形成的过程。

一、风味的含义

风味，《辞海》中关于风味的解释：一为美好的口味，引申为事物所具有的特殊的色彩或趣味；二为风度或风采，引申为人物或事物的风度、风采、情趣。在先秦，风和味是互不相干的，本书所讲的味，就是传统的饮食五味。把"风"和"味"组合在一起，用以表征饮食风尚的"风味"一词，最早的文献见于南北朝，也许在魏晋时期就已经出现。

在现代食品科学中，风味专指食品的气味和口味。饮食文化中的食物"风味"包含三个方面的意思：味觉和嗅觉的滋味和味道；某些香料、调味料等所引起的生理感觉；文学和艺术风格、风度和风采。风味是一种非常复杂的感觉，基本上是由气味和滋味组成，还包括触觉与温度的感觉。

在当代中国烹饪中，风味是个大概念，很多人把"风味"定义为"食品入口前后对人体的视觉、味觉、嗅觉和触觉等器官的刺激，引起人对它的综合印象"或"关于食品的色、香、味、形的综合特征"。既然风味是一种感觉或感觉现象，那么关于风味的理解、评价就具有非确定性，即带有强烈的个人的、地区的和民族的倾向。关于风味的概念，《中国烹饪辞典》中关于风味的解释有两种：一是指具有地方特色的美味食品；二是指特殊的滋味。按照我国烹饪行业现在流行的传统说法，如果假定以"色""香""味""形"四个字为其主要特征的话，那么所有的菜肴必须在这四个方面有所体现，其他因素则无统一的要求。

（一）饮食

"饮食"中"饮"既可指饮这一动作，又可指饮之物。"食"同样具有名词、动词的双重含义。"饮食"早已见诸文献，是古汉语中能够同时表达"吃喝"的名词、动词综合含义的词语。"饮食"由于"食"字意思的广泛，是指为保证生命延续而进食的所有"饭食"，且出现较早。

饮食是消费性的，核心是享用。饮食活动包括食物的品种质量、餐具的使用、环境设施的布置安排，以及食客的口味偏好、礼仪制度、饮食理论的作用和确立、饮食活动的影响等内容。人类在饮食上对美味及其质、色、形、品种的追求，始终是推动烹饪探索、实践和发展的永恒的动力。

（二）饮食风味

中国烹饪技术的三大要素（刀工、火候、风味调配），由于气候条件、物产资源、烹饪器具及风俗习惯等方面有明显区别，加上语言文字、表达方式的不同，尤其是风味调配，其地域特征尤其明显，最典型的莫过于"鲜味"，整个东南亚文化圈都承认鲜味的存在，并且作为最重要的饮食风味追求。人类个体的饮食风味偏嗜，最具有特定的人文背景，一旦形成终身难改。每个人都有自己的饮食风味养成期，伴随着年龄的增长和生活阅历的丰富，个人的饮食生成明显的风味偏嗜，且已定型。饮食风味是个人文化色彩浓重的科学概念，其物质要素体现在食物品种、加工技术和风味偏嗜诸方面，而其中起导向作用的竟然是用量不大的调味料。

（三）饮食风味流派

烹饪风味流派是烹饪文化发展到成熟阶段的产物。烹饪师以其独特的风格技艺制作出有鲜明风味的差异性菜点，受到人们的广泛赞赏。在他们长期坚持过程中，逐渐形成一种习惯性差异，而这种差异又成了某个地区菜点中特别好吃的"群味"，为人们所注目，并且被部分人群起而效仿；或有些烹饪师共同在某一方面有新的开拓，对烹饪的创作和发展产生了一定影响，从而有意无意地形成了一个群体时，才能称其为流派。

风味流派指各地饮食风味的差别，人类饮食的地域差异从古到今一直存在。在《尚书》《诗经》和《楚辞》中，已经隐约看到这种地域差异的存在，"我诸戎饮食衣服不与华同"大体上是长江以北的风尚，《楚辞》则描绘长江流域的人民生活状况，以饮食描写为甚，"羌煮貊炙"是北方游牧农民的饮食的代称，"饭稻羹鱼"是南方饮食的象征。《华阳国志》记载了四川一带"尚辛香"的饮食风味，汉唐期间的"胡食"是西域和北方饮食的统称。真正有"南食""北食""川饭"的说法则见于《东京梦华录》《武林旧事》。明清之际，常常以籍贯组成互助组织，按行业分成不同的"帮口"，如"扬州三把刀"等。由于同一帮口的成员，往往具有相同的技艺传承关系，甚至具有亲朋关系，彼此间也就形成了特殊的共同的技艺特色。对于饮食而言，就形成了特有的饮食风味流派。

饮食风味流派这个概念表征饮食地域风格和特殊风格的整体描述，对于各个地域来说，江苏菜、上海菜等均可使用；对于特殊风格来说，宫廷菜、官府菜、乡土菜、清真菜等也可使用，只要某种饮食风格的共性不同于其他的饮食风格，就可以自称某种风味流派。

二、中国饮食风味流派形成的条件

（一）历史条件

在我国饮食发展史上，烹饪风味首先从地域上形成南北差别，如仰韶文化的半坡类型与河姆渡文化相比，烹饪原料、烹饪器具都有差别；西周至战国时期，形成了以《周礼》为代表的黄河流域饮食风格和以《楚辞》为代表的长江流域饮食风格；唐宋时期，全国的烹饪风味形成了北、南（包括荆吴）、川、岭南等风味派别，经过元明的发展，鲁、苏、川、粤、浙、鄂、闽、京等地方风味进一步明朗化；到了清代，终于形成以鲁、苏、川、粤等四大"帮口"为代表的地方风味流派。历史发展的差异性，是影响菜系形成的重要因素和条件。

鲁菜的雏形可以追溯到春秋战国时期。春秋时期，孔子提出"食不厌精，脍不厌细"的饮食观，从烹调的火候、调味、饮食卫生、饮食礼仪等多方面都提出了自己的主张；孟子思想中形成的"食治-食功-食德"饮食观，二者合称"孔孟食道"。孔孟食道是儒家饮食思想的基础，这也为鲁菜的形成和发展奠定了理论基础。齐鲁两国自然条件得天独厚，尤其是傍山靠海的齐国，凭借鱼盐铁之利，使齐桓公首成霸业。烹饪技艺的精湛还表现在刀工技术的运用上，孔子的饮食观中"割不正不食"的刀工要求，为厨师出神入化的刀工技术提供了理论依据。

江苏地处长江下游地区，烹饪历史悠久。我国第一位典籍留名的职业厨师彭铿就出在徐州，被尊为厨师的祖师爷，并有雉羹、羊方藏鱼等名菜。秦汉以前饮食主要是"饭稻羹鱼"，《楚辞·天问》记有"彭铿斟雉，帝何飨"之句，即名厨彭铿所制之野鸡羹，供帝尧所食，深得尧的赏识，封其建立大彭国，即今彭城徐州。南京烹饪天厨美名始自六朝，南齐的虞悰是六朝天厨之代表，他善于调味，所制之杂味菜肴非常鲜美，胜过宫中大官膳食，号称天厨，《南齐书·虞悰传》载：悰善为滋味，和齐皆有方法……上就悰求诸饮食方，悰秘不肯出。上醉后，体不快，悰乃献醒酒鲭鲊一方而已。"上有天堂，下有苏杭""一出门来两座桥"的苏州被称为"东方威尼斯"。"苏州美，无锡富"，苏锡一带历来都因其风景秀丽为诸多文人雅士、官宦商贾流连忘返，是著名的旅游胜地，并由此产生了全国闻名的"船菜"。相传，苏东坡在四川岷江读书，常去江中洗砚涮笔，久而久之把江中的鱼皮染成墨色，于是川菜就有了东坡墨鱼。唐代杜甫为了躲避安史之乱到了成都，发明了一道鱼菜，由于敬佩陶渊明先生而取名为"五柳鱼"等。

（二）地理条件

我国地大物博，幅员辽阔，地理条件和气候复杂多样，南北跨越寒温带、中温带、暖温带、亚热带、热带，东西递变为湿润、半湿润、半干旱、干旱区，高原、山地、丘陵、平原、盆地、沙漠等各种地形地貌交错，形成自然地理条件的复杂性和多样性特征，造成了各地的食物原料和口味不同。地理环境造成的物产原料、群体口味、交通条件等，对饮食习惯的形成和巩固，对风味流派的形成及流传覆盖，都有着很强的制约力。由此，中国饮食风味流派在地域上的分野大致以黄河流域、长江中游、长江下游、岭南、关东等为范围。

山东地处黄河下游，气候温和，境内山川纵横，河湖交错，沃野千里，物产丰富，有"世界三大菜园"之一的美称。东部海岸漫长，盛产海产品，故鲁菜中胶东菜以烹饪海鲜见长。

江苏地理条件优越，东临黄海、东海，气候温和，长江横贯中部，淮河东流，北有洪泽湖，南临太湖,大运河纵流南北,省内大小湖泊星罗棋布,被称为"鱼米之乡"。江苏有镇江鲥鱼、两淮鳝鱼、太湖银鱼、南通刀鱼、连云港的海蟹及沙光鱼、阳澄湖的大蟹,桂花盛开时,江苏独有的斑鱼纷纷上市,由此产生了全鱼席、全蝎席。驰名中外愈嚼愈出味的盐水鸭、鲜嫩异常的炒鸭腰、别有滋味的烩鸭掌及鸭心、鸭血等均可入馔。

由于地理环境和气候的差异,造成了我国"东辣西酸,南甜北咸"的口味差异。喜辣的食俗多与气候潮湿的地理环境有关。我国东部地处沿海,气候也湿润多雨,冬春阴湿寒冷,而四川虽不处于东部,但其地处盆地,更是潮湿多雾,一年四季少见太阳,这种气候导致人的身体表面湿度与空气饱和湿度相当,难以排出汗液,令人感到烦闷不安,时间久了,还易使人患风湿寒邪、脾胃虚弱等病症。吃辣椒身体易出汗,汗液能轻而易举地排出,经常吃辣可以驱寒祛湿,养脾健胃。东北地区和西北地区人民吃辣则与寒冷的气候有关——吃辣可以驱寒。

山西可谓"西酸"之首。山西省居民的食物中钙的含量也相应较多。易在体内引起钙质淀积,形成结石。劳动人民经过长期的实践,发现多吃酸性食物有利于动员骨骼中沉积的钙,减少结石等疾病;此外西部人喜欢吃粗纤维的食物,易导致消化不良,吃酸则有助消化。久而久之,他们也就渐渐养成了爱吃酸的习惯。

我国北部气候寒冷,过去新鲜蔬菜对于北方人来说是罕见的。人们便把菜腌制起来慢慢"享用",这样北方大多数人也养成了吃咸的习惯。此外,北方天气干燥,导致易出汗,电解质损失多,人体内缺少电解质就会"口无味,体无力",因此菜肴多偏咸。在过去,北方人有"多吃盐有劲"的说法。

南方多雨,光热条件好,盛产甘蔗,比起北方来,蔬菜更是一年多季成熟。长江下游的人被糖类"包围",自然也就养成了吃甜食的习惯。

（三）社会条件

烹饪形成的基本因素包括用火、器具和调味品的发明与使用等,这都是从原始发展的意义而言的。随着社会的进步发展,食品原料不断丰富,烹饪工具日益完备,掌握烹饪技术的人也形成规模,为风味流派的形成创造了基本条件。一般来说,社会经济发展水平越高,风味流派借以形成的物质基础就越雄厚,风味流派就易于产生和形成,这是不可缺少的社会条件。

如我国的南北两大风味,自春秋战国时期开始出现。到了唐代,经济文化空前繁荣,为饮食文化的发展奠定了坚实的基础。此外,唐代高椅大桌的出现,改变了中国几千年分餐制的进餐方式,出现了中国独特的共餐制,促进了我国烹饪事业的飞速发展。唐宋时期,我国已形成南食和北食两大风味流派。其他流派众多的菜系是随着社会经济的发展而逐步产生和发展的。

（四）其他条件

政治环境、商业兴衰、宗教传播、饮食习俗、文化交流等,也会在某种程度上和一定的范围、时间内影响风味流派的产生与发展。

在上古时期,人们凭借感性、质朴的思维方式去探索世界万物的奥秘,把握自然的某些表象,当其对大自然的许多奥秘寻找不出答案时,就相信在现实世界之外,存在着超自然的神秘力量和鬼神主宰着自然和人类,从而对它敬畏与崇拜。不同地区不同民族的崇拜习性和迷信,也影响到当地居民对饮食原料的选择和食用方法。佛教传入中国后,僧侣们只能吃素食。"南朝四百八十寺,多少楼台烟雨中",描绘南北朝时江苏一带佛教的大发展。所以在苏菜中有闻名遐迩的"斋席"。四川青城山是道教的发源地之一。道教注重饮食养生,青城山道观的"白果炖鸡"既是药膳,又是川菜的代表名菜。

此外,不同民族也有不同的饮食习惯。捕鱼和狩猎是赫哲人衣食的主要来源,赫哲族人喜爱吃鱼,尤其喜爱吃生鱼,一向以杀生鱼为敬。满族之家,有祭祀或喜庆事,家人要将福肉敬献尊长客人。肉白煮,不准加盐,特别嫩美,客人用刀片吃,佐以咸菜、酸菜、酱。手扒羊肉是蒙古族牧民喜欢的传统餐食。牧民们选用膘肥肉嫩的小口齿羯羊,分割洗净后放入开水锅内煮,不加任何调料,煮的不要过老,一般用刀割开,肉里微有血丝即捞出,装木盘上席,大家围坐在一起,用自己随身带的蒙古刀,边割边吃,羊肉呈粉红色,鲜嫩肥美。

工艺、筵席方面的因素是地方饮食风味形成的内因。地方菜是其形成的前提和基本条件,代表性名菜则是某些地区菜特色的升华和结晶。

具有明显风味特色的菜肴小吃能够从众多地方菜肴中脱颖而出,取决于它们的选料地道、工艺严谨,承载的地方饮食文化信息丰富等因素。

从古到今,影响大的地方饮食风味几乎都是跨行政区域的,它们由原生地向四方渗透发展。而一些较小的地方风味则各方面都受到限制,究其根本原因是以文化为源泉的市场竞争力的差距。

三、中国饮食风味流派的划分依据与认定标准

中国饮食风味流派的划分,是一个非常复杂的问题。因为划分饮食风味流派的依据标准不同,就会出现不同的流派或不同的表现方式。常见的划分依据如下。

(一)文化背景

所谓文化背景就是以其历史发展过程所形成的具有相同文化影响范围内的群体饮食风格为依据,如中国烹饪学术界很早就有"三大文化流域孕育四大菜系"的说法,即黄河文化流域孕育了以鲁菜为代表的北方菜系;长江文化流域的上游孕育的川菜与下游孕育的苏菜;珠江文化流域孕育了代表岭南饮食风味体系的粤菜。这种划分方法从大的历史背景来看,没有任何异议,但过于粗略,不便于全方位了解和反映中国烹饪的丰富多彩。

(二)地域背景

根据地域背景划分是指以不同时期的地理区分与行政区划为具体依据进行划分。如山东风味、四川风味、广东风味、淮扬风味、潮汕风味等。清代所出现的"帮口""帮口菜"的名称,有如"扬帮""川帮""扬帮菜""川帮菜"的叫法,是根据厨师的地域背景而形成的。20世纪50年代出现"菜系"一词,代替了原来的叫法,始有四大菜系之说,基本上也是延续了地域意义上的划分方法,即山东菜系(简称鲁菜)、淮扬菜系(简称苏菜)、四川菜系(简称川菜)、广东菜系(简称粤菜)。而鲁、苏、川、粤本身就是行政区划的简称。后来又有八大菜系之说,即四大菜系再加上浙(浙江)菜、徽(安徽)菜、湘(湖南)菜、闽(福建)菜四个菜系。

(三)民族背景

我国有55个少数民族,笼统地说就有55个民族风味流派。即便是有些少数民族的饮食风格相同,但把他们划分成十几个民族菜肴风味流派是没有问题的,再加上汉族,就是一个丰富多彩的群体。

(四)原料性质

如果以烹饪中所使用的不同原料的性质为依据进行划分,则可以分为素食风味流派和荤食风味流派两个大体系。素食,从南朝梁武帝开始形成流派,到清代形成宫廷、寺院、市肆、民间四大派别。荤食则是广大民众在自然的生产与生活发展中形成的饮食风味。把整个饮食仅划分成为荤、素两个流派,也不能够完全反映中国饮食的博大精深。

(五)其他条件

那么,除了以上的划分方法之外,还有如下分类:从菜肴的功用来划分,有保健医疗风味和普通食品风味之分;从菜肴的生产者为主体来划分,有市肆风味、食堂风味、家庭风味之分;以不同的时代为依据划分有仿古风味和现代风味之分,前者如仿宫廷菜、仿官府菜、仿唐菜、仿宋菜、仿清菜等风味流派。

其实,无论依据什么样的标准进行划分,最主要的一条,就是由烹饪物质要素和工艺特色而形成

的群体口味的相同或近似性。所以又有学者依据相同或相近的口味特征,划分为几个大的饮食文化圈,并以此来代表风味流派。

中国饮食重"味",菜肴、食品的味道是诸种因素的综合性体现,也是划分风味流派最主要的依据。据此可归纳为鲁地重咸鲜,粤地重清爽,蜀地多麻辣,淮扬偏甜淡,陕西偏咸辣,山西偏酸咸等,近似古人所谓"南甜北咸、东辣西酸"的说法。

个区域群体口味的形成,深受多方面因素的影响,而其民风民俗、审美情趣也是有差异的。鲁菜流派风格大度豪爽、实在大方,快炒大爆,一派山东大汉气概;川菜流派的风格是重点突出、形式多样,犹如川妹子俏丽热情而泼辣多智,使人在火辣辣之中回味无穷;淮扬菜的风格雅致精妙、清丽恬淡、委婉细腻,一如苏杭女子,浓妆淡抹,总有引人风姿;粤菜流派的风格通脱潇洒、广采众长、华丽多姿、变通中西,好似一英俊青年,灵活机智、善于开拓、勇于创新。以上是就烹饪菜肴的审美风格而言。

因为划分菜肴风味流派的认定标准不同,就会出现不同的流派或不同的认定标准。常见的认定标准如下。

❶ 从民族文化角度出发

我国有 56 个民族,每个民族由于其历史发展与生活环境的不同,形成了各自的饮食风格。清真风味以回族为代表,包括维吾尔族、哈萨克族、东乡族、撒拉族等民族的饮食风味;蒙古族、藏族等在内的少数民族以畜牧业为主,形成以肉食为主的风味特色;朝鲜族、满族、土族、裕固族、傣族、白族、壮族、苗族等民族以从事种植业为主,形成了以米食或面食风味为主的饮食风格;赫哲族、鄂伦春族、鄂温克族等民族以渔猎为主,形成了以鱼菜为特色的饮食风味流派。经济生活条件、地理环境、宗教信仰、文化传统、风俗习惯等都是民族风味流派形成的条件。

❷ 依地域文化角度而言

我国清朝年间出现的"帮口",是指以口味特点不同所形成的烹饪生产行帮。"菜系"一词于 20世纪 50 年代开始出现,到 20 世纪 70 年代得到广泛认同。按照餐饮行业生产与市场经营的相关性认知,中国历来有山东(鲁)菜系、淮扬(淮安和扬州)菜系、四川(川)菜系、广东(粤)菜系四大菜系。四大菜系的定位,有着极其深远的历史渊源:三大河流孕育了四大菜系。即黄河流域的鲁菜,长江流域的川菜与苏菜,珠江流域的粤菜。后来,又扩展为八大菜系。八大菜系是以四大菜系为基础,加上浙菜、闽菜、湘菜、徽菜四个菜系。随着大城市文化的发展,北京、上海的厨师饮食风格逐渐形成,又有了加上京菜、沪菜而形成了十大菜系之说。

其后,又有十六大菜系之说、新八大菜系之说、小八大菜系之说,甚至更有每个省市即为一个菜系的说法等,仁者见仁,智者见智,可以认为属于一家之言。如果将其置于中国大文化的历史背景下,或者从广泛的地域文化的影响力来看,是值得商榷的,但如果从发展地方特色文化经济的角度看,也是可以理解的。

❸ 从烹饪食品消费对象角度而定

所谓烹饪食品消费对象,主要是指烹饪菜肴生产消费群体的定向性,即菜肴食品消费群体的专门化。从较大的时空来看,这也是构成中国烹饪整体的不同部分。传统划分一般包括宫廷风味流派、官府风味流派、寺院风味流派、市肆风味流派、民间风味流派、地方风味流派六个方面,这六个方面在内容上是有交叉的。

四、中国饮食风味流派形成的过程

中国饮食风味流派,是中国烹饪长期发展的产物,是在各个地域的内外经济文化交流的长河中形成的。一般可分为以下三个阶段:萌芽时期、形成时期、发展时期。

（一）萌芽时期

先秦时期，我国饮食风味流派已见端倪。《黄帝内经》中指出：东方之域，其民食鱼而嗜咸；西方之民，华食而脂肥；北方之民乐野处而乳食；南方之民嗜酸而食胕。这种自然区域食味差异，是我国烹饪风味流派发展演变的源头。虽然当时社会生产力比较低下，但已有了商业比较发达的都邑。朝歌牛屠，孟津市粥，宋城酤酒，燕市狗屠，鲁齐市脯等都是当时饮食业的雏形。从当时的情况来看，由于北方领土的扩大，黄河流域诸侯国兴盛，在烹饪上形成了北方的风味。西周宫廷菜肴的典式"八珍"，齐鲁孔子的饮食要求，《礼记·内则》上的北方食单等，都是北方风味的代表。其用料多为陆产，制法多依殷商，口味以咸味为主。

这一时期，长江流域以南地区也发展较快，吴、越、楚等诸国兴盛起来，在烹饪上也具有显明的特色。从《楚辞·招魂》中所载的楚国名食可以看出，其中的菜肴面点与黄河流域的菜肴面点有明显的差异，原料多以各种水产飞禽为主，味道则更增酸苦之味，显示出"吴羹酸苦之乡"与"关中嗜咸之地"的不同特色。这种明显的地区特征，表明中国饮食的南北风味已开始分野。此后，经过不断的传承和强化，便形成了我国南北不同的饮食风味流派。

（二）形成时期

秦汉以后，许多地方风味菜不断形成、成熟和发展。如秦汉之初的四川，已成为"天府之国"，丰富的物质基础，与"尚滋味"的饮食风尚，使川菜具有明显特色；秦汉以后的扬州，由于大运河的开掘，使其成为重要的食盐集散中心和国际贸易城市，促进了饮食业的发达，极大地刺激了饮食消费，也形成了具有代表性、典型性的淮扬风味流派；唐代的广州，海运较发达，商船结队而至，使广东的烹饪不仅因本地特产和气候形成独特的风格，而且博采众长，吸收外地的技法，形成了典型的岭南风味流派。山东在秦汉时期，其冶炼、煮盐、纺织三大手工业尤为发达，生产力的提高、经济的发展大大促进了山东烹饪的发展和提高。到了宋代，川食、胡食、南烹之名正式见于典籍，不仅散见于名家诗句（如苏轼、陆游诗），而且也见于笔记小说。在东京汴梁、南宋临安的饮食市场上已经出现了不同风味的专营酒楼。至此，中国烹饪的四大风味流派（鲁、苏、川、粤），实际已具雏形。

（三）发展时期

元明清时期，特别是清代，中国烹饪的地方风味又有所发展，《清稗类钞》所述清末的风味流派：肴馔之有特色者，为京师、山东、四川、广东、福建、江宁、苏州、镇江、扬州、淮安。其中鲁菜风味不仅扩大到京津，而且远播至白山黑水之间，华岳伊洛连成一片，成了当时影响最大的一系。淮扬菜则在东南江、浙、皖、赣等地发展市场，与当地的菜肴互为补充。川菜在湘、鄂、黔、滇、贵一带有影响力。到了晚清，特别是近代，川菜"一跃而居前列"，鲁扬两系都受川菜的影响。粤菜则在闽、台、琼、桂诸方占有阵地，吸收外域食法较多，形成独特风味。民国时期，中国烹饪的主要风味流派更趋成熟，这从当时大城市开设的餐馆招牌上就能看出，如当时北京、上海的餐馆就署名有齐鲁、姑苏、淮扬、川蜀、京津、闽粤等风味。

随着不同地方风味餐馆在大城市的设置，餐饮业中出现了"帮口"的称谓。据《上海快餐·餐馆》记载，民国初年上海菜馆类别、各帮餐馆、派别殊多，如京馆、南京馆、扬州馆、镇江馆、宁波馆、广东馆、福建馆、徽州馆、四川馆等。菜价以四川馆、福建馆为最昂，京馆、徽馆为最低。抗日战争前后的武汉、重庆、西安等城市饮食店的帮别也很多，除当地菜馆外，分别有京帮、豫帮、鲁帮、扬帮、徽帮、粤帮、湘帮、苏帮、宁帮等，这些"帮口"在当时餐馆业中具有行帮和地方风味兼而有之的职能，它既为远在异乡的人们的饮食需要而设，又为调节大城市人们追求多种口味而经营，这是近代中国城市发展的重要特征，也是中国烹饪繁荣的标志之一。截至20世纪50至60年代，上述众多饮食风味流派，由于历史的和现实的种种原因，又有不同的发展变化。随着中国改革开放的不断深入和旅游事业的发展，中国烹饪风味流派的发展进入崭新的阶段，呈现出千姿百态的繁荣景象。

中国饮食文化圈的划分

任务二　中国主要烹饪风味流派

 **任务描述**

明确中国主要烹饪风味流派的划分,学习并了解历史传承风味的基本知识,把握不同时期烹饪风味的历史沿革,分析并掌握不同流域的烹饪风味、少数民族风味的特点及其代表菜肴,学会将其灵活运用到相关领域。准确认识寺院风味和素食之间的联系,把握其相关概念、特点及历史成因,查阅相关知识书籍,更加全面、系统地掌握中国主要烹饪风味流派。

任务目标

1. 了解不同历史时期的烹饪风味。
2. 掌握不同流域烹饪风味流派特点及其代表菜肴。
3. 学习少数民族菜肴风味的特点以及代表菜肴。
4. 熟悉并掌握寺院风味的含义及其特点。
5. 了解中国烹饪风味流派中素食的发展历程及其发展状况。

一、历史传承菜肴风味体系

中国饮食文化源远流长,可以从历代文献中所记载的菜点上得到充分体现。然而,在历史长河中,很多菜点已销声匿迹,流传至今的菜点皆因其生命力之顽强而未遭淘汰。如果对这些传统菜点的源头细加研究,则会发现,它推动了历史发展,淡化了彼此之间的区别,各种类别的菜点交汇贯通,彼此渗透。中式菜点在历史上大致分为宫廷菜、官府菜、寺院菜和市肆菜。从今天的角度而论,如"八宝豆腐"属于宫廷菜,现在却遍地开花,成为酒馆饭店餐桌上的常见菜品;"拨霞供"属于寺院菜,如今也演变成不同区域、不同风格的火锅、涮锅;诸如此类,不一而足。从某种意义上说,这正是中国饮食文化艺术不断丰富、发展、自我完善的主旋律。

(一)宫廷风味

宫廷风味,又称御膳,是指奴隶社会王室和封建社会皇室贵族所用的肴馔。在中国历史发展潮流中,从古至今,宫廷中都设立了专门为帝王及其嫔妃们饭食菜肴制作与服务的庞大机构。这种机构历代的名称虽不相同,但其职能是相同的。据史料记载,历代帝王的饮食都有严格的规定,其饮食习惯对外都是绝对保密的。直到清朝被推翻,我们才得以看到清宫菜肴的面貌,甚至有机会品尝到几位末代"御厨"在"仿膳"制作的宫廷菜肴的味道。至于其他的宫廷菜肴,则只能从一些零散的史料中去了解大概情况。帝王们凭借着至高无上的地位和权势,役使世上各地各派名厨,聚敛天下四方美食美饮,逐步形成了豪奢精致的宫廷御膳风味特色。

根据中国历朝宫廷风味的发展状况,可对中国古代宫廷风味的主要特点做以下归纳:选料十分考究,配料规定十分严格。菜肴制作精致,宴饮雍容华贵典雅。讲究养生保健,五味调和精益求精。山珍海味多见,菜点多有文化寓意。

(1)夏朝时期。此前在我国的原始社会时期,即传说中的三皇五帝时期,受社会发展状况及政治经济条件限制,真正意义上的宫廷御膳还并未出现。正如古书所说:"昔者,先王未有宫室,冬则居营窟,夏则居橧巢。未有火化,食草木之实,鸟兽之肉。饮其血,茹其毛。未有麻丝,衣其羽皮。后圣有作,然后修火之利,盖巢穴为初民之居处。"其饮食则由果食时代进而为鲜食时代,再进而为艰食,则神农时也。火化始燧人,民间渐脱茹毛饮血之俗。(《中国风俗史》)到原始社会后期,随着社会进

67

化与生产发展,人民饮食生活已有较大变化,谷以蒸粒为饭,肉以烧烤为常,但饮食生活仍处于最低的状态。《淮南子·精神训》说:"珍怪奇味,人之所美也。而尧粝粢之饭,藜藿之羹。"所谓"藜藿之羹",就是用野菜和豆叶煮成的一种菜羹。相传此羹始于黄帝和唐尧时期,它本是平民之菜,但唐尧为了与民共食,曾长期食用。虞舜继位后,虽然每天都有各种珍馐美味,但也常食"藜藿之羹",以怀念前人。这时,先王们还能"食以体政"。

大禹的儿子启建立了中国历史上第一个王朝——夏朝,标志着奴隶社会的开始。政治、经济、文化的发展,使得当时人们食用的谷物、蔬菜、家畜、野兽比原始社会丰富。因此烹饪技术也有新的发展,箸、笾、豆、樽、簋、硎等饮食之器已陆续出现,饮食水平有所提高。随着经济、文化的发展,社会政治与管理制度也日益加强,国家机构逐渐形成。夏启时开始建立帝王宫廷。宫廷服务的膳食机构也随之而设。夏朝宫廷首先设有"庖正",是专门负责宫廷帝王膳食的官员。夏朝初期帝王倡导饮食一切从俭,中期开始盛行"酒礼",贵族开始追求更为精致的饮食;到末期以奢靡为尚。九州进贡珍贵食物增多。由于婚礼、丧礼、祭礼、养老之礼相继开始实施,所以饮食均以礼为尚。宫廷御膳开始萌芽。古代贵族阶级进食,好以音乐歌舞助兴,用来渲染气氛,激荡情绪,增进食欲,引导程序,张大威仪。《竹书纪年》记载少康时"方夷来宾,献其乐舞"。"以乐侑食"是夏朝宫廷御膳的一个显著特点。《管子·轻重甲》则谓:桀之时,女乐三万人,晨噪于端门,乐闻于三衢。诸如此类的传闻,虽有夸拟不实的成分,但夏朝宫廷的"以乐侑食",是可以与考古发现相印证的。

(2)商朝时期。商朝是我国奴隶社会进一步发展的时期,社会经济实力超过夏朝,整个社会的饮食水平也高于夏朝,商朝宫廷御膳也有新发展。饮食水平的发展具体表现在以下五个方面。第一,宫廷膳食机构相应扩大了。从成汤开始,宫廷就设有御厨,有"庖正""内饔""宰夫""司鱼"等各类膳食官员,分别主管帝王的膳食和祭礼等。宰相伊尹原是商汤的御厨,因善调五味,做"鹄鸟之羹",并有治国安邦之才,被商汤赏识而任宰相。第二,宫廷食用的珍馐美味大大增多。除了日常食用的牛、羊、犬、猪、鱼、鸡、野猪、鸭等外,还食用鹿、豹、熊、象以及天下九州所贡的名产美味。《吕氏春秋·本味》记述了伊尹为商汤所制作的一系列美味。据殷墟出土文物中发现的动物骨骸证实,商朝宫廷用的珍贵之物有大龟、海蚌、鲸鱼、象骨等。又据《韩非子·喻老》载:昔者纣为象箸而箕子怖,以为象箸必不加于土铏,必将犀玉之杯;象箸玉杯必不羹菽藿,必旄、象、豹胎。"纣为天子,熊掌不熟而杀人"(《太平御览》)。可见商朝宫廷食用珍贵之物已超过夏朝宫廷。第三,商朝首行"鼎食制",天子、诸侯、大夫食有等级之分。即天子九鼎、诸侯七鼎、大夫五鼎、元士三鼎。这是商朝规定的宫廷官员用膳和祭祀的制度。一鼎即一菜,以第一鼎为最大。天子九鼎:牛、羊、豕、鱼、腊、肠胃、肤(切小的熟肉)、鲜鱼、鲜腊。诸侯七鼎:牛、羊、豕、鱼、腊、肠胃、肤。大夫五鼎:羊、豕、鱼、腊、肠胃。元士三鼎:豕、鱼、腊。鼎食中以牛为首谓之太牢,以羊为首谓之少牢。第四,商朝青铜饮食器具大量出现。如炊鼎中有牛鼎、鹿鼎、分当鼎、卷足鼎;食器中有鬲、簋、豆、俎、盂;酒水器有缶、角、尊、瓠、壶等。第五,"以乐侑食"是商代统治者日常生活所尚,"殷人尚声"是商朝宫廷御膳的一个重要标志。"以乐侑食"有专门的乐师和舞臣执掌;食品有专门的厨官提供服务,甲骨文中称为"多食"。

商朝的宫廷御膳大都通名为"飨",有时也称"燕""食"。"飨"的社交性质突出,气氛郑重,场面庄严,排场热烈,讲究礼仪。即所谓"饮以显物,宴以合好","周旋序顺,容貌有崇,威仪有则"。与"飨"这类正规的礼宴相比,"燕"宴似乎气氛显得闲适随和,受宴者有王妇,有近卫武臣。礼仪周旋亦显简明,大有笼络感情,得其尽心之用意,性质接近后世之"便宴"。而称作"食"的一类设飨赐饮,礼节更显轻松。《周礼·春官·大宗伯》有云:以飨宴之礼,亲四方之宾客。以饮食之礼,亲宗族兄弟。这与甲骨文所揭示的"飨""燕""食"三类御膳的性质内涵有所区别,显然是有渊源关系的。

(3)周朝时期。"周武王,始伐纣,八百载,最长久。"周朝是我国历史上延续最长久的王朝,比起夏、商,西周堪称盛世。

由于周朝的历史文献流传下来的比夏商时期更为丰富,因此,我们能比较全面地了解周朝宫廷御膳的发展状况。早在周朝之前,宫廷风味即已形成初步规模。周朝统治阶层很重视饮食与政治之间的关系。周人无事不宴,无日不宴。究其原因,除周天子、诸侯享乐所需,实有政治目的。周天子通过宴饮,强化礼乐精神,维系统治秩序。《诗经·小雅·鹿鸣》尽写周王与群臣嘉宾欢宴场面。周王设宴目的何在?《毛诗正义》曰:"(天子)行其厚意,然后忠臣嘉宾佩荷恩簿,皆得尽其忠诚之心以事上焉。上隆下报,君臣尽诚,所以为政之美也。"正因如此,周代的宫廷宴饮种类与规格变得很复杂。以宫廷宴席的参加者及规模而论,宴席则有私席和官席之分,私席即家友旧故间的聚宴。这类筵席一般设于天子或国君的宫室之内。官席是指天子、国君招待朝臣或异国使臣而设的筵席。这种筵席规模盛大,主人一般以太牢招待宾客。《诗经·小雅·彤弓》中就有周天子设宴招待诸侯的场面,从其中"钟鼓既设,一朝飨之"两句看,官宴场面一般要列钟设鼓,以音乐来营造庄严而和谐的气氛。"飨",郑笺:大饮宾曰飨。足见当时场面之盛。若以御膳主题而论,则又可分为如下几种:

①祭终宴饮。《左传》记载,国之大事在祀与戎。周人重视祭祀,而祭祀仪式的重要表现之一就是荐献饮食祭品,祭礼行过后,周王室及其随从聚宴一处。从排场看,祭终御膳比平常要大,馔品质量要高。《礼记·王制》载:"诸侯无故不杀牛,大夫无故不杀羊,士无故不杀豕,庶人无故不食珍,庶羞不逾牲。故,谓祭祀之属。"只有祭祀时,周王室才可有杀牛宰羊、罗列百味的排场。《诗经·小雅·楚茨》《诗经·周颂·有客》《诗经·商颂·烈祖》等都不同程度地对祭终筵席进行了描述。

②农事宴饮。自周初始,统治者就很重视农耕,并直接参加农业劳动,史称"王耕藉田",一般于早春择吉举行。天子、诸侯、公卿、大夫及各级农官皆持农具,至天子的庄园象征性地犁地,推犁次数因人不同,《礼记·月令》载:"天子三推,三公五推,卿、诸侯九推。反,执爵于大寝,三公九卿诸侯皆御,命曰劳酒。""藉田"礼毕,便是农飨,天子要设筵席,众公要执爵宴饮。《诗经·小雅·大田》《诗经·小雅·甫田》《诗经·周颂·载芟》《诗经·周颂·良耜》《诗经·鲁颂·有骃》等,都对农事宴饮有不同程度的描绘。

③私旧宴饮:又称"燕饮"。这是私交旧故间的私宴,据《仪礼·燕礼》贾公彦疏曰:"诸侯无事而燕,一也;卿大夫有王事之劳,二也;卿大夫又有聘而来,还,与之燕,三也;四方聘,客与之燕,四也。"后三种情况的筵席虽与国务政事有涉,但君臣感情笃深,筵席气氛闲适随和,故谓之"燕",属私旧御膳中常见的情况。

④竞射宴饮。周人重射礼,"此所以观德行也"(《礼记·射义》)。举行射礼,是周统治者观德行、选臣侯、明礼乐的大事,且不能无筵席。《诗经·大雅·行苇》不吝笔墨,为我们描绘了射礼之宴:"肆筵设席,授几有缉御。或献或酢,洗爵奠斝。醓醢以荐,或燔或炙。嘉殽脾臄,或歌或咢。敦弓既坚,四鍭既钧,舍矢既均,序宾以贤。敦弓既句,既挟四鍭。四鍭如树,序宾以不侮。"开宴期间,人们拉弓射箭,不仅活跃了筵席的气氛,更体现了周人的礼乐精神。另据《左传》载,杞大臣范献子访鲁,鲁襄公设宴款待他,并于筵席间举行射礼,参加者需三对,"家臣:展瑕、展玉父一耦。公臣:公巫召伯、仲颜庄叔为一耦。鄪鼓父、党叔为一耦。"这种诸侯国之间的"宾射"之宴在当时相当频繁,而且多带有一些外交活动的色彩。

⑤聘礼宴饮。"聘,访也"(《说文·耳部》),聘礼之宴即天子或国君为款待来访使臣而举办的筵席,周人又称之为"享礼"。《左传》对此载录颇多,气氛或热烈,或庄重;参加者或吟诗,或放歌;场面或置钟鼓,或伴舞蹈。宴饮期间,有个约定俗成的要求,就是"诗歌必类",即诗、歌、舞、乐都要表达筵席主题。据载:"晋侯与诸侯宴于温,使诸大夫舞,曰'诗歌必类!'齐高厚之诗不类。荀偃怒,且曰:'诸侯有异志矣!'使诸大夫盟高厚,高厚逃归。"于是,叔孙豹、晋荀偃、宋向戌、卫宁殖、郑公孙虿、小邾之大夫盟曰:"同讨不庭!"(《左传》)。可见,"享礼"的外交色彩浓重,它以筵席为形式,诗歌舞乐为表达手段,以外交为目的。参加者通过对诗歌舞乐的听与观来理解和把握外交谈判的内容,甚至以此为依据来做出重大决策。

⑥庆功宴饮。即针对国师或王师出征报捷后凯旋而开设的筵席。这类筵席场面宏大,规模隆重,美馔纷呈,载歌载舞,气氛热烈,盛况无比。《诗经·小雅·六月》《诗经·鲁颂·泮水》《诗经·鲁颂·闷宫》等对此场面虽有不同的描述,但可见一斑。公元前632年,楚晋之间为争霸位打了一场恶

仗,即战争史上很有名的城濮之战,此役晋师告捷。秋七月丙申,晋师凯旋,晋文公举行了盛况空前的庆功大宴。筵席是在晋宗庙中举行的,参加的人数非常多,规模盛大,排场热烈,晋侯以太牢犒劳三军,遍赏有功将士。

周朝对天子及其王室的宫廷宴饮还设计了一整套的管理机构,根据《周礼》记载,总理政务的天官冢宰,下设五十九个部门,其中有二十个部门专为周天子以及皇室贵族的饮食生活服务,诸如主管王室御膳的"膳夫",掌理王及后、世子御膳烹调的"庖人""内饔""亨人"等。根据现存的有关资料显示,《礼记·内则》载述的"八珍",是周代御膳席之代表,体现了当时周王室烹饪技术的最高水平。周天子的饮食需按礼数,食用六谷(稻、黍、稷、粱、麦、菰),饮用六清(水、浆、醴、醷、凉、酏),膳用六牲(牛、羊、豕、犬、雁、鱼),珍味菜肴一百二十款,酱品一百二十瓮。周朝的宫廷饮料有"六清""五齐""三酒""四饮"之说。礼数是礼制的量化,周王室宫廷宴饮礼制对养生的强调,其依据就是儒家倡导的"贵生"思想,其具体表现就是"水木金火土,饮食必时"(《礼记·礼运》)。以食肉为例,周天子按照宰牲食肉要求迎合四时之变,春天宜杀小羊小猪,夏天用干雉干鱼,秋天用小牛和麋鹿,冬天用鲜鱼和雁。从食鱼方面看,当时的鲔鱼、鲂鱼、鲤鱼在宫廷御膳中是最珍贵的烹饪原料。《诗经》:岂食其鱼,必河之鲂……必河之鲤。《周礼·虞人》:春献王鲔。周代御膳中的蔬菜品种并不多,据《周礼·醢人》载,天子贵族们食用的蔬菜主要有葵、蔓菁、韭、芹、昌本、笋等数种,由于蔬菜品种有限,故专由"醢人"将它们制成酱,或由"醢人"把它们制成醋制品,以供王室食用。

如果说周王室的宫廷风味代表着黄河流域的饮食文化,那么南方楚国宫廷风味则代表着长江流域饮食文化,二者共同展示着3000多年前中国古代御膳的文化魅力。《楚辞》中"招魂""大招"两篇,是研究楚国宫廷风味的重要文献资料,其中所描述的肴馔品种繁多,相当精美。《周礼·天官·膳夫》和《礼记·内则》较为全面地记述了周朝宫廷饮食典章和烹制宫廷御膳的各种要点,它系统地记载了周朝宫廷的各类食典,还记述周代宫廷肴馔"三羹五齑七菹八珍"等的用料和制法,提出了宫廷御膳的原料选择要求、加工原则,食物搭配以及调味的办法。如:《三礼》中涉及的有关烹饪工艺要按时令、卫生要求选料,刀工讲究分档取料、按需分割,配菜时按季节、原料本身的性味选择搭配。此外,周代文献还记载了炙、燔、炮、烹、释、蒸、煎、脍、卤、炸、炖、干炒等十几种烹饪方法。这时文武火的灵活使用,调料调味腌醉,以使食物成熟度适当,并产生嫩、糯的美味。早期的调味理论"甘而不浓、酸而不酷、咸而不减、辛而不烈、淡而不薄、肥而不腴"是在烹饪过程中加调料调味产生出来的。此外,这时还出现了挂糊、勾芡和食品雕刻技术。如《管子》:雕卵然后瀹之,雕橑然后爨之。说明当时已有"雕卵",即在蛋壳上刻花纹。"雕卵"后又称为"镂鸡子""画卵"等,逐渐成为清明节前后的一种习俗。春秋时,中原文化多为楚人吸收。至战国,楚国国土向东扩展,中原文化对楚国的渗透更加深入,楚国对中原文化的吸收更加深入透彻,博采众长,既精巧细腻,又富贵高雅,逐渐形成了楚地所特有的宫廷风味形态。

(4)秦汉时期。公元前221年,秦始皇统一了六国,建立了中国历史上第一个大一统的专制、中央集权式封建主义国家,并确立了皇帝至高无上的地位。秦朝历经三世而亡,取而代之的汉朝则延续了四百多年。因此我们这里所说的"秦汉时期"主要指的是汉代。

秦汉以后,宫廷御厨在总结前代烹饪实践经验的基础上,对宫廷风味加以丰富和创新。从有关资料看,汉代宫廷风味中的面食明显增多,典型的有汤饼、蒸饼和胡饼。此外,豆制品的丰富多样又使汉宫御膳发生了重大变化。豆豉、豆酱等调味品的出现,改变了以往只用盐梅的情形;豆腐的发明深受皇族帝胄的喜爱,成为营养丰富、四时咸宜的烹饪原料。汉宫御膳已很有规模,皇帝宴赏群臣时,实庭千品,旨酒万钟,御以嘉珍,飨以太牢。管弦钟鼓,妙音齐鸣,九宫八佾,同歌并舞。真可谓美味纷陈,钟鸣鼎食,觥筹交错,规模盛大。

(5)魏晋南北朝时期。这一时期,是我国历史上分裂与动荡交织、各民族文化相互交融的特殊时期。在饮食文化方面,各族人民的饮食习惯在中原地区交汇,极大地丰富了宫廷风味,如新疆的大烤肉、涮肉,闽粤一带的烤鹅、鱼生,皆被当时御厨吸收到宫廷中。《南史·卷十一·齐宣帝陈皇后传》中,宋永明九年,皇家祭祀的食品这样写道:"宣皇帝荐起面饼、鸭臛,孝皇后荐笋、鸭卵、脯酱、炙白肉,齐皇帝荐肉胘、菹羹,昭皇后荐茗、米册、炙鱼,并平生所嗜也。"起面饼、炙白肉原是北方食品,为南朝皇室所喜爱,成了宫廷风味中常备之品。此外,由于西北游牧民族入居中原,使乳制品在中原得以普及,不仅改变了汉族人不习食乳的历史,也为宫廷风味增添了许多新的内容。

(6)唐朝时期。唐代宫廷御膳风味不仅口味丰富,而且大有创新,这与唐代雄厚的经济基础和繁盛的餐饮市场密不可分。御膳主食如白花糕、清风饭、王母饭等,菜品如灵消炙、红虬脯、驼峰炙等都已成为唐宫御膳颇具代表性的美味。唐代宫廷中举办宴会,很重视"看席"。《卢氏杂记》载:唐御厨进食用九饤食,以牙盘九枚装食于其间,置上前,并谓之"香食"。宫廷风味中的"看席"为"素蒸音声部",即由七十个面制食品组成的舞乐场面,乐工歌伎之造型甚为逼真。唐宫御膳,不仅场面规模大,而且馔品种类多,御膳的名目和奢侈程度都是空前的。仅以韦巨源为唐中宗设计的"烧尾宴"来看,水陆杂陈,山珍海味择其奇异者就有五十八味之多。这不仅反映了唐宫御膳挥金如土、奢侈浪费的现象,也说明了当时御膳的烹调技艺已达到了相当高的水平。

(7)宋朝时期。唐至宋,是中国封建社会由昌盛走向衰弱的转变时期。随着宋王室南迁,江南、岭南得到了大规模开发,中国的经济重心南移,都市经济快速发展,饮食文化空前繁荣,食品、烹饪方面取得了令人瞩目的成就,比较突出的是海味菜和鱼菜的兴起以及菜点艺术化。后世出现的几大菜系,在宋代都已初具雏形。说明当时中国烹饪最高水平的宫廷御膳另有一番新景象。

宋代分为北宋、南宋两个阶段,宫廷御膳风格有显著的不同。北宋初叶至中叶较为简约,到南宋时期则较为奢侈,南宋皇帝"常膳百品""半夜传餐,即须千数"。至于宴会,更是奢侈到了惊人的程度。宋代司膳内人(管理御膳的官员)所撰《玉食批》一书,就能充分反映当时宫廷穷奢极欲的饮食生活。

据《宋会要辑稿》记载:北宋时,御膳的主食是以面食为主的,御厨所用的面和米的比例为二比一,南宋时稻米的比重有所增加。据《东京梦华录》《都城纪胜》《梦粱录》《武林旧事》等记载,宋代的面食和点心可谓五光十色、种类繁多。

据史料记载,宋太祖宴请吴越国君主钱俶的第一道菜是"旋鲊",即用羊肉醢制成;而仁宗夜半腹饥,想吃的竟是"烧羊"(《铁围山全谈》)。诚如《续资治通鉴长编》所言:饮食不贵异味,御厨止用羊肉,此皆祖宗家法,所以致太平者。据《政和本草》记载,食羊肉有"补中益气,安心止惊,开胃健力,壮阳益肾"等良效。因此,宋人认为,羊肉与人参一样滋补身体,所以,两宋皇室的肉食消费,几乎全用羊肉,而不用猪肉。尚书省所属膳部下设牛羊司,掌管饲养羔羊,以备烹宰之用。还设有牛羊供应所和乳酪院。宋代南迁临安以后,仍然继承祖宗家法,把羊肉作为皇室中的主要肉食品。皇室以羊肉为宴的记载司空见惯,据《经筵玉音答问》载,宋孝宗曾为他的老师胡铨在宫中摆过两次小宴,第一次以"鼎煮羊羔"为首菜,第二次为"胡椒醋羊头"与"坑羊炮饭",孝宗一边吃,一边赞道"坑羊甚美"。据史籍记载,宋代皇室过生日,一般都以羊肉菜为主。可见,以羊肉为原料烹制的菜肴在宋初宫廷风味中占据举足轻重的地位。宋代宫廷饮食还有一个显著特点,就是受传统礼制的控制并不十分严格,所以宋代皇帝经常在宫外酒馆、饮食店取食。南宋以后,高宗对宫廷风味的要求很高。他做太上皇时,其子孝宗为他摆祝寿御膳,他却以这席御膳不够丰盛为由对孝宗发火,他还常派御厨到宫外的酒肆餐馆购回可口的肴馔,来不断丰富宫廷风味的品种,以满足自己的口欲。据《枫窗小牍》载,高宗曾派人到临安苏堤附近买回他喜食的"鱼羹""李婆婆杂菜羹""贺四酪面脏""戈家甜食"等。

宋代宫廷宴会名目繁多,如"圣节宴""春宴""秋宴""朝宴""庆功宴""喜庆宴"等。宋代的"圣节宴"即万寿宴,为皇帝的寿宴。宋代几乎每个皇帝都有以自己名称命名的生日宴。如太祖的"长春节"、太宗的"乾明节"、真宗的"承天节"、仁宗的"乾元节"等。宋代的宫廷节日御膳也很隆重。《文昌杂录》载,皇帝举行正旦盛宴,招待文武百官,大庆殿上摆满了各种宫廷风味筵席。《梦粱录》亦载:其御宴酒盏皆屈卮,如菜碗样,有把手;殿上纯金,殿下纯银;食器皆金棱漆碗碟;御厨制造宴殿食味,并御茶床看食、看菜、匙箸、盐碟、醋樽,以及宰臣亲王看食、看菜,并殿下两朵庑看盘、环饼、油饼、枣塔,俱遵国初之礼在,累朝不敢易之。可见当时御宴排场之盛大。《武林旧事》记载,宋代皇帝饮宴规模最大的是绍兴二十一年十月,宋高宗赵构巡幸清河郡王府第时,清河郡王张俊进奉了一桌筵宴,这也是古代历史上留存下来的最大的一桌筵席膳单,共计有菜肴 102 款,点心、水果、干果、雕花蜜煎、香药、咸酸等共 120 碟。宴会从早到晚,分成六个回合进行,中间穿插小菜、点心、水果。这张御筵菜单集中反映出两宋之际烹饪文化的诸多特色:南北饮食交流密切,水产菜肴比重增大,羹汤食品大受青睐,冷盘菜系花样翻新,烹调技艺精益求精。

然而,食遍人间珍味的皇上也有不合口味的时候,"大中禅符九年置,在玉清昭应宫,后徙御厨也"(《事物纪原·卷六·御殿素厨》)。这些显然是为了调和皇上口味而设,但也未必能使皇上满意。有一次,徽宗不喜早点,随手在小白团扇上写道:造饭朝来不喜餐,御厨空费八珍盘。有一学士悟出其意,便续道:人间有味俱尝遍,只许江梅一点酸。徽宗大喜,赐其一所宅院(见《话腴》)。由此可见宋代宫廷御宴的奢靡程度。

(8)元朝时期。元代宫廷风味主要以蒙古风味为主。入主中原的蒙古人原以畜牧业为主,习嗜肉食,因此蒙古人饮食中羊肉所占比重较大。宫廷风味十分庞杂,除蒙古菜以外,兼容汉、女真、西域、印度、阿拉伯、土耳其以及欧洲一些其他民族的菜品。元延祐年间,宫廷御膳太医忽思慧著述的《饮膳正要》在"聚珍异馔"中就收录了回族、蒙古族等民族及印度等国菜点共计 94 种,比较全面地反映了元代宫廷御膳的风味特点。由该书可知,元宫御膳不仅以羊肉为主,且主食亦喜与羊肉搭配烹制。御厨对羊肉的烹调方法有很多,最负盛名的是全羊席,据传是元宫廷为庆贺喜事和招待尊贵客人时而设计制作的御膳,因用料皆取之于羊而得名。由于用料和烹饪方法不同,故其菜品色香味形各异。到清朝时期,全羊席更加奢华精美,"蒸之,烹之,炮之,炒之,爆之,灼之,熏之,炸之。汤也,羹也,膏也,甜也,咸也,辣也,椒盐也。所盛之器,或以碗,或以盘,或以碟,无往而不见羊也。"(《清稗类钞·饮食类》)技法之全面,品类之丰富,前所未有。元宫御膳对异族风味具有很强的包容性,如"河豚羹"在宫廷风味中颇负盛名。此菜的主料是羊肉,所谓"河豚"是以面做成河豚之形,入油煎炸后放入羊肉汤煮熟。这本是一款维吾尔族的名菜,蒙古人引之入宫,成为皇族贵戚喜食的一道美味,反映了元代宫廷风味对各族传统饮食兼收并蓄、博采众长的特点。

(9)明朝时期。明代宫廷风味十分强调饮馔的时序性和节令时俗,重视南味。

据《明宫史》载:先帝(明神宗朱翊钧)最喜用炙蛤蜊、炒海虾、田鸡腿及笋鸡脯;又海参、鳆鱼、鲨鱼筋、肥鸡、猪蹄共烩一处,名曰"三事",恒喜用焉。由于明代在北京定都始于永乐年间,皇帝朱棣是南方人,故这时期的南味菜点在御膳中唱主角。自洪熙以后,北味在明宫御膳中的比重渐增,羊肉逐渐成为宫中美味。羊肉主要用于养生保健,且多在冬季食用。另据《事物绀珠》载,明中叶后,御膳的品种更加丰富,面食成为主食的重头戏,且肉食类与前代相比,不仅品种增加不少,而且烹饪方法也有很大突破和创新。"国朝御肉食略:凤天鹅、烧鹅、白炸鹅、锦缠鹅、清蒸鹅、暴腌鹅、锦缠鸡、清蒸鸡、暴腌鸡、川炒鸡、白炸鸡、烧肉、白煮肉、清蒸肉、猪肉骨、暴腌肉、荔枝猪肉、燥子肉、麦饼鲊、菱角鲊、煮鲜肫肝、五丝肚丝、蒸羊。"由此,明代宫廷风味不断创新的重要前提是御厨对各地美味的网罗以及自身烹调技术的提高。

明代宫廷御膳的特征如下。

第一,御膳品类丰富,食物高档、排场宏大,所费不赀。

第二,明代宫廷御膳防范鸩毒甚严。

第三,明代宫廷御膳原料来源主要有两个,一是支银采办,二是进贡。

洪武元年,明太祖大宴群臣于奉天殿。稍后定制,凡遇正旦、皇帝万寿节、冬至或其他吉庆宴席,俱设宴于谨身殿。洪武二十六年复改宴于奉天殿。所用膳馐酒醴一并由光禄寺筹办。此后,永乐元年以皇帝首次郊祀礼成,十九年元旦以北京坛庙宫殿告成,皆举行盛大宴会以志庆贺。永乐、宣德时期,各种宫廷宴会逐渐正规化,除三大节以外,立春、元宵节、四月八日浴佛节、端午节、重阳节、腊八节皆赐百官宴。

除了隆重的节日筵宴,宫内在各种节日也举办庆祝娱乐活动,使吃、喝、玩、乐融为一体。对民间节日庆典及饮食也起着重要的引导作用。明代万历年间太监刘若愚写的《酌中志·饮食好尚记略》较详尽地记载了明代宫廷的节令食俗。

农历正月是一年的开始,也是一年之中节日最多的月份,有元旦、立春、上元、填仓四个节日。立春的前一天,顺天府东直门外举行"迎春"仪式,勋戚、内臣、达官、武士都要前去春场进行跑马比赛。立春日,宫中无论贵贱都要吃萝卜,名为"咬春",彼此互相宴请,并吃春饼"和菜"。正月十五日元宵节,宫中帝后勋贵吃元宵、赏灯,正月的节庆活动达到了高潮。明代宫廷中的元宵制作十分精细,将糯米磨成细面,再用核桃仁、白糖、玫瑰做馅,然后用酒水滚成,大小如核桃般。正月十六日,宫中赏灯活动更盛,"天下繁华,咸萃于此"。正月十九日是燕九节,届时勋戚内臣,凡好黄白之术者,都要到白云观游览,企求访得"丹诀"。到了正月二十五为填仓节,又是一个"醉饱酒肉之期"。三月吃凉糕、糍粑、烧笋鹅。四月是一年中花卉和时令饮食开始上市的季节,此季节特有的新鲜芦笋、樱桃与玫瑰花、芍药花等鲜菜果品的上市,使京都的时令饮食活动更加丰富多彩。此时,宫中的宫眷内臣要换上纱衣,设宴品尝芍药花。四月初八是浴佛节,帝后及其家庭成员要专门进食一种名叫"不落夹"的时令食品。这种食品是用苇叶方包糯米制作的,长三四寸,阔一寸,其味道像粽子。此外还要品尝樱桃,"以为此岁诸果新味之始"。五月端午节,明代帝后除有斗龙舟、划船、驾幸万寿山前插柳、看御马监勇士跑马等节日活动外,还要饮用朱砂、雄黄、菖蒲酒,吃粽子和加蒜过水的温淘面以及鲥鱼等。六月六日"天贶节"、初伏、中伏、末伏日,宫中要吃过水面和银苗菜。立夏日,宫中有戴楸叶,吃莲蓬、藕,喝莲子汤的习尚。八月中秋月圆,金桂飘香,宫中要赏月、拜月,聚吃月饼、瓜果,吃肥蟹,饮苏叶汤。九月重阳节时,宫中要吃花糕,皇帝要驾幸万岁山或兔儿山,并品尝迎霜麻辣兔、菊花酒。十月皇宫中享用的时令食品主要有羊肉、爆炒羊肚、麻辣兔以及虎眼糖等各种细糖;并吃牛乳、乳饼、奶皮、奶窝、酥糕、鲍螺等。十一月冬至节以后,进入一年之中最为寒冷的"数九"寒天,这一季节皇室的食品除美味外,主要是进行冬季滋补,强身健体,御寒养生。此外还要吃糟腌猪蹄尾、炙羊肉、羊肉包和扁食馄饨,以为"阳生之义"。腊月里也有吃腊八粥、祭灶的习俗,节令吃食主要有灌肠、油渣卤煮猪头、烩羊头、爆炒羊肚、炸铁脚小雀加鸡子、清蒸牛乳白、酒糟蚶、糟蟹、炸银鱼、醋熘鲜鲫鱼鲤鱼等。

另外,洪武时还钦定了宗庙祭祀礼仪。明代的宫廷饮宴礼仪是十分烦琐的,与前代的不同之处主要体现在饮宴用乐制度上。皇帝入座、出座、进膳、进酒,均有音乐伴奏,饮宴中的乐舞,比以前更加讲究,宫廷中的乐工、演员、曲目都经过精心安排。仪式庄严隆重,处处体现出君尊臣卑,等级森严,使得宫廷宴饮呈现出浓厚的礼乐文化氛围。按照明代礼仪规定,宫中筵宴规格分为大宴、中宴、小宴、常宴四种,这些筵宴都有十分明显的政治目的和等级区分,同时也是明代统治者致力于维护封建国家的统一和巩固地位的一个十分奏效的手段。

明代皇帝在饮食上有各自的偏好,有的养成嗜好,其嗜好的食品也未必考究。如明穆宗喜欢吃驴肠、果饼,明熹宗则喜食鸡、猪蹄筋、鲨鱼筋、鳆鱼、海参等煮在一起的杂烩(即"三事")。崇祯帝则雅好燕窝羹,厨师们调制时非常小心细致,做好后先让负责人尝,再递尝五六人,参酌咸淡,然后进御。明代御酒房所造的酒有荷花蕊、寒潭香、秋露白、竹叶青、金茎露、太禧露,崇祯帝喜饮金茎露、太禧白,称这两种酒为长春露、长春白。魏忠贤把持内廷时,常在宫外造酒,然后通过御茶房进献于皇帝。

(10)清朝时期。清朝是我国少数民族——满族建立的大一统王朝,是中国末代专制王朝。清朝时期我国是当时世界上人口较多的国家,也曾是亚洲较强盛的国家。清朝皇帝之英明勤政和平均在位时间之长,为历代之最。中央集权的皇帝专制制度到清朝已经达到了炉火纯青的地步。

宫廷御膳也发展到了登峰造极的地步,成为中国烹饪史上的一项极其重要的成就。如果把中国比作烹饪王国的话,那么,清朝的宫廷御膳就是王冠上一颗璀璨的明珠。清宫的膳食,有帝后的日常膳食和各种筵宴。皇帝的日常膳食由御膳房承办,后妃的膳食由各宫廷膳房承办。筵宴则由光禄寺、礼部的精膳清吏司及御茶膳房共同承办,其御膳不仅用料名贵,而且注重馔品的艺术造型。清代宫廷风味在烹调方法上还特别强调"祖制",许多菜肴在用量、配伍及烹制方法上都已程序化。如民间烹制八宝鸭时只用主料鸭子加八种辅料;而清宫御厨烹制的八宝鸭,限定使用的八种辅料不可随意改动。奢侈靡费,强调礼数,这虽说是历代宫廷风味的共性,但清宫御膳在这两方面表现得尤为突出。

清朝帝后的饮食可谓是中国宫廷御膳之最,在食物的色、香、味、美观及数量上都达到了历史巅峰。皇帝用膳前,必须摆好与之身份相符的菜肴,御厨为了应对皇帝的不时之需,往往半天或一天以前就把菜肴做好。清朝后期,皇上用膳就越发铺张浪费。有关资料显示,努尔哈赤和康熙用膳简约,乾隆每次用膳都要有四五十种,光绪用膳则以百计。清朝末期,饮食上最奢侈的当属慈禧太后。她一日的饭费,不仅远超光绪皇帝,甚至连最会吃喝玩乐的乾隆皇帝也难以匹敌。一餐之食,竟有一百多种,食器也非常讲究。饭前先进瓜果,饮茶。一餐食品中,猪肉类约有十种,鸡鸭羊肉各具数种,烤、蒸、炒各色花样,山珍海味要制成龙、凤、蝴蝶、花卉等各种图案和吉祥字样。

因此,后期清宫御膳,无论在质量上还是在数量上都是空前的。清宫御膳风味结构主要由满族菜、鲁菜和淮扬菜构成,御厨对菜肴的造型艺术十分讲究,在色彩、质地、口感、营养诸方面都相当强调彼此间的协和归同。清宫御宴礼数名目繁多,唯以"千叟宴"规模最盛,排场最大,耗资亦最巨。

宫廷里也过四时八节,其中最隆重的要数新春元旦(春节)、元宵节、端午节、中秋节和冬至节。皇家最热闹的是除夕。除夕宴席上,皇帝的宴桌摆在正中,上边共摆八路膳品。据记载,乾隆四十一年的除夕宴上,除果盒外,全桌八路共摆膳63品。中秋节的祭品为月华糕及各种时鲜瓜果。相传腊八是佛祖释迦牟尼成佛之日,寺院在这天都用米和蔬果煮粥,清宫中这天也吃腊八粥。腊月二十三这天皇帝要在坤宁宫、御膳房、御茶膳房的灶神牌位前设供祭灶,供品要用黄羊。祭灶后,热闹非凡的新年活动就又开始了。

清代皇室崇信萨满教。清宫中的祭祀活动是满族的固有习俗,其祭祀礼仪和祭品供献均遵循祖先旧制。这些祭祀中的祭品供献不仅与清宫御膳有密切关系,还体现了满族的传统食俗。坤宁宫是皇帝平日祭神的主要场所,每日祭两次,分为朝祭和夕祭。猪为主要祭品,每日用猪两头,祭祀用的猪,要求毛色纯黑,无杂毛,膘肥肉厚的猪肉被称为"神肉"(福肉)。宰杀后,用白水煮制后,先祭神,然后人吃。皇帝、皇后行礼毕,撤下祭肉,由皇帝、皇后和在场的臣子们分食,叫食"背灯肉"。朝祭除用猪外,还用糕(用黄豆面、粟米面制成)和净水。夕祭时要撤去灯火,故有"背灯祭"之说。

饽饽源于满族,是清代宫廷饮食中最富民族特色的食品,在清宫饮食生活中占据重要位置。凡是能磨成面粉的各种杂粮都可用来制作饽饽,熟制方法有蒸、炸、煮、烙、烤等,口味和花样更是层出不穷,这些甜咸可口的饽饽是皇帝日常饮食或宫廷筵宴中的主要食品。清宫饽饽用料精细、制作讲究,在外形装饰上更是花样繁多,寓意吉祥。龙纹图案的饽饽都是皇帝专用的。而皇后、妃嫔用的饽饽图案则多为牡丹、凤凰、龙凤呈祥等。在帝、后的日常饮食中,除了早、晚两次正餐以外,还有两次"克食"(即小吃或酒膳),都是以饽饽为主食的。皇帝为此还专门设置了内、外饽饽房。从而形成了著名而庞大的满族饽饽体系,并由此形成了筵席制度。如清宫遇有喜庆节日,皇帝要赐"饽饽桌"。尤其是宫中节日、祭日、礼佛、敬神、祭祖等上供时用的供品,更是要用大量的饽饽,内、外饽饽房都要赶制应节饽饽,满族人的菜肴以肉食,尤其是以猪肉为主。最能体现满族人吃肉风俗的当数吃肉大典。每当满族贵族之家遇有喜庆之事或大祭祀时,都要设吃肉大典。这种宴会事先不发请柬,无论认识不认识,凡明白这个礼节者都可参加。这种吃肉大典被带进了皇宫。煮肉用清水,不加作料,肉熟后清香四溢,吃时片成片蘸盐水吃,酥软可口,肉当日吃不完,还可以带到自己的宫内继续吃,于是皇帝的御膳用祭肉做的菜肴有盘肉、背灯肉、背灯肉片汤、烹白肉、白肉片、攒盘肉等。

满族发源于盛产大豆的东北,以豆入馔是满族先祖的饮食传统。清皇室虽然每日山珍海味,但对豆类食品依然情有独钟。康熙在位时,十分喜欢食用质地软熟、口味鲜美的菜肴。一次,御厨用嫩豆腐,加鸡肉末、火腿末、香菇末、蘑菇末、瓜子仁末、松子仁末,用鸡汤烩煮成羹状,康熙品尝后极为满意,认为此菜具有两大特点:一是取用豆腐、鸡肉、香菇等物为原料,可使人延年益寿;二是豆腐烹调得法,鲜美绝嫩,胜于燕窝。又因它是用八种原料制成的,故赐名为"八珍豆腐",还将它赏赐给朝中大臣。

蜜饯食品是满族人传统食品之一,它还是宫内后妃茶余饭后的主要小吃。将水果腌渍在蜂蜜中,既可保持水果原味,又能长期储存,使其不改变形状,成为蜜饯果脯。用慈禧的话说,吃蜜饯就像梳妆一样,对她十分重要。此外,蜜饯食品在清宫内大小佛堂、家庙祖供前是四季必备的供品,应用十分广泛。

清末,清宫蜜饯食品传到民间,与民间小吃互相借鉴,北京蜜饯果脯发展成为当地风味特产之一,这显然是受到了宫廷蜜饯的极大影响。

(二)官府风味

中国的官府在等级社会里是统治阶级中地位较高的一个阶层,诸如皇亲国戚、王公贵胄、达官富豪等,以其高贵的地位和显著的权势,追求享受人间美味,从而出现了官府风味这一风味流派。唐人房玄龄对这类菜肴曾有过这样一段评语:"芳饪标奇""庖膳穷水陆之珍"(《晋书》),可谓一针见血。达官显贵穷奢极侈,饮食生活争奇斗富,这类事例于历史上不胜枚举。广义的官府菜,还包括我国历代封建王朝许多官高禄厚的文武官员,他们也都极其讲究饮食,不惜重金聘请名厨,创造了许多传世的烹调技艺和名菜。以北京的谭家菜、山东的孔府菜、沈阳的王府菜等最为出名。官府风味的主要特点是用料广博而加工精细,烹调精湛而方法众多,菜肴新颖而富于特色,口味丰富,因"地"而异,宴席庄重而等级严格,讲究食礼而规格典雅华贵。

❶ 官府风味的历史面貌

据相关文献记载,官府风味当滥觞于春秋,而贯穿于整个封建时代。春秋之际的易牙是齐桓公的宠臣,关于他的府第烹饪馔饮情况,古文献所载甚少,但易牙以擅长烹调而见称于当时,这一史实表明,易牙府第对美味的追逐和创制绝不亚于齐国公室,更何况易牙常为齐桓公下厨,并因此深得宠信。汉武帝的舅爷郭况,"以玉器盛食,故东京谓郭家为琼厨金穴"(《拾遗记》)。晋武帝时,石崇与王恺斗奢,王恺烹食待客的速度总是比不上石崇,"石崇为客作豆粥,咄嗟便办;恒冬天得韭萍齑(将韭菜根与麦苗放于一处捣碎而成的菜肴)",王恺怪其故,便买通石崇下的都督,"问所以,都督曰:'豆至难煮,唯豫作熟末。客至,作白粥以投之。'恺悉从之,遂争长。石崇后闻,皆杀告者。"(《世说新语》)这种宦门间的斗争可见"咄嗟便办"是当时豪强间衡量烹调技巧的标准之一。唐明皇时,李适之"既富且豪,常列鼎于前,以具膳羞"(《明皇杂录》卷上)。更有甚者,"天宝中,诸公主相效进食,上命中官袁思艺为检校进食使,水陆珍羞数千,一盘之费,盖中人十家之产。"(同上)而杨国忠吃饭不用餐桌,竟令侍女手捧盛满美味的餐具,环立而侍,号称"肉中盘"(《云仙杂记·卷三》)。唐武宗时的宰相李德裕所食之羹,以珍玉、宝贝、雄黄、朱砂等烹制而成,一杯羹耗资三万,烹过三次后,竟弃滓渣于沟中(《酉阳杂俎》)。如此等等,不一而足。可见历代高官显贵之家挥金如土,穷尽天下美味以自足,一些在今人看来不可思议的饮食行为在当时官府中不足为奇。当然,从另一个角度看,官府菜对中国烹饪的发展、演变也有其积极的一面,它保留了很多传统饮食烹饪的精华,在烹饪理论以及实践方面也存在许多建树。如孔府菜、谭家菜等,就是如此。

❷ 孔府菜

孔府,又称衍圣公府,是孔子后裔的府第。孔子受冷漠于生前,加荣宠于身后,自汉武帝推行"罢黜百家,独尊儒术"之后,孔子的儒家思想在封建社会意识形态中确立了指导性地位。孔子后裔世代受封,孔府便成为中国历史最久、家业最大的世袭贵族府第。明、清两代,衍圣公是世袭"当朝一品",权势尤为显赫。这样一个拥有两千多年历史、前后共七十七代的家族,在饮食生活方面积累了丰富的经验。当年的孔子精于饮食之道,其后世亦谨遵"食不厌精,脍不厌细"的祖训。孔府还备有相当完备的专事饮馔的厨房——内厨和外厨,分工细致,管理严格,对风格独特、尊贵精致之孔府菜的形成和发展起到了十分重要的作用。

孔府菜在重礼制、讲排场、追逐奢华方面与宫廷饮食别无二致。筵席名目繁多,最高级的被称为"孔府宴会燕菜全席",简称"燕菜席",肴馔品种达一百三十有余。据史料载,光绪二十年,七十六代衍圣公孔令贻上京为慈禧贺六十大寿,母彭氏、妻陶氏各向慈禧进一早膳,两桌用银达二百四十两之多,排场奢侈之至,由此可见一斑。

孔府菜的烹饪技艺十分独特。很多肴馔用料看似平常,但粗料细作,非常讲究。如"炒鸡子",制作时蛋清、蛋黄分打在两只碗内,蛋清内调以细碎的荸荠末,蛋黄内调入海米,搅匀后分别煎成黄、白两个圆饼,然后贴叠一起,入锅调味,大火收爝即成。再如"丁香豆腐",主料是绿豆芽、豆腐,制作时将豆腐切成三角形,经油炸过,绿豆芽掐去芽和根,豆莛与豆腐同炒,豆莛与豆腐丁配在一起,如丁香花开。孔府上此菜时,常是先让食者观赏一番,然后再吃。

从有关文献看,孔府筵席的首道菜多用"当朝一品锅",这与孔子家族史及其特殊社会地位有直接关系。明清以后,孔子后裔皆封"当朝一品",居文武之首,因此以"一品"命名的菜肴在孔府菜品中是十分常见的。诸如"燕菜一品锅""素菜一品锅""一品豆腐""一品丸子""一品白肉""一品鱼肚"等。这也反映了孔子后裔对其祖先惠荫后世的感恩之情。像"神仙鸭子""怀抱鲤""诗礼银杏""油发豆莛""带子上朝""烧秦皇鱼骨"等肴馔,融孔府历史典故与烹饪技艺于一体,富有浓郁的文化色彩。

孔府菜还特别讲究筵席餐具。其中最为精美豪华的成套餐具是银质的满汉全席餐具,共计404件,造型各异,别具匠心;餐具上还嵌有各种玉石宝珠,雕有各种鸟兽花卉图案,刻有很多诗句,文化与艺术浑然一体。

孔府菜是最典型、级别最高的官府菜肴,它生长于鲁菜的土壤上,是在鲁菜的基础上发展起来的;但它又给鲁菜以积极的影响,促使鲁菜能够精益求精。使得孔府菜和鲁菜之间形成了相辅相成、密不可分的关系。如今,孔府菜已归属于人民,北京宣武区(现西城区)南菜园街的孔膳堂饭庄和济南英雄山路的孔膳堂,就是以专营孔府菜而闻名的。很多高雅的孔府菜如"一品锅""带子上朝""一卵孵双凤""神仙鸭子"等,皆可在孔膳堂中品尝到。

❸ 谭家菜

谭家菜,由清道光年间的谭莹始创。谭莹,字兆仁,号玉生,道光举人,工诗赋,好搜集秘籍;曾协助伍崇曜编订《粤雅堂丛书》《岭南遗书》等,自有《乐志堂诗文集》传世。他一生不得志,官仅至化州训导,但他从文人的角度为官府饮馔定下了一个淡雅清新的格调。其子谭宗浚,字叔裕,同治进士,亦工诗文,熟于掌故考稽,现有《辽史世纪本末》《希古堂诗文集》传世,其文才及成就皆胜其父。他是清末翰林,官至云南盐法道,这也为他热衷于美食美饮提供了有力保障。他酷嗜珍馐美味,几乎无日不宴。他一生不置田产,却不惜花重金聘请京师名厨,令女眷随厨学艺,博采南北菜系之长,渐成一派,逐渐形成甜咸适中、原汁原味的谭家菜。

根据有关研究成果可知,谭家原系海南人,但久居北京,故其肴馔虽有广东风味特色,但更多的却以北京风味为主,可谓是集南北烹饪精华于一体。在清末民初的北京官府菜中,谭家菜比孔府菜更负盛誉,当时有"戏界无腔不学谭,食界无口不夸谭"。而谭宗浚之子谭瑑青,嗜好美食胜过其父,人戏称之为"谭馔精"。此人不惜变卖房产,于家中设宴待客,因此家道衰落,难以为继。为此,他打出谭家办宴的招牌,进行有偿服务。凡欲品尝谭家菜风味者,须托与谭家有私旧之情者预约,每席收定金,以备筹措。另外,为了不辱没家风,谭家立了两条规矩:一是食客无论与谭家是否相识,均要给主人设一席位,以示谭家并非以开店为业,而是以主人身份"请客";二是无论订宴席者的权势有多大,都必须要进谭家门办席,谭家绝不在外设席。即便这样,前往订席者趋之若鹜,包括军政要员、金融巨子、文化名流,不惜一掷千金,竞相求订。因此,谭家菜的生意一直未曾衰减。

谭家菜虽规矩多、索价昂贵,但慕名前来问津者源源不断,原因就在于它高超精细的烹调技法。谭家菜中的名馔有百余之多,其中以烹调山珍海味见长。从慢火炖出的鱼翅熊掌,到汤清味鲜的紫鲍河鳞,无一不是精工细作。新中国成立后,谭家菜在政府的关怀下得以继承和发扬。20世纪50年代初,彭长海、崔明和等谭府家厨在北京果子巷开馆经营谭家菜。1958年,在周总理的建议下,谭家菜在北京饭店落户。发展至今,北京、上海、广州等地都有专营谭家菜的餐馆,品尝谭家菜对寻常百姓来说也并非难事,正可谓"旧时王谢堂前燕,飞入寻常百姓家"。

(三)寺院风味

寺院菜,泛指道教、佛教寺院宫观以素食为主的肴馔。

从历史的发展看,在我国传统饮食结构中,素食所占比重很大。《黄帝内经》早已有"五谷为养,五果为助,五畜为益,五菜为充"之说,在这种以素食为主的饮食结构的形成与发展中,并没有多少宗教因素在起作用,更多的是以科学养生作为饮食结构的生成起点。只是到了后来,随着佛、道两教寺院宫观的兴盛,素菜的创制与出新便有了与之相应的条件和环境,真正意义上的素菜——寺院菜得以蓬勃发展。可以说,寺院宫观对教徒们在饮食生活方面的清规戒律,对我国寺院菜的发展起到了推波助澜的作用。

寺院风味的主要特点是以素食为主,口味清新淡雅。其取材广泛而精细,但有一定的限制,讲究工艺。讲究营养搭配,益于养生保健。具有不同的地域特色,风格各异。

❶ 寺院风味的发展历程

佛教在两汉之际传入中国时,起初是被视为黄老之术的一派而为宫廷内部所接受。随后,译经僧不断东来,专事佛典汉译,倡法说教,印度佛教基本被介绍到了中国。至南北朝,佛教摆脱了依傍,走上了自己的发展道路。佛、道两教在此时皆发展勃兴,出现了寺院宫观遍及名山大川的勃发势态,寺院菜也便应运而生。

自南北朝后,大乘佛教盛行。大乘佛教的主要经典有《大般涅槃经》《楞伽经》等,都主张禁止食肉。

素食的发展及形成体系,离不开僧尼的劳动创造。南朝寺庙的香积厨中有的已经开始设计系列素食了。据《南北史续世说》中记载,梁时的建康(今南京)建业寺中有个和尚,擅长烹制素菜,用一种瓜可以做出十余种菜,且一品一味。

大乘佛教对荤食有两种解释:其一是戒杀生,不食荤腥。其二是把葱、蒜等气味浓烈的食物称为"荤"。古代佛门有"五荤"之说,即小蒜、大蒜、兴渠、慈葱、茖葱。从烹饪原料角度来看,寺院菜的原料以素为主。

寺院菜到了宋代有了长足的发展。一方面,宋人特别是士大夫的饮食观有所变化,素菜被视为美味;另一方面,面筋在素菜中开始被重视,并引入素馔烹调,作为"托荤"菜不可或缺的原料。《山家清供·卷下·假煎肉》中载有:"瓠与麸薄切,各和以料煎,加葱、椒油、酒共炒。瓠与麸不惟如肉,其味亦无辨者。"

僧尼食用的寺院菜,一般而言较为清苦,由于他们奉行的是唐朝百丈禅师"一日不作,一日不食"的信条,因此他们认为贪口福有碍定心修行,这是寺院清规所不容的。可见,向社会开放的筵席是美味错列,餐馆经营的素菜是学习和借鉴了寺院宫观烹饪的结果。据史料记载,北宋都城汴京(今开封)、南宋都城临安(今杭州)皆有专营素菜的饮食店,所售素馔皆得传于寺院宫观,"素食店卖素签、头羹、面食、乳茧、河鲲、元鱼。凡麸笋乳蕈饮食,充斋素筵会之备。"(《都城纪胜》)诸如"笋丝麸儿""假羊事件""假驴事件""山药元子""假肉馒头""麸笋丝"等"托荤"菜已成系列。当时临安素食店所卖素馔达三四十种,不仅有仿制的鸡鸭鱼肉,还有仿制出的动物内脏,如"假凉菜腰子""假煎白肠""假炒肺羊""素骨头面"等,此外,更有专卖素点心的从食店,如丰糖糕、乳糕、栗糕、重阳糕、枣糕、乳饼等。(《梦粱录·卷十六》)

到了清代,寺院菜发展到了最高水平。许多寺院菜所出肴馔均已形成该寺院特有的风味。寺庙庵观素馔著称于时者,京师为法源寺,镇江为定慧寺,上海为白云观,杭州为烟霞洞,(《清稗类钞·饮食类》)而"扬州南门外法海寺,大丛林也,以精治肴馔闻"。许多寺院僧尼以寺院菜的独特风味而经商谋利。此时还出现了以果品花叶为主料的素馔。乾、嘉年间,有以果子为肴者,其法始于僧尼,颇有风味,如炒苹果、炒荸荠、炒藕丝、炒山药、炒栗片等,以及油煎白果、酱炒核桃、盐水煮落花生之类,不可枚举。但有以花叶入馔者,如胭脂叶、金雀花、韭菜花、菊花瓣、玉兰花瓣、荷花瓣、玫瑰花瓣之类,亦颇新奇。到了晚清,翰林院侍读学士薛宝辰著有《素食说略》一书,依类分四卷,记述了当时较为流行的170余品素馔的烹调方法。尽管作者在"例言"中称"所言做菜之法,不外陕西,京师旧法",但相比较于《齐民要术·素食》《心本斋蔬食谱》等以前的素食论著,其内容更加丰富,方法更加易行,对寺院菜在民间的推广传播起到了积极的作用。

❷ **道教宫观素馔**

道士的饮食戒律,与佛门寺院相似的模式,有着深厚的思想基础。

从宫观道教徒的饮食习性来看,其宫观饮馔呈现出一种虚静无为、不食人间烟火的特点,与庄子所谓"不食五谷,吸风饮露,御飞龙而游乎四海"(《庄子·逍遥游》)的浪漫传说同辙。如先不食有形而食气(《太平经·卷四十二》),"先除欲以养精,后禁食以存命"(《太清中黄真经》),"仙人道士非可神,积精所致和专仁。人皆食谷与五味,独食太和阴阳气,故能不灭天相既"(《黄庭外景经》)等食规食律已为宫观素馔定下了基调。而荤腥及韭蒜葱薤之类,皆为道教徒所忌,禽兽爪头支,此等血肉食,皆能致命危。"荤茹既败气,饥饱也如斯,生硬冷需慎,酸咸辛不宜"(《胎息秘要歌诀·饮食杂忌》)。这种饮食摄生之道如法炮制了佛教寺院的饮食守则。到了金朝时期,王重阳为其所倡导的"全神锻气,出家修行"之说而制订了一整套道士饮食戒规,提出"大五荤""小五荤"之说,"大五荤"即牛、羊、鸡、鸭、鱼等一切肉类食物;"小五荤"即韭、蒜、葱、薤等有刺激性气味的蔬菜,这些皆为修道者禁食之物。正因为我国佛、道两教先有了教义上的近似点或某些共同点作为相激相荡的前提背景,然后才有了大量的寺院佛门菜点及其烹制方法与道教宫观素馔中某些相近似的可能和必然。

(四)市肆风味

市肆风味,即人们常说的餐馆菜,是饮食市肆制作并出售的肴馔的总称。它是随着贸易的兴起而发展起来的。

《尔雅·释言》:贸、贾,市也。"肆"的本义是陈设、陈列(《玉篇·长部》),而作为集市贸易场所之说,则是其本义的引申。市肆菜是经济发展的产物,它能根据时令的变化而变化,并适应社会各阶层的不同需求。高档的酒楼餐馆,中低档的大众菜馆饭铺,乃至街边的小吃排档,皆因各自烹调与出售的饮馔特点而形成各自的消费群体。

❶ **市肆饮食的基本特征**

通过市肆饮食发展历程的梳理,可以总结出中国古代的市肆饮食具有如下特征:适应性强,南北东西风味各异,兼具适应市场的能力;取料广泛,菜品种类繁多,适合于店铺经营;烹饪技法全面,具有不同的群体口味区别性;菜品服务优良,可以满足不同客人的需求。

❷ **市肆饮食的发展历程**

中国历史上市肆饮食的兴起与发展,始终伴随着社会经济主旋律的变化,经受着市场贸易与文化交流的互动影响。历史的变革,社会的动荡,交通运输的便利,文化重心的迁移,宗教力量的钳制,风土习俗的演化,使中国历史上的市肆饮食形成了内容深厚凝重、风格千姿百态的整体性文化特征。

早在原始社会末期,随着私有制的逐步形成,自由贸易市场有了初步规模,《周易·系辞下》:日中为市,致天下之民,聚天下之货,交易而退,各得其所。一摊一贩的市肆饮食业雏形就是在这样的历史条件下应运而生的。夏至战国的商业发展已有了一定的水平,相传夏代王亥创制牛车,并用牛等货物和有易氏做生意。有关专家考证,商代贵族本来有从事商业贸易的传统,商亡后,其贵族遗民由于失去参与政治的前途转而投入商业贸易活动。西周的商业贸易在社会中下层得以普及,春秋战国时期,商业空前繁荣,当时已出现了官商和私商,东方六国的首都大梁、邯郸、阳翟、临淄、郢、蓟都是著名的商业中心。商业的发达,不仅为烹饪原料、新型烹饪工具和烹饪技艺等方面的交流提供了便利,同时也为市肆饮食业的形成提供了广阔的发展空间。

据史料载,商之都邑市场已出现制作食品的经营者,朝歌屠牛,孟津市粥,宋城酤酒,燕市狗屠,齐鲁市脯皆为有影响的餐饮经营活动。《鹖冠子》载,商汤相父伊尹在掌理朝政之前,曾当过酒保,即酒肆的服务员。姜子牙遇文王前,曾于商都朝歌和重镇孟津做过屠宰等生意,谯周《古史考》言吕尚"屠牛于朝歌,市饮于孟津",足见当时城邑市肆已出现了出售酒肉饭食的餐饮业。至周,市肆饮食业已出现繁荣景象,甚至在都邑之间出现了供商旅游客食宿的店铺,《周礼·地官·遗人》说:凡国野之道,十里有庐,庐有饮食。时至春秋,饮食店铺林立,餐饮业的厨师不断增多,《韩非子·外储说右上》:宋人有酤酒者,斗概甚平,遇容甚谨,为酒甚美,悬帜甚高。可见,当时的店铺甚多,已形成为生存而竞争的态势,竞相提供优质食品与服务已成为当时市肆饮食业必须采取的竞争手段。此时,中国市肆风味即已形成。

如果立足于中国饮食文化历史发展的角度,把先秦三代视为中国餐饮业的形成阶段,那么,公元前221年到公元960年的秦到唐代的1200多年的饮食文化发展历史阶段,则可视为中国市肆菜的发展阶段。汉初,战乱刚结束,官府不得不实行休养生息的政策,经过文景之治,农业和手工业有了一定的发展。秦汉以来,统治者为便于对全国各地的管辖,很重视道路交通的建设。从秦筑驰道、修灵渠,汉通西域,到隋修运河,这一切在客观上大大促进了国内与周边国家以及中亚、西亚、南亚、欧洲等地的经济、文化交往。到了唐代,驿道以长安为中心向外四通八达,"东至宋、汴,西至岐州,夹路列店肆待客,酒馔丰溢"(《通典·历代盛衰户口》)。而水路交通运输七泽十数、三江五湖、巴汉、闽越、河洛、淮海无处不达,促进了市肆饮食业的繁荣。

自秦汉始,已建起以京师为中心的全国范围的商业网。汉代的商业大城市有长安(今西安)、洛阳、邯郸、临淄、江陵、合肥、番禺、成都等。城市商贸交易发达,"通都大邑"的一般店家,就"酤一岁千酿,醯酱千瓨,酱千儋,屠牛羊豕千皮"(《盐铁论·散不足》)。从《史记·货殖列传》得知,当时大城市饮食市场中的食品相当丰富,有谷、果、蔬、水产品、饮料、调料等。交通发达的繁华城市中即有"贩谷粜千钟",长安城也有了鱼行、肉行、米行等食品业,说明当时的市肆饮食市场已很发达。

餐饮业的繁荣促进了市肆风味的发展。《盐铁论·散不足》中就生动地描述了汉代长安餐饮业所经营的市肆风味"熟食遍列,肴旅成市"的盛况:作业堕怠,食必趣时,枸豚韭卵,狗聂马朘,煎鱼切肝,羊淹鸡寒,桐马酸醷,塞脯胾脯。腒羔豆饧,穀鳖雁羹,白鲍甘瓠,热粱和炙。足见当时餐饮业经营的市肆风味品种之丰富。而《史记·货殖列传》之所述,从另一角度也说明了当时市肆饮食业的兴盛:富商大贾周流天下,交易之物莫不通,得其所欲,而徙豪杰诸侯强族于京师。正是在这种大环境下,才有"贩脂,辱处也,而雍伯千金。卖浆,小业也,而张氏千万……胃脯,简微耳,浊氏连骑。"汉代的达官显贵所消费的酒食多来自市肆。《汉书·窦婴田蚡传》载,窦婴宴请田蚡,"与夫人益市牛酒"。而司马相如与卓文君在临邛开酒店之事,则成为文人下海的千古佳话。餐饮业的发展,已不仅局限于京都,从史料记载看,临淄、邯郸、开封、成都等地,也形成了商贾云集的市肆饮食市场。

魏晋南北朝时期,烽火连天,战乱不绝,市肆饮食的发展受到一定的影响。但只要战火稍息,餐饮业便有了继续发展的态势。东晋南朝的建康(今南京)和北魏的洛阳,是当时南北两大商市。城中共有110坊,商业中心的行业多达220个。而洛阳三大市场之一的东市丰都,"周八里,通门十二,其内一百二十行,三千余肆,……市四壁有四百余店,迾楼延阁,互相临映,招致商旅,珍奇山积。"国内外的食品都可在此交易。市肆网点设置相对集中,出现了许多少数民族经营的酒肆。据《洛阳伽蓝记》载,在北魏的洛阳,其东市已集中出现了"屠贩",西市则"多酿酒为业",当时有一些少数民族到中原经营餐饮,出现了辛延年在《羽林郎》中所描述的"胡姬年十五,春日独当垆"的景象。

隋炀帝大业六年,"诸蕃请入丰都市交易,帝许之。先命整饰店肆,檐宇为一。盛设帷帐,珍货充积,人物华盛,卖菜者亦藉以龙须席。胡客或过酒食店,悉令邀延就坐,醉饱而散,不取其直。给之曰:'中国丰饶,酒食例不取直。'胡客皆惊叹。"(《资治通鉴》)足见当时市肆饮食业之盛。而烹饪技术的交流起先就是从市肆饮食业开始的,如波斯人喜食的"胡饼"在市面上随处可见,甚至还出现了专营"胡食"的店铺。"胡食",即外国或少数民族食品,在许多大商业都市中颇有席位。酒店如长兴坊铧锣店、颁政坊馄饨店、辅兴坊胡饼店、永昌坊菜馆等,这些市肆饮食业已出现于有关文献史料记载中。

至唐,经济发达,府库充盈,出现了如扬州、苏州、杭州、荆州、成都、开封等一大批拥有数十万人口的新兴城市,这是唐代市肆饮食业高度发展的前提。星罗棋布、鳞次栉比的酒楼、餐馆、茶肆,以及沿街兜售小吃的摊贩,已成为都市繁荣的主要特征。饮食品种也随之丰富多彩。《酉阳杂俎》记载了许多都邑名食:"萧家馄饨,漉去汤肥,可以瀹茗。庾家粽子,白莹如玉。韩约能作樱桃铧锣,其色不变。"足见当时餐饮业市肆烹饪技术已达到了很高水平。而韦巨源《食谱》载:长安阊阖门外通衢有食肆,人呼为张手美者,水产陆贩,随需而供,每节专卖一物,遍京辐辏,名曰浇店。

"胡食""胡风"的传入,给唐代市肆风味吹来一股清新之气,不仅"贵人御馔尽供胡食"(《新唐书·回鹘传》《旧唐书·舆服志》),就是平民也"时行胡饼,俗家皆然"。(《一切经音义》)至于"扬一益二",这类颇为繁荣的大都市的餐饮业中,多有专售"胡食"的店铺,如售卖高昌国的"葡萄酒"、波斯的"三勒浆""龙膏酒""胡饼""五福饼"等。有的酒肆以胡姬兴舞的方式招徕顾客,许多诗人对此有论。如李白《少年行》诗云:五陵年少金市东,银鞍白马度春风。落花踏尽游何处,笑入胡姬酒肆中。另,杨巨源《胡姬词》诗亦云:"妍艳照江头,春风好客留。当垆知妾惯,送酒为郎羞。香度传蕉扇,妆成上竹楼。数钱怜皓腕,非是不能愁。"其又云:"胡姬颜如花,当炉笑春风。笑春风,舞罗衣,君今不醉当安归!"市肆饮食之盛,由是可见。

市肆饮食业的夜市在中唐以后广泛出现,江浙一带的餐饮夜市颇为繁荣,而扬州、金陵、苏州三地为最,唐诗有"水门向晚茶商闹,桥市通宵酒客行"之句,形象地勾勒出夜市餐饮的繁荣景象。而苏州夜市船宴则更具诗情画意,"宴游之风开创于吴,至唐兴盛。游船多停泊于虎丘野芳浜及普济桥上下岸。郡人宴会与请客皆吴贸易者,辄凭沙飞船会饮于是。船制甚宽,艄舱有灶,酒茗肴馔,任客所指。""船之大者可容三席,小者亦可容两席。"(《桐桥倚棹录》)由于唐代交通的便利和餐饮业的发达,各地市肆烹饪的交流亦已成规模。在长安、益州等地可吃到岭南菜和淮扬菜,而在扬州也出现了北食店、川食店。

从北宋建立到清朝灭亡,是中国餐饮业不断走向繁荣的时期。在中国经济发展史上,宋代掀起了一个经济高峰,生产力的发展带动了社会经济的兴盛,进入商品流通渠道的农副产品,其品种之多,可谓空前。在北宋汴京市场上就可看到"安邑之枣,江陵之橘……鲐鲞鳆鲍,酿盐醯豉。或居肆以鼓炉。或居肆以鼓炉囊,或磨刀以屠猪羲"(周邦彦《汴城赋》),这表明宋代的商品流通条件有了很大改善,而且餐饮市场的进一步发展也有了前提性和必然性,各地富商巨贾为南北风味烹饪在都邑市肆饮食业的交流创造了便利条件。

仅以东京而言,从城内的御街到城外的八个关厢,处处店铺林立,形成了二十余个大小不一的餐饮市场。"集四海之珍奇,皆归市易;会寰区之异味,悉在庖厨。"(《东京梦华录》)在这里,著名的酒楼馆就有七十二家,号称"七十二正店",此外不能遍数的餐饮店铺皆谓之"脚店"(《东京梦华录》),出现了素食馆、北食店、南食店、川食店等专营性风味餐馆,所经营的菜点有上千种。这类餐饮店铺经营方式灵活多样,昼夜兼营。大酒楼里,讲究使用清一色的细瓷餐具或银具,提高了宴会审美情趣。夜市开至三更不闭市,至五更时早市又开。餐饮市场还出现了上门服务、承办筵席的"四司六局",各司各局内分工精细,各司其职,为雇主提供周到服务。另外还出现了专为游览山水者备办饮食的"餐船"和专门为他们提供烹调服务的厨娘。南方海味大举入京,欧阳修在《京师初食车螯》一诗中就对海味珍品倍加赞颂。从宋代刻印的一些食谱看,南味在北方都邑有很大的市场,而北味也随着宋朝廷的南徙而传入江南。淳熙年间,孝宗常派内侍到市面的饮食店中"宣索"汴京人制作的菜肴,如"李婆朵菜羹""贺四酪面""戈家甜食"等。隆兴年间,皇室在过观灯节时,孝宗等于深夜时品尝了南市张家圆子和李婆婆鱼等,标价甚惠,"直一贯者,犒之二贯"(《癸辛杂识》)。

元代市肆饮食业的繁荣程度与饮馔品种皆逊色于前朝,都邑餐饮市场发生的最明显的变化就是融入了大量的蒙古和西城的食品。10 世纪至 13 世纪初,畜牧业成为蒙古族社会生产的主要部门和生活的根本来源,故蒙古族食羊成俗。入主中原后,餐饮市场的饮食结构出现了主食以面食为主、副食以羊肉为主的格局。如全羊席在酒楼餐馆中就很盛行。餐饮市场上还出现了饮食娱乐配套服务的酒店。

明清两代,随着生产力的发展与人口的激增,封建社会再次走向鼎盛,市肆饮食业蓬勃发展并呈现出繁荣的局面,孔尚任在《桃花扇》中如此描写扬州道:"东南繁荣扬州起,水陆物力盛罗绮。朱橘黄橙香者橼,蔗仙糖狮如茨比。一客已开十丈筵,宾客对列成肆市。"吴敬梓在《儒林外史》中描述南京餐饮盛况时这样写道:大街小巷,合共起来,大小酒楼有六七百座,茶社有一千余处。各地餐饮市场出售的美食在地方特色方面有所增强,甚至形成菜系,时人谓之"帮口"。《清稗类钞·饮食卷》:肴馔之有特色者,为京师、山东、四川、福建、江宁、苏州、镇江、扬州、淮安。这不仅说明今天许多菜系的形成源头可以追溯到此时,而且也说明此时这些地方的市肆饮食很发达。餐饮市场为菜系提供了生存与发展的空间,许多保留于今的优秀传统菜品都诞生于这一时期的市肆饮食。繁荣的餐饮市场已形成了能满足各地区、各民族、各种消费水平及习惯等的多层次、全方位、较完善的市场格局。一方面是异彩纷呈的专业化饮食行,它们凭借专业经营与众不同的著名菜点、经营方式灵活及价格低廉等优势,占据着市场的重要位置,如清代北京出现的专营烤鸭的便宜坊、全聚德烤鸭馆,以精湛的技艺而流芳至今;另一方面是种类繁多、档次齐全的综合性饮食店,在餐饮市场中起着举足轻重的作用。它们或因雄厚的烹饪实力、周到细致的服务、舒适优美的环境、优越的地理位置吸引食客,或因方便灵活、自在随意、丰俭由人而受到欢迎。如清代天津著名的八大饭庄,皆属高档的综合饮食店,拥有宽阔的庭院,院内有停车场、花园、红木家具及名人字画等,只承办筵席,宾客多为显贵。而成都的炒菜馆、饭馆则是大众化的低档饮食店,"菜蔬方便,咄嗟可办,肉品齐全,酒亦现成。饭馆可任人自备菜蔬交灶上代炒。"(《成都通览》)此外还有些风味餐馆和西餐馆也很有个性,如《杭俗怡情集锦》载,清末杭州有京菜馆、番菜馆及广东店、苏州店、南京店等,经营着各种别具一格的风味菜点。

清代后期,以上海为首,广州、厦门、福州、宁波、香港、澳门等一些城市沦为半殖民地化的城市,西方列强一方面大肆掠夺包括大豆、茶叶、菜油等中国农产品,另一方面向我国疯狂倾销洋食品。但传统餐饮市场的主导地位即使在口岸城市中也没有被动摇,甚至借助于殖民地化的商业畸形发展,很多风味流派还得以传播和发展。例如著名的北京全聚德烤鸭店、东来顺羊肉馆、北京饭店,广州的陶陶居,杭州的楼外楼,福州的聚春园,天津的狗不理包子铺等都是在这一时期开业的。

二、当代菜肴风味体系

从历史发展、文化积淀和风味特征来看,我国烹饪菜肴风味流派中,由北及南最著名的是鲁、川、苏、粤四大菜肴风味流派,即黄河流域的鲁菜风味、长江中上游地区的川菜风味、长江下游地区的苏(淮扬)菜风味和珠江流域的粤菜风味。还有京菜风味、沪菜风味、浙菜风味、湘菜风味、闽菜风味、徽菜风味、鄂菜风味等风味流派。

(一)黄河文化流域

1 山东菜

山东菜,简称鲁菜,是黄河中下游文化流域及其以北广大地区饮食风味体系的代表,是中国饮食文化的重要组成部分,也是我国历史上影响较大、流行较广的菜系之一。

(1)鲁菜的风味形成。鲁菜的出现,可追溯到春秋战国时期。当时鲁国和齐国的都市,经济繁荣,饮食发达,促进了烹饪技术的发展。特别是诞生于鲁国的大思想家、教育家孔子提倡"食不厌精,脍不厌细"等的一系列饮食理论,对齐鲁地区人们的饮食习俗的影响和烹调技艺水平的提高有一定的指导意义。南朝时,高阳太守贾思勰在其著作《齐民要术》中,对黄河中下游地区的烹饪技术做了较系统的总结、记下了众多名菜做法,反映当时鲁菜发展的高超技艺;至唐宋以后,鲁菜已逐渐成为北方菜的代表。明清时期是鲁菜发展的鼎盛阶段,大量的鲁菜厨师进入宫廷,成为宫廷御膳的支柱之一,并被华北、东北等地区的人们所接受,成为这些地区菜肴的主流和代表,故山东有"烹饪之乡"的美称。

鲁菜的形成与发展与山东境内富饶的物产资源有着直接的关系。山东省地处我国东部,黄河自西向东横贯全省,东临渤海、黄海,漫长的海岸线使海洋渔业十分发达,海产品品种繁多,质量上乘,驰名中外。如对虾、海参、鱼翅、加吉鱼、鲍鱼、扇贝、鱿鱼等为全国之最。山东北部靠近华北平原,西南为鲁西平原,均盛产粮食果蔬。家畜家禽等肉类食材的产量也很可观。其内陆河流、湖泊众多,水域辽阔,淡水资源丰富,这些都为鲁菜的烹饪发展提高提供了取之不尽的物质条件。

(2)鲁菜的风味构成　鲁菜大系的风味是由济南风味、胶东风味、济宁风味和孔府菜等风味构成的。济南风味指济南、德州、泰安一带的菜肴风味,其特点是取料广泛,烹调方法擅长爆、炒、烧、炸、烤等,菜品讲究清鲜、脆嫩、味纯,并长于制汤,技艺精妙。汤有"清汤""奶汤"之别,是鲁菜烹调提鲜的关键调料。用"清汤"和"奶汤"制作的菜肴,多被列为高级宴席的珍馐美味。

胶东风味指烟台、青岛、威海等地的菜肴风味,起源于福山,其特点是善于烹制海鲜,口味注重清淡和鲜嫩,强调保持原料的原汁原味,长于蒸、炒、炸、熘等烹调方法。济宁风味历史悠久,加之孔府烹饪的影响,形成了独具一格的特色。其特点是用料讲究、刀工精细、调味得当、注重火候。孔府菜则在此基础上更讲究豪华典雅,精美并举,是中国典型的官府菜,由于清朝年间孔府与宫廷关系密切,交流频繁,许多菜式可与宫廷菜比美。

(3)鲁菜的风味特点　鲁菜的特点可以归结为鲜爽脆嫩,突出原味,刀工考究,配伍精当,善于调和,口味纯正,工于火候,技法全面,菜式众多,适应面广。

(4)鲁菜的风味代表菜肴　鲁菜的名贵菜品很多,其中主要的代表菜肴有糖醋鲤鱼、油爆双脆、九转大肠、清蒸加吉鱼、葱烧海参、油爆海螺、煎烤大虾、扒原壳鲍鱼、拔丝山药、带子上朝、一卵孵双凤、诗礼银杏等。

❷ 北京菜

北京菜,简称京菜,是以北方菜为基础,兼收各地风味后形成的。

(1)北京菜的风味形成　北京古为燕地,历史悠久,至两汉时这里的经济、文化已十分发达,烹饪技艺与饮食文化也相应得到了繁荣和发展。但北京菜真正的发展与形成却是在宋代以后。北京为金、元、明、清四朝都城,是全国政治、经济、文化中心。北京以其优越的条件,荟萃天下人文,汇聚全国财物,各地饮食风味和烹饪高手也聚集京都,加之历代宫廷饮食的影响,历经七八百年的演变发展,形成了北京菜所具有的风味体系。北京菜兼收并蓄东西南北各地风味流派的长处,并兼收满、蒙、回族等诸多民族风味,博采官府、宫廷菜式之长,汲取市肆、民间菜之优点,推陈出新,有机结合,自成一家。《清稗类钞》一书中就认为北京菜为"肴馔之有特色者"之首。至清末,北京菜已经形成了以山东菜、本地菜、江苏菜为基础,以宫廷菜、清真菜为辅助的菜肴体系。

(2)北京菜的风味特点　北京菜的取料极其广泛。虽然北京本地的物产有限,但因北京是几个朝代的都城,有条件汇聚天下的所有原料,东北的山珍,江南的蔬鲜,中原的粮谷,东南的海味,西北的牛羊,均为北京菜所用。其烹调方法亦博采众长,尤以涮、烤最有特色。口味上以北方的浓郁、酥烂、咸鲜为主,兼有江南、岭南的脆嫩清鲜。由于受到历代宫廷菜的影响,其菜肴还具有高贵大方、制作精美、豪华典雅的特点。

(3)北京菜的风味代表菜肴　北京的名菜很多,有些菜肴享誉世界,如北京烤鸭,素有"国菜"之称,其他如北京烤肉、涮羊肉、白煮肉、罗汉大虾、黄焖鱼翅、砂锅羊头、它似蜜、扒熊掌、蛤蟆鲍鱼等闻名遐迩。

糖醋鲤鱼

烤鸭

Note

（二）长江流域文化

❶ 四川菜

四川菜,简称川菜,是长江中上游流域广大地区饮食风味体系的代表,是我国影响较大的著名菜系之一。

（1）川菜的风味形成　川菜起源于古代的巴国和蜀国,萌芽于西周至春秋时期,形成于两汉三国时代。唐、宋以后,随着生产的发展和经济的繁荣,川菜在原有的风味上吸取了南北菜肴烹调技艺之长,广猎精选,兼收并蓄,逐渐形成了自己特有的风味特色,至清朝时,富有个性的川菜已成为中国菜中重要的风味体系而驰名中外。

四川省位于长江中上游,四面环山,江河纵横,沃野千里,物产丰富,素有"天府之国"的美称。四川处于盆地、平原地带,气候温和,四季常青,盛产粮油佳品,蔬菜瓜果四季不断,家禽家畜品种繁多,加之山岳深丘野味丰富,江河峡谷所产各种鱼鲜量多质优,且品种特异之品居多,川地的调味品更是丰富多彩,名品多多,如川盐、保宁醋、豆豉、郫县豆瓣、茂县花椒、涪陵榨菜等均久负盛名,这些均为川菜的取料提供了广泛的物质基础。

（2）川菜的风味构成　川菜的风味是由成都风味(亦称上河帮)、重庆风味(亦称下河帮)、自贡风味(亦称小河帮)构成。虽然地区不同,但菜肴风味大同小异,原料均以省内所产的山珍、水产、蔬菜、果品为主,兼用海产的干品原料,调味品、佐辅料以本省的井盐、川糖、川椒、蜀姜、辣椒及豆瓣、腐乳为主。味型以麻辣、鱼香、怪味较为突出。

（3）川菜的风味特点　川菜的主要特点是取料广泛,注重调味,味型众多,素有"一菜一格、百菜百味"之称,调味善用麻辣。其菜肴清鲜醇浓并重,而以清鲜见长,具有浓郁的民间风格,乡土气息浓郁。

（4）川菜的风味代表菜肴　川菜菜式据不完全统计,其有据可查的就有 4000 余种之多,其中较有代表性的菜肴有宫保鸡丁、麻婆豆腐、樟茶鸭、鱼香肉丝、怪味鸡、回锅肉、毛肚火锅、水煮牛肉、干煸鱿鱼丝、棒棒鸡等。

宫保鸡丁

❷ 江苏菜

江苏菜,简称苏菜,是长江中下游流域广大地区饮食风味体系的代表,是我国著名的菜系之一,在国内外享有盛誉。

（1）苏菜的风味形成　苏菜历史悠久,烹饪文化源远流长。春秋战国时期是苏菜形成的早期阶段,所制作的鱼炙、吴羹、鱼脍已颇有名声。三国及南北朝时期是苏菜初步形成的阶段,那时苏菜中的素食、鱼品、腌酱食品等已相当精美。唐宋时期是苏菜发展的高潮时期,因经济昌盛,带来了烹饪的繁荣,当时的扬州成了帝王将相、文人商贾竞相游乐的都会,极大地促进了扬州风味的提高与发展。清代是苏菜发展的又一高潮,饮食市场繁荣昌盛,食肆酒楼遍地,船菜船点成了闻名遐迩的美食。

江苏地处长江的下游,素有"鱼米之乡"的美称,土地肥沃、气候温和,粮油珍禽、干货调料、蔬菜果品资源丰富,特别是鱼虾水产量多质优。江苏东濒黄海,西拥洪泽,南临太湖,河流、水道纵横交错,有许多著名的水产,如又"长江三鲜"之称的鲥鱼、刀鱼、鮰鱼;"太湖三宝"之称的白虾、梅鲚、银鱼;更有清水大闸蟹、龙迟鲫鱼、扬州青鱼、两淮鳝鱼、如东文蛤、南通竹蛏等,均是闻名全国的名产。这些优质的食材为苏菜的形成与发展奠定了厚实的物质基础。

（2）苏菜的风味构成　江苏地广人密,各地菜肴口味不尽相同,形成了以淮扬风味、金陵风味、苏锡风味、徐海风味等构成的苏菜的基本体系。

淮扬风味是以扬州、两淮(淮安、淮阴)为中心所制作的菜肴,在整个苏菜菜系中占主导地位。其中扬州菜是淮扬风味的代表,它具有选料讲究、制作精细、突出主料、强调本味、清淡适口、注重火工等特点,而且善于保持菜肴的原汁原味,精于瓜果雕刻等技艺。金陵风味号称"京苏菜",是以南京为中心的地方风味。南京菜兼取四方之需,融合了许多烹饪精华,其特点是制作精细、玲珑精巧、讲究刀工、注重火候、口味平和,以鲜、香、酥、嫩著称,烹调方法以炖、焖、叉烧见长,尤以鸭肴制作久负盛名。苏锡风味,是以苏州、无锡为中心的地方风味,菜肴别具特色,擅长烹制河鲜、湖蟹、蔬菜等,注重造型,讲究美观,色调绚丽,菜肴口味先甜后咸,近来已由浓油赤酱的风格向着清新爽淡方向发展,其白汁、清炖技法别具一格,又善用红曲、糟制之法。徐海风味是指徐州沿东陇海线至连云港一带的风味,这里所产海鲜甚多,口味南北相兼,以咸鲜居多,风格淳朴,烹调技艺多用煮、煎、炸等。

(3)苏菜的风味特点　综合江苏各个地方风味的特色,归结起来,苏菜具有选料严谨、制作精细、重于调味、长于用汤、口味清鲜、咸中带甜、浓而不腻、淡而不薄、酥烂脱骨而不失其形、滑嫩爽脆而不失其味等特点。

(4)苏菜的风味代表菜肴　苏菜的著名菜式不胜枚举,其中较有代表性的菜品有清炖蟹粉狮子头、拆烩鲢鱼头、扒烧整猪头、清蒸鲥鱼、叉烤鸭、叉烧鳜鱼、扁大肉酥、水晶肴蹄、三套鸭、美人肝、大煮干丝等。

狮子头

❸ 浙江菜

浙江菜,简称浙菜,是我国历史悠久的著名菜系之一,在国内外具有较高的声誉。

(1)浙菜的风味形成　浙江烹饪历史悠久,丰富的自然资源,加之发达的经济文化和繁荣的商业市场,使得浙菜在吸收了北方和淮扬风味特长的基础上,发展并形成了自己独特的风味和烹饪体系。特别是从南宋以后,因当时的杭州(古称临安)为南宋的都城,大批北方官员、商人及百姓人家南迁并定居浙江,随之而来的是市场的繁荣与北方烹饪文化的传入,出现了南北烹饪技艺大融合的局面,推动了以杭州为中心的浙江菜肴的革新与发展,提高了烹饪技艺,丰富了菜肴品种。据宋代《梦粱录》记载,当时杭州已有特色菜肴数百种之多,酒楼林立,食店遍布,饮食市场一片繁荣景象。这种景象一直延续到近代,以杭州为中心的浙江烹饪风光依旧,历久不衰。

浙江位于我国的东海之滨,气候温和、物产丰富、交通发达、文化昌盛。境内北部为广阔的三角平原,土地肥沃,河流密布,粮油禽畜、水产果蔬资源丰富,不胜枚举。东临大海,海域辽阔,渔场众多,各种鱼类和贝类水产品种齐全,产量极高。西南部地区丘陵起伏,盛产山珍野味。丰富的物产资源,与高超的烹饪技艺,使浙江菜历经发展而成为独具一格的烹饪风味体系。

(2)浙菜的风味构成　浙江菜的风味主要由杭州风味、宁波风味、绍兴风味组成。杭州风味菜制作精细,变化多端,擅长爆、炒、烩、炸等烹调技法,菜肴具有清鲜爽脆、典雅精致的特点。宁波风味菜取料以海鲜为主,烹调技法以蒸、烤、炖见长,口味鲜咸合一,菜品讲究鲜嫩软滑,注重保持原味原色。绍兴风味菜以河鲜家禽为主,富有浓厚的乡土气息,菜品香酥绵糯,汤浓味厚。

(3)浙菜的风味特点　从整体来看,浙江菜有以下的特点:取料丰富,品种繁多,菜式小巧玲珑,清秀俊逸,制作精细考究,菜肴鲜美滑嫩,脆软清爽,善制河鲜。

龙井虾仁

(4)浙菜的风味代表菜肴　浙江菜的主要代表菜式有龙井虾仁、干炸响铃、西湖醋鱼、生爆鳝片、东坡肉、蜜汁火方、梅菜扣肉、咸笃鲜、赛蟹羹等。

❹ 湖南菜

湖南菜,简称湘菜,是我国长江中游地区历史悠久的地方菜系之一。

(1)湘菜的风味形成　湘菜历史悠久,源远流长,早在春秋战国时期,湖南地区人们的烹饪技艺已相当高超,从屈原的《楚辞》中,我们可以知道,当时已有数十种精制菜品,并且形成了以烹调淡水产品为特色的饮食体系。后经不断发展,湘菜烹饪技艺日益提高,据马王堆出土的西汉古墓遗存文物记载,当时已有数百款菜肴及十几种烹调方法。六朝以后,随着大批统治者和文人的到来,使潇湘的经济、文化得到相当程度的发展,从而促进了饮食业的繁荣与发展,并留下了大量关于美味佳肴的诗篇,相继出现了许多富有寓意的传统名菜,如怀胎鸭、龙女斛珠、子龙脱袍等,已有千余年的历史。明清时期是湘菜发展的鼎盛阶段,风格独特的湘菜体系初步形成。到了清代末年,由于宫廷与官府的腐败奢侈,美食之风益盛,烹饪技艺得到了发展,湘菜中著名的谭家菜就是在这一时期形成的,湖南菜由此成为在国内较有影响的大菜系之一。

Note

湖南省位于中南地区,气候分明,自然条件优越,南有高山丛林,盛产蕈、笋、雉、兔等山珍野味;北有河湖平原,盛产鱼、虾、贝、螺等。湖南许多地方的特产全国有名,如湘莲、湘藕、腊味等,这为湘菜品种的丰富多彩创造了良好的物质条件。

(2)湘菜的风味构成　湘菜的风味主要由湘江风味、洞庭风味和湘西风味组成。其中湘江风味包括长沙、湘潭、衡阳等地的风味,是湘菜的主流,其特点是用料广泛、制作精细、品种多样,在质地和调味上鲜香酥软,烹调方法以煨、炖、腊、蒸、炒为主。煨要求味透汁浓,炖则要汤清如镜,都讲究文火烹制;腊味包括熏、卤制、叉烧等方法;蒸菜原料以畜肉类为主,色泽红润,酥软入味;炒菜则要求鲜香滑嫩。几乎所有的菜肴都有辣味。洞庭风味是以洞庭湖的湖产为主要原料烹制的菜肴,长于湖鲜、水禽等原料的调制,烹调方法以煮、烧、蒸为主,其中煮菜用火锅上桌,别具特色。湘西风味是典型的山区特色,擅长烹制山珍野味和各种腌制品,较多采用本地特色原料,烹调方法以烧、炖见长,用竹筒制作的菜肴、饭食最具特色,有浓郁的山乡风格。

(3)湘菜的风味特点　湘菜在口味上突出辣酸,以辣为主,酸味次之。酸味采用的是泡菜、酸汤之酸,较之醋酸更加柔和醇美。其用料独到,制作考究,油重色浓,实惠丰满,菜肴鲜香、口重、软嫩、油肥,擅于烹制河鲜、山珍、腊味,烹饪方法则擅于煨、蒸、煎、炒等。

(4)湘菜的风味代表菜肴　湘菜的主要代表菜肴有腊味合蒸、麻辣仔鸡、红烧全狗、吉首酸肉、冰糖莲子、炒腊鸭条、红烧乌鱼、竹筒鱼、组庵鱼翅等。

❺ 安徽菜

安徽菜,简称徽菜或皖菜,是我国长江中游地区影响很大的地方菜系之一。

(1)徽菜的风味形成　徽菜的形成、发展与徽商的发展有着密不可分的关系。徽商史称"新安大贾",唐宋以后发展迅速,遍及全国各地,有"无徽不成镇"之说。徽商在全国的大量出现,使原本颇具家常风味的徽菜也随着徽商的足迹传遍全国各地。同时,徽菜馆也在我国主要城市大量出现,形成了自成体系、独具一格的"徽帮菜",其影响也随之大增。

当然,徽菜的形成更离不开安徽的地理环境、经济物产及当地人的生活习惯。安徽地处华东腹地,长江、淮河由西向东横贯全省,将安徽分成了江南、淮北、江淮三个不同的自然区,省内既有高山、平原,又有丘陵、河湖,气候温和,四季分明,土地肥沃,物产富饶。盛产竹笋、香菇、木耳、板栗、石鸡、鹰龟、马蹄鳖、斑鸠、果子狸等山珍野味,江湖中丰富的水产资源又盛产各种水产品,名贵的如长江鲥鱼、巢湖银鱼、三河螃蟹等,平原地区还盛产粮食、油料、果蔬、畜禽等,这些丰富多彩的食品原料都是徽菜形成与发展不可缺少的物质条件。

(2)徽菜的风味构成　徽菜的风味根据其不同的地区特色,可分为沿江风味、沿河风味、皖南风味三大分支。其中皖南风味是以徽州地方菜肴风味为代表,它是徽菜的主流和渊源,主要特点是擅长烧、炖,讲究火候,长于使用火腿、冰糖等增加菜肴的味道,善于保持菜肴的原汁原味,代表菜有"红烧头尾""黄山炖鸽""清炖马蹄鳖"等。沿江风味包括芜湖、安庆及巢湖等地的风味,它以烹制河鲜江产及家禽见长,讲究刀工,注重形色,善于用糖调味,擅长红烧、清蒸、烟熏技艺,其菜肴具有酥嫩、鲜醇、浓香的特点。沿河风味包括蚌埠、宿县、阜阳等地的风味,其菜肴特点是风格质朴,咸鲜酥脆,长于烧、炸、熘等烹饪方法,善用辣椒、芫荽配色。

(3)徽菜的风味特点　徽菜的用料大多是就地取材、就地加工,长于制作山珍海味,菜肴讲究火工,重视刀技,烟熏、炖烧独有特色,善用汤,菜肴芡厚油肥,色浓味重,且保持原汁原味。

(4)徽菜的风味代表菜肴　徽菜中的名品很多,但其中最有代表性的菜肴有红烧头尾、清炖马蹄鳖、无为熏鸭、红烧果子狸、火腿炖甲鱼、葡萄鱼、奶汤肥王鱼、毛峰熏鲥鱼、虾子管廷、符离集烧鸡、金银蹄鸡、火腿炖鞭笋等。

❻ 上海菜

(1)上海菜的风味形成　上海在春秋战国时期曾是楚国宰相春申君的封邑,三国时吴主孙权在这一带活动,并建造了龙华塔报答母恩,南朝时它叫"沪渎",唐代设置华亭县,北宋时期,这里变成了

腊味合蒸

清炖马蹄鳖

Note

"人烟浩穰,海舶辐辏"的港口,定名为上海镇。上海扼长江之门户,面对东海,为江海通津。近代成为殖民化最深的商埠,饮食业畸形发展,国内各地乃至西餐风味竞相进入上海,至晚清民初逐步形成具有自己特色的饮食风味体系。在其后百余年的历史发展中,上海本地菜吸收鲁、苏、川、粤、京、闽、豫、皖、湘及清真、素菜等风味体系的长处,并借助西餐烹饪的技法,逐步形成一派。

（2）上海菜的风味特点　上海菜在原料上充分利用本地原料并巧妙兼采外地乃至外国的各色原料,在烹调方法上以苏菜、浙菜、川菜、粤菜、京菜及素菜乃至西餐烹饪方法为融合,并进行适合于上海人饮食特色的取舍,形成了以传统的焖、烧、蒸见长的体系,口味以清淡为主,讲究嫩、脆、酥、烂,四季有别,富于变化,适应层次丰富的特点。由于上海是一个近代新兴的工业化的城市,上海人灵活多变、善于追求新潮、逐赶潮流、标新立异的特点也在上海菜中体现出来,形成了别具一格、充满活力的上海风味体系。

（3）上海菜的风味代表菜肴　上海菜的代表菜肴主要有青鱼划水、贵妃鸡、虾籽大乌参、扣三丝、松江鲈鱼、枫泾汀蹄、生煸草头、炒蟹黄油、松仁鱼米、干烧冬笋、烟熏鲳鱼、八宝鸡、糟钵头、桂花肉等。

（三）珠江文化流域

❶ 广东菜

广东菜,简称粤菜,是珠江文化流域广大地区饮食风味体系的代表,是我国影响较大的著名菜系之一。

（1）粤菜的风味形成　粤菜的形成与发展,深受中原文化的影响,并在结合了当地的原料特产和人们的饮食风俗的基础上,几经兴盛,形成了如今的风味特色。自秦、汉起,北方各地与岭南地区的交往开始频繁,中原的饮食文化与烹饪技艺的大量传播,促进了岭南饮食烹饪的改进和发展。南宋以后,京都南迁,加速了广东等地的商业繁荣,使中原饮食文化的精华又一次融入广东菜的烹调技艺之中。至明清时期,粤菜在原有的基础上,再一次吸收了京、津、淮扬、姑苏等地的饮食风味,兼收各家之长,烹调技术日趋完善,同时在开发口岸的贸易中,大量西方人涌入,为粤菜广泛吸收西方烹饪的技法与原料提供了条件,逐渐形成了自己特有的烹饪风格。清朝以后,广东各大、中城市的餐饮业得到空前繁荣发展,餐馆、酒家星罗棋布,饮食市场异常繁荣,成为粤菜发展史上的辉煌时期。

广东地处五岭之南,濒临南海,处于亚热带,气候温和,雨量充沛,四季如春,物产丰富,其中海鲜品质优良,种类繁多。如石斑鱼、鲟龙鱼、尤利鱼、鳜鱼、对虾、肉蚝、响螺、鳊鱼、鲈鱼等。广东野味丰富,品种奇特,如蛇、鼠、猫、狸、狗等被视为上肴,家禽、鱼虾、蔬菜、瓜果应有尽有,为粤菜的绚丽多彩提供了物质保证。

（2）粤菜的风味构成　粤菜的风味由广州风味、潮汕风味、东江风味构成,其中以广州风味菜为代表。广州风味包括珠江三角洲的肇庆、韶关、湛江等地的菜肴风味,其特点是用料广、选料精、配料奇、技艺精、善变化、品种多,口味讲究清鲜脆嫩滑爽,清而不淡,冬春偏重浓醇,烹调方法擅长炒、煎、炸、煲、炖、扣等。潮汕风味讲究刀工,善烹海鲜,口味偏重香浓、鲜甜,汤菜和甜菜最具特色,爱用鱼露、沙茶酱、梅膏酱、红醋等调味,烹调方法以焖、炖、烧、焗、炸、蒸等见长。东江风味又称客家风味菜,既传承了古代中原的饮食风味特色,又融入了粤地的食料物产与饮食风俗,多用家畜家禽等肉类,极少用水产,其特点是突出主料、口味香浓、下油重、味偏咸,以砂锅菜见长,擅长烹制鸡、鸭,有独特的南国乡土气息。

（3）粤菜的风味特点　概括起来,粤菜有以下的特点:用料广博奇异、配料繁多、富于变化、讲究火候、巧用油温、口味清醇、注重鲜爽脆嫩,汇聚各地及西餐的烹调特长。

（4）粤菜的风味代表菜肴　粤菜大系是一个拥有数千款菜式的风味流派,其中较有代表性的如蚝油牛肉、化皮烤乳猪、龙虎斗、东江盐焗鸡、竹鸡烩王蛇、清蒸鲈鱼、糖醋咕噜肉、白云猪手、鲜奶虾仁、炸鲜奶等。

❷ 福建菜

福建菜,简称闽菜,是八大菜系中颇具特色的菜系之一。

(1)闽菜的风味形成　闽菜的形成可谓历史悠久。西晋、南北朝时期,因北方动乱,汉人大量涌入福建,带来了闽河流域经济与文化的繁荣。尤其在唐宋以后,随着福建主要城市的对外通商,使得经济相对繁荣地区的烹饪技艺也相继传入八闽大地,闽菜也随之吸取各路菜肴的精华,对福建饮食文化的进一步开发、繁荣,产生了积极的促进作用,逐步形成了精细、清淡、雅致的闽菜特色。至清末民初,福州、厦门等主要城市的饮食业已相当发达,出现了许多著名菜馆、酒店,如福州的聚春园、惠如鲈,厦门的南轩、乐琼林等。这些菜馆、酒店所供应的菜品款式多样、风格各异,并由此涌现出了许多名厨,诞生了不少的名菜佳肴,如久负盛名的佛跳墙、鸡蓉金丝笋、爆脆蛏皮等。

福建省位于我国东南部,依山傍海,气候温和如春,东临海域沙滩,盛产鱼、虾、螺、蚌、蚝等海鲜;西北部的山林溪流盛产竹笋、香菇、银耳、莲子和麂、石鳞、河鳗、甲鱼等山珍野味;广阔的江河平原,盛产稻米、甘蔗、果蔬等。丰富多彩的饮食原料资源为烹饪技艺的发展与美味佳肴的创造奠定了厚实的物质基础。

(2)闽菜的风味构成　闽菜的风味主要由福州风味、闽南风味、闽西风味等组成。其中福州风味是闽菜的主流,源于古之闽侯县,包括闽中及闽东北一带的菜肴,特点是清淡、爽嫩,偏于鲜、酸和甜,汤菜居多,善用红糟调味,特别讲究制汤,素有"百汤百味"之称。闽南风味包括厦门、晋江等地的风味,以厦门菜为主,菜肴具有鲜醇、香嫩、清淡的特色,调味善用香辣,尤其是在使用沙茶、芥末以及中药和水果等方面技艺独到。闽西风味主要流行于"客家人"居多的山区,菜肴有鲜润、浓香、醇厚的特点,擅长烹制山珍海味,喜用香辣调味。

(3)闽菜的风味特点　与其他菜系相比较而言,闽菜的特点还是比较明显的,概而言之,闽菜具有制作精细,滋味清鲜,略带甜酸,讲究调汤,善用红糟,尤以烹制海鲜见长,烹法重于清汤、干炸、爆、炒、糟、炖等特点。

(4)闽菜的风味代表菜肴　闽菜的主要代表菜肴有佛跳墙、醉糟鸡、七星鱼丸、太极明虾、炒西施舌、沙菜焖鸭块、糟鸭、鸡汤氽海蚌、红糟炒响螺等。

❸ 港台菜

港台菜肴是指长期以来流行于香港、台湾两地民众生活,并对当地民众饮食口味产生一定影响的菜肴风味,包括流行菜肴和点心小吃等。

香港菜大部分属于粤菜,但随着香港国际化进程的加快与多层次的交流融合,香港菜肴已经不算是正宗的粤菜了,港地许多大酒楼现在大多经营新派菜色,跟以前的传统菜路不大相同。香港是美食天堂,世界各地的美味佳肴在此汇聚。西餐、中餐及其他各国风味菜在当地都能品尝得到,但伊斯兰风味菜较为少见。中餐以粤菜为主,兼收国内各大菜系的代表作。在菜肴体系中海鲜制菜非常流行,连皮蛋瘦肉粥都以加鲍鱼点缀。香港既是广东"汤文化"的发扬光大者,又是"茶文化"的开拓创新者。香港的用餐环境、人文气氛、服务态度都会让人大开眼界,心满意足。入夜后,庙街有一些特色小菜,是典型的大众小吃。著名的港式小吃有云吞面、鱼蛋、牛丸、清汤牛腩、牛杂等。香港还有一些很具特色的熟食档,又名"大排档",可以在那儿品尝一些当地极具特色的咕噜肉、椒盐濑尿虾等小吃。

台湾菜因其特殊的历史背景更是呈现出多元化的特点。台湾岛内气候炎热,倾向自然原味,调味力求简洁,因而清淡鲜醇便成了台湾菜烹饪调味的重点。不论炖、炒、蒸或煮,都趋于清淡,在大多以色重味浓取胜的其他地方菜中,台湾菜的清鲜美味反倒独树一帜。台湾四面环海,海产资源丰富,滋味本就鲜美的海鲜中,不需太多繁复的佐料及烹调技法,就已是美味无比。所以台湾菜一向以烹煮海鲜闻名,再加上受到日本料理的影响,台湾菜更发展出了海味之冷食或生吃,其技法与口味颇为人们所喜爱。于是虾、蟹、鱼等多种海鲜几乎占据了台湾烹饪的所有席面,从而成为台湾菜异于其他菜系之特色。台湾菜中,亦汤亦菜的汤羹菜是一大特色,如西卤白菜、生炒花枝等。当时最初到台湾

佛跳墙

的，只限男性，对于忙于开垦又不善家务的他们来说，煮一锅汤汤水水是最方便的，不仅营养俱佳还较为方便；加之农耕生活辛劳，物质又不像现在这么丰富，只要一锅可为汤又可为菜的汤羹菜，即可使全家饱食三餐。台式羹汤经不断发展逐渐深入民间，并朝向更鲜美细致精细的方向发展。台湾菜另一特色，便是善用腌酱菜烹制出美味菜肴来。腌菜、酱菜之所以入得菜肴，也与气候炎热有关，再加上昔时劳动量大，汗水流得多，而喜食咸味；同时为能长时间保存食物，便制作了各种腌制菜，如咸菜、黄豆酱等，尤其是台湾的客家人所制作的腌酱菜更是无出其右者。将这些腌制过的或酱制过的食物佐以其他食材烹制，其风味之特殊，至今依然广受欢迎。

以中药材熬炖各种食材的药膳食补，是台湾饮食风味的又一显著特色，虽然各地方菜系中亦可见中药入菜，但还是不如台湾菜对药膳食补之钟情。台湾菜，口味清淡，菜品精致，主料以海鲜为主，融会了闽菜、粤菜及客家菜的烹调手法，先后经过荷兰、日本的文化影响，再结合台湾的物产及当地食俗发展起来。

台湾人生活中最具代表性的饮食是各式各样的台湾小吃，如举凡蚵仔煎、虱目鱼肚粥、炒米粉、大饼包小饼、万峦猪脚、大肠蚵仔面线、甜不辣、台南担仔面、润饼、烧仙草、筒仔米糕、花枝羹、鱼酥羹、肉羹、猪血糕、东山鸭头、肉圆、卤肉饭、波霸奶茶、布丁豆花等，透过这些地方小吃，可以让我们看到一个丰富多样的台湾饮食文化现象。

担仔面

三、宗教影响下的菜肴风味体系

（一）中国清真菜

❶ 中国清真菜的发展历史

清真菜起源于唐代，发展于宋元，定型于明清，近代已形成完整的体系。早在唐代，由于当时社会经济的繁荣和域外通商活动的频繁，很多外国商人特别是阿拉伯商人，带着本国的物产，从陆路（"丝绸之路"）和水路（"香料之路"）进入中国，行商坐贾。自此，伊斯兰教便随之广布于中国。穆斯林独特的饮食习俗和禁忌逐渐被中国信仰伊斯兰教的人所接受。随着中国穆斯林人数的增多，回族菜也迅速发展起来。

由于回族菜风味独特，所以很多古代食谱对回族菜点亦加载录，如元代的《居家必用事类全集》，载录了"秃秃麻失""哈耳尾""哈里撒"等十二款菜点，较多地保留了阿拉伯菜肴的特色。同期，元代宫廷太医忽思慧的《饮膳正要》中也载录了不少回族菜肴，羊肉为主要原料的菜品居多。

清代，清真菜广泛流行于民间，北京已出现了不少至今仍颇有名气的清真饭庄、餐馆，如东来顺、烤肉宛、烤肉季、又一顺等。这些地方烹制出来的清真风味，都可称得上是京中佳馔，在宫廷御膳中，就有很多得传于京城著名清真菜品，如"酸辣羊肠羊肚热锅""炸羊肉紫盖""哈密羊肉"等，这些菜品与现代的清真菜肴非常接近。

❷ 清真风味的基本特点

清真菜在其发展过程中，善于吸收其他民族风味菜肴之优点，将好的烹调方法引入清真菜的制作过程中，如清真菜中的"东坡羊肉""宫保羊肉""涮羊肉""烤羊肉"就是从其他民族的风味菜肴中借鉴而来的。后来都成为清真餐馆热衷经营且颇受人们喜爱的风味名菜。

由于各地物产及饮食风俗习惯的影响，中国清真菜形成了三大流派：一是西北地区的清真菜，善于利用当地盛产的牛羊肉、牛羊奶及哈密瓜、葡萄干等原料制作菜肴，古朴典雅，耐人寻味；二是华北地区的清真菜，取料广博，除牛羊肉外，海味、河鲜、禽蛋、果蔬皆可取用，讲究火候，精于刀工，色香味并重；三是西南地区的清真菜，善于利用家禽和菌类植物，菜肴清鲜淡雅，注重保持菜品的原汁原味。

清真菜有着很鲜明的特点，主要表现在以下四个方面。

（1）饮食禁忌严格。这种禁忌习俗主要表现为原料的使用方面。伊斯兰教主张吃"佳美""合法"的食物，不可以吃那些"自死动物、血液、猪肉以及诵非安拉之名而宰的动物"。此外，诸如鹰、虎、豹、狼、驴、骡等凶猛禽兽及无鳞鱼皆不可食用。而那些食草动物,如牛、羊、驼、鹿、兔、鸡、鸭、鹅、鸠、鸽等,以及河海中有鳞的鱼类,都是允许食用的食物;至于"合法",就是以"合法"手段获取那些"佳美"的食物。按照伊斯兰教规,屠宰供食用的禽兽,一般都要请清真寺内阿訇认可的人代刀,并且必须沐浴净身之后才可以进行屠宰,屠宰时还要口诵安拉之名,才认为是"合法"的。

（2）选料严谨,工艺精细,食品洁净,菜式多样。清真菜的用料主要取于牛、羊两大类,而羊肉用料尤其多。早在清代时期就有了清真"全羊席","如设盛筵,可以羊之全体为之。蒸之,烹之,炮之,炒之,爆之,灼之,熏之,炸之。汤也,羹也,膏也,甜也,咸也,辣也,椒盐也。所盛之器,或为碗、或为盘、或为碟。无往而不见为羊也,多至七八十品,品各异味"（《清稗类钞·饮食类》）,充分体现了厨师高超的烹饪技艺。至同治、光绪年间,是"全羊席"更为鼎盛的时期。后来,因为席过于靡费而逐渐演变成"全羊大菜"。"全羊大菜"由"独脊髓"（羊脊髓）、"炸蹦肚仁"（羊肚仁）、"单爆腰"（羊腰子）、"烹千里风"（羊耳朵）、"炸羊脑"、"白扒蹄筋"（羊蹄）、"红扒羊舌"、"独羊眼"八道菜肴组成,是全羊席的精华,也是清真菜中的名馔。

（3）口味偏重鲜咸,汁浓味厚,肥而不腻,嫩而不膻。清真菜的烹饪技法非常独特,较多地保留了游牧民族的饮食习俗。如"炮",就是清真风味中独有的一种烹调方法,将原料和调料放在炮铛上,用旺火热油,不断翻搅,直到汁干肉熟。以清真名菜"炮羊肉"为例,先将羊后腿肉切成薄片,在炮铛上洒一层油,油熟后放入肉片及卤油、酱油、料酒、醋、姜末、蒜末等调料,待炮干汁水,再放入葱丝炮,葱熟,溢出香味即可。倘若此时再继续炮制片刻,待肉散发出糊香味,则是另一道清真名菜"炮糊"。清真菜中的涮羊肉、烤牛肉、烤羊肉串等菜肴,也都久负盛誉。由于在一些较为发达的大、中城市中,各民族长期混居,从事烹饪行业的回族人特别善于学习和吸取其他民族中良好的烹饪方法,从而使清真菜的烹饪技法由简到繁,日臻完善,炒、熘、爆、扒、烩、烧、煎、炸,无所不精,形成了独具一格的清真菜体系。

（4）清真菜筵席特色鲜明,各地名馔繁多。清真菜筵席大体有五类,即燕菜席、鱼翅席、鸭果席、便果席和便席。其具有繁简兼收、雅俗共赏、高中低档兼备、色香味形并美的特点。此外,中国清真名菜有五百多种,如"葱爆羊肉""焦熘肉片""黄焖牛肉""扒羊肉条""清水爆肚"等都是各地餐馆中常见的名品。各地名馔数不胜数,如兰州的"甘肃炒鸡块"、银川的"麻辣羊羔肉"、西安的"羊肉泡馍"、青海的"青海手抓肉"、吉林的"清烧鹿肉"、北京的"它似蜜"和"独鱼腐"等,都是当地人特别拿手且风味独特的清真风味名菜。清真小吃用料广泛、制作精细、适应时令,颇受人们的喜爱与青睐。

（二）素菜

素菜通常指用植物油、蔬菜、豆制品、面筋、竹笋、菌类、藻类和干鲜果品等植物性原料烹制的菜肴。中国素菜是中国饮食文化的重要组成部分,起源于我国先秦时期,是以粮、豆、瓜、果为主体的膳食系统。素菜早在佛教传入我国之前就已经盛行了,佛教传入我国后,佛教文化对我国民间素食的影响更进一步,从而形成一种膳食风气。

每逢农历四月初八佛诞节,各个寺庙举行放生会,信徒们对此很热衷。自南北朝、隋唐开始,经宋、元、明朝,到了清朝,曾出现素食的黄金时代。宫廷御膳房专门设有"素局",负责皇帝斋戒的素食。寺院"香积厨"的素菜品质逐渐改进和提高,色香味并重,出现许多花色品种,各地饮食市场的素食馆也急剧增加。

僧尼居士一般都食素,不能全断肉食的依照佛经最初吃三净肉（自己不杀生、未亲眼看见杀生、不指使他人杀生的肉）,逐渐停止肉食。在民间,十斋期信佛信神者都要食素,信佛者在诞辰日（系母难日）,为报答母恩,也要吃素。每年有十五个佛菩萨的诞辰,凡佛教徒都要以香木花灯、水果以及素食于佛菩萨前设供,礼拜诵经。

印度佛教传入我国后,许多文学作品以文章诗歌的形式赞颂素食的功德,也为后人介绍了素食体系的发展脉络。

西汉淮南王刘安发明了豆腐,将素菜的发展推向了一个全新的阶段。南朝梁武帝时,寺院菜由寺观向民间发展,从而形成一大风味流派。隋唐时期,素菜得到了极大发展。到唐代就有了花样素菜,形成供皇室享用的宫廷素菜。北宋都市出现了市肆素食,并且有专营素菜的店铺,仅《梦粱录》中记述的汴京素食就有上百种。明清两代是素菜的发展时期,尤其到清代,我国素菜已形成寺院素菜、宫廷素菜和民间素菜三个流派。

寺院素菜,讲究全素,禁用"五荤"(五荤也叫五辛,一般指宗教信仰者忌讳食用的五种气味浓烈的蔬菜,如佛家忌大蒜、小蒜、兴渠、慈葱、茖葱;道家忌韭、薤、蒜、芸薹、胡荽)调味,且大多禁用蛋类。宫廷素菜是素菜中的精品。在宫廷中,御膳房内专设"素局",负责皇帝"斋戒"素食,能调制出好几百种素馔。皇帝在祭祀先人或遇重大事件时,事先要有数日沐浴更衣独居,戒酒、食素,使心地纯一诚敬。南朝梁武帝萧衍,笃信佛教,素食终身。民间素菜起源于民间食素风气,世人崇尚慈善心怀和高尚的道德情操,认为食素是仁者的美德。民间食素,并不是不吃肉荤,而是强调多吃蔬菜,崇尚朴素清淡的生活。素菜营养丰富,别具风味,吃起来入口生津,有利于人体健康。素菜主要以绿叶菜、果品、菇类、菌类、植物油为原料,味道鲜美,富有营养,容易消化。从营养学角度来看,蔬菜和豆制品、菌类等素食含有丰富的维生素、蛋白质、水以及少量的脂肪和糖类,这些清淡而富于营养的素食,对于中老年人来说更为适宜。特别是素食中蔬菜往往含有大量的纤维素,食之可及时清除肠中的垢腻,保持身体健康。

中国素菜发展到现在,品种已达8000多种。按其制作方法大体可分为三类:一是用油皮包馅卷紧,淀粉勾芡,烧制,如素鸡、素酱肉、素肘子、素火腿等为代表的卷货类;二是以面筋、香菇为主,烧制而成,如素什锦、香菇面筋、酸辣片等为代表的卤货类;三是过油煎炸而成,如素虾、香椿鱼、小松肉、炸盒子等为代表的炸货类。素菜以时鲜蔬菜瓜果为主,清爽素净,花色繁多,制作考究,富含营养,健身疗疾。其代表菜主要有罗汉斋、鼎湖上素、雪积银钟、混元大菜、三姑守节、魔芋豆腐等。

现代的素菜采用纯天然植物为原料,经高科技手段和特殊工艺加工提取,制成大豆分离蛋白制品、魔芋制品,配以天然的山珍菌菇、绿色果蔬,通过拌、炒、炸、熘、烧、烩、焖、炖、蒸等烹饪手法,美味与营养并重。其中"仿荤素菜"可谓神形俱佳,达到以假乱真的程度;其味道堪与荤食大菜媲美,甚至更胜一筹,其营养价值远非肉食可比。当前,素菜因其健康、环保、天然、营养等特点备受人们的喜爱,素食成为一种时尚的生活方式,风行全球。

任务三 中国主要面点风味流派

任务描述

了解中国主要面点风味流派历史背景的形成以及当地特殊的地理环境对其造成的影响,分析并掌握各个面点风味流派代表品种的特色。通过学习更加全面地掌握中国主要面点风味流派的发展。

任务目标

1. 了解南北面点风味流派的区别与联系。
2. 熟悉中国主要风味面点的发展历程及当代的发展状况。
3. 学习京式、苏式、广式、川式、晋式、秦式面点的形成与特色。
4. 掌握主要面点风味流派的代表作品,并掌握其制作要领。

中国面点小吃,较之菜肴地方性更强,它与我国各地物产、气候、历史、人文、地理环境、民风食俗等因素息息相关。

中国面点的风味大致可分为北味和南味。北味以面粉、杂粮制品为主；南味以米、米粉制品为主。当下，一般以京鲁风味（简称京式）为北味的代表。对南味而言，江苏一带的面点（简称苏式面点）花色繁多、做工精细，为南味的主流代表；广东一带的面点（简称广式面点），较多地吸收了西式面点的制作方法，是南味面点后起的另一主流代表。除此之外，还有晋式、秦式、川式等面点风味流派。

一、京式面点的形成及特色

京式面点，泛指黄河下游以北的大部分地区制作的面食、小吃和点心。包括华北、东北地区及山东等各地流行的民间风味小吃和宫廷风味的点心。由于它以北京面点为代表，故称京式面点。

（一）京式面点的形成

❶ 京式面点与北京悠久的历史文化

北京曾是辽代的陪都，是金、元、明、清四个封建王朝的帝京。金、元朝的统治者建都北京以后，都曾将北宋汴梁、南宋临安和其他地区的能工巧匠掠至北京。明朝永乐皇帝迁都北京时，又将河北、山西和江南的匠人招至北京。迁居北京的糕点师将汴梁、临安和江南的糕点制作工艺带至北京，使其后来成为京式面点的重要组成部分。几百年来北京一直是我国政治、经济、文化和科学技术发展的中心，这种特殊性有力地促进了北京餐饮市场的发展。

❷ 京式面点与本地民间小吃

我国东北、华北地区盛产小麦，民间百姓的日常饮食多以面食为主。人们常说的京式面点的"四大面食"（小刀面、拨鱼面、刀削面和押面）都是以面粉为主要原料制作的面点小吃。豆汁、焦圈、糖耳朵、炸三角等则是京城百姓喜食的民间小吃。

京式面点就是在继承民间小吃的基础上发展起来的，可见民间百姓的饮食习惯为京式面点的形成提供了条件。

❸ 京式面点与各地、各民族和宫廷面点

北京曾是一个多民族相邻杂居的地方，回族的馓子、蜜麻花、艾窝窝，满族的萨其马、东陵大八件，朝鲜族的冷面、打糕，蒙古族的馅饼等少数民族的代表品种都融进了京式面点。

特别到了清朝，满族人有喜食面食的习俗，著名的"满汉全席"实际上是汉族大菜与满族点心的完美结合。多民族的融合相处、南北糕点师的相互交流为京式面点的形成和发展构筑了平台。

（二）京式面点的特色

❶ 原料以面粉为主，杂粮居多

我国北方广大地区盛产小麦、杂粮，这些都是京式面点的主要原料。

❷ 馅心口味甜咸分明，吃口鲜香、柔软、松嫩

由于我国北方地区的纬度较高，气候寒冷干燥，因而京式面点在馅心制作上多采用"水打馅"技法，以增加水分。咸馅调制多用葱、姜、黄酱、香油等调料来调和口味，因此形成了北方地区的独特风味。天津的狗不理包子就是加入骨头汤，放入葱花、香油等搅拌均匀成馅的，其风味特点是口味醇香，鲜嫩适口，肥而不腻。

❸ 面食制作技艺性强

京式面点中被称为"四大面食"的押面、刀削面、小刀面、拨鱼面，不但制作工艺精湛，而且口味筋道、爽滑。在银丝卷的制作过程中，不仅要经过和面、发酵、揉面、溜条、押条、包卷、蒸熟七道工序，同时面点师还必须要有娴熟的押面技术，押出的条要粗细均匀，不断不乱，互不粘连，经包卷、蒸熟后成为暄腾、色白味香的银丝卷。如果再在白色的银丝卷表面刷上饴糖水，入炉烘烤，则可制成色泽金黄、外酥里嫩的烤银丝卷。又如七厘米高的千层糕，其层次有 81 层之多。

❹ 京式面点的代表品种

由于京式面点形成的特殊性，其代表品种可分为民间面食小吃和宫廷点心两部分。民间面食小

狗不理包子

吃的代表品种有都一处烧卖、狗不理包子、艾窝窝、焦圈、银丝卷、褡裢火烧等。宫廷点心的代表品种有清宫仿膳豌豆黄、芸豆卷、小窝头、肉末烧饼等。

二、苏式面点的形成及特色

苏式面点泛指长江下游、沪宁杭地区制作的面食小吃和点心。苏式面点起源于扬州、苏州，发展于江苏、上海等地，因为以江苏面点为代表，所以称为苏式面点。苏式面点又因地区不同而被划分为苏扬风味、淮扬风味、宁沪风味和浙江风味。

（一）苏式面点的形成

"苏城风光好，糕点美名传。"自古以来苏州和扬州经济繁荣、文人荟萃、商贾云集、游人如织，有"上有天堂，下有苏杭"一说，深厚的文化内涵为苏式面点的形成奠定了基础。

❶ 沪宁杭地区经济繁荣

得天独厚的自然条件、优越的地理位置、丰富的物产资源为苏式面点的形成提供了物质基础。沪宁杭地区属亚热带季风气候，寒来暑往，四季分明，雨量充沛。优越的自然环境，为农作物的生长提供了保证，使沪宁杭地区成为我国著名的鱼米之乡。

沪宁杭地区有长江、钱塘江、京杭大运河以及太湖、阳澄湖等，有"水乡泽国"之称。一年四季，水产禽蔬、海味山珍与带有地方特色的丰富物产为居民生活提供了巨大的农副产品资源。

❷ 沪宁杭地区交通发达

自两汉以来，我国南方和沿海地区经济逐渐发达。由于当地居民主食以稻米为主，肴馔原料主要以淡水水产为主。特别是隋朝，京杭大运河的开凿，将海河、黄河、淮河、长江、钱塘江五大水系贯通，发达的水路、陆路交通促进了黄河、长江流域的物产交流。沪宁杭地区由于地处长江与大运河交汇处，因而成为南北物资的交流中心和交通枢纽，北方的豆麦杂粮及油料作物，南方的粮食、茶叶、蔬果、丝绸、海盐、水产，聚会于此。

到了唐代，扬州凭借其临海、倚江、跨运、通航的优越地理位置，成为我国南北交通海运陆运的重要枢纽，也成为对外贸易的重要港口和重要商埠。交通的发达、经济的繁荣使南北文化在此交流碰撞，从而促进了沪宁杭地区饮食文化的繁荣，有效推动了苏式面点的发展和技艺的提高，成为苏式面点形成的重要条件。

❸ 名家总结及文人推动

苏式面点技艺得以发展和升华与大量名家文人的赞颂分不开。长江中下游地区政治、经济的繁荣和地理上的特殊地位吸引了历代文人和学者名流，如王昌龄、孟浩然、杜甫、岑参、高适、刘禹锡、白居易、杜牧、李商隐、欧阳修、苏东坡、秦少游都曾写下歌咏扬州及其美食的诗词歌赋。

关于苏式面点的品种和制作方法，在《易牙遗意》《随园食单》中均有记载。例如，袁枚在《随园食单》中赞美苏式月饼"食之不觉甚甜，而香酥柔腻，迥异寻常"。

总之，我国长江下游以及沪宁杭地区悠久的历史文化、重要的经济地位、丰富的自然资源、频繁的南北交流、特殊的社会需要及各代名家的总结和吟咏，使苏式面点形成了自己的特色和完整的风味体系。

（二）苏式面点的特色

❶ 品种繁多，应时迭出

苏式面点的发展得益于物产丰富、原料充足以及面点师高超的技艺，苏式面点中用同一种面坯可制出不同造型、不同色彩、不同口味的品种。

如包子的造型有玉珠包子、寿桃包子、秋叶包子、佛手包子、墨鱼包子等。包子的口味有以绍兴霉干菜为馅心的干菜包子，水发冬菇、青菜为馅的香菇菜包，雪里蕻、笋尖为馅的雪笋包子，还有松软鲜嫩的鲜肉大包，咸中带甜、甜中有脆、油而不腻的三丁包子，味浓多卤、鲜美适口的淮扬汤包等。

Note

苏式面点的应时迭出是指它随季节变化和人们的习俗而应时更换品种。春季有银芽肉丝春卷，夏季有解渴消暑的冰糖莲子粥，秋季有清香浓郁的桂花藕粉，冬季有热气腾腾的蟹粉汤包。

❷ 制作精细，讲究造型

苏式面点形象逼真，玲珑剔透，栩栩如生。这一点在苏式船点的造型上表现得尤为突出。船点是苏式面点中最为典型的代表，相传它发源于苏州、无锡水城的游船画舫上，它是供游人在船上游玩赏景、品茗时所配的点心，因而叫船点。船点成形主要采用捏的方法，经过揉粉、着色、成形及熟制而成。苏式面点有花草、飞禽、动物、水果、蔬菜、五谷等各种造型。

❸ 馅心善掺冻，汁多肥嫩，味道鲜美

京式面点馅心通常选取吸水力足的家畜肉，使用"水打馅"的方法，而苏式面点馅心通常用肉皮、棒骨、老母鸡清炖冷凝成的皮冻。这样熟制后的包子，汤多而肥厚，看上去像菊花，提起来像灯笼。食时要先咬破吸汤，汤汁味道极为鲜美，别有一番情趣。

❹ 苏式面点的代表品种

苏式面点的代表品种有三丁包子、淮扬汤包、蟹粉汤包、鲜肉生煎包、蟹壳黄、翡翠烧卖、宁波汤圆、黄桥烧饼、青团、麻团、双酿团、船点、松糕、花式酥点等。

三、广式面点的形成及特色

广式面点是指珠江流域及我国南部沿海一带人民制作的面食、小吃和点心，以广东面点为代表。其中又将广东的潮安、汕头、澄海等地区的民间食品称为潮式面点；将福建省闽江流域的面点称为闽式面点。

（一）广式面点的形成

❶ 优越的自然环境、丰富的物产资源是广式面点形成的基础

广式面点发源于我国东南沿海，那里地势低平、丘陵错落、河网交织，大部分地区处于北回归线以南，气候温和，雨量充沛，有"三冬无雪，四季常花"之说。丰富的物产资源是广式面点形成的基础。

我国珠江流域及南部沿海一带的粮食作物以大米为主，因而在传统的广式面点当中，米类制品较多，如状元及第粥、皮蛋瘦肉粥、生滚鱼片粥、窝蛋牛肉粥、猪血粥等粥品。

❷ 结合自身特点，汲取外来精华是广式面点形成的精髓

广式面点以岭南小吃为基础，自汉代后，岭南地区与中原加强了联系，北方地区与岭南地区的饮食文化得以交流，受北方饮食文化的影响，广式面点中出现了面粉制品。如水油皮类点心本来是中原食品，但受北方饮食文化的影响，广式面点中出现了类似的点心皮（鲜奶挞皮、岭南酥皮等）。又如油条本来是中原食品，为适应广东气候，广式面点的油条做得更耐吸湿，更挺拔（京式油条，由于气候干燥不必考虑吸湿性）。

在唐代，广州已成为当时著名的通商口岸，外贸发达、商业繁盛，与海外各国经济文化交往密切，鸦片战争后，西方饮食文化传入我国，广式面点的制作内容也受到了西方饮食文化的影响。如广式面点的擘酥皮的制作就是借鉴了西式面点清酥皮的制作方法，而广式面点的甘露酥、松酥皮类点心的制作则是吸取了西式面点中混酥类点心的制作技术。

❸ 创新和发展是广式面点形成的原动力

广东由于地处沿海，人们接受外来思想较快且富有创新精神。面点师们根据本地人的口味、嗜好、习惯，在本地食品的基础上，吸取西点和中原点心的特长，加以改良、创造，从而促进了广式面点风味的形成和不断完善。

广式面点中的肠粉具有色泽洁白、水润晶莹、软滑爽口的特点，这是经过历代厨师不断改进而形成的。肠粉，兴起于 20 世纪 20 年代末。最初，只是将蒸熟的米粉皮卷成长条状，因形似猪肠而取名肠粉。到了 20 世纪 30 年代初，有人在肠粉中拌入芝麻为馅，吃起来爽滑麻香，深受人们欢迎。今天

淮扬汤包

广式肠粉除了传统的素肠粉外,已演变出鱼片肠粉、牛肉肠粉、猪肉肠粉、叉烧肠粉、鲜虾肠粉等众多品种。

随着时代的发展,广式面点的厨师解放思想,及时利用外来的和最新的食品原料,学习并掌握最新的食品加工技术,使广式面点驰名中外。

(二)广式面点的特色

❶ 品种繁多,讲究形态、花色、色泽

第一,品种丰富。据统计,广式面点的皮类有四大类约 23 种,馅心有三大类约 47 种,可制作 2000 多种广式面点。广式面点按大类分为日常点心、星期点心、节日点心、旅行点心、早茶点心、中西点心、招牌点心等。

第二,随季节性变化强。广式面点随四季变化的要求是"夏秋宜清淡,冬季宜浓郁,春季浓淡相宜"。春季有鲜虾饺、鸡丝春卷;夏季应市的是荷叶饭、马蹄糕;秋季有萝卜糕、蟹黄灌汤饺;冬季有腊肠糯米鸡、八宝甜糯饭。

第三,形态多样。广式面点除了有人们常见的包、饼、糕、条、团等形态外,还有筒、盏、挞、饺、角以及各种造型。

❷ 受西点影响,使用油、糖、蛋较多

广式面点借鉴西式糕点手法,如擘酥皮工艺手法借鉴了西式面点清酥皮工艺手法,具有中点西做的特点;广式面点在原料的选择和点心的配方上也大量汲取西式面点经验,使用油、糖、蛋较多,如广式月饼的用油量、糖浆量均比京式和苏式月饼的用量大,这也是广式月饼易回软、易储存的重要原因之一;马蹄糕的用糖量为主料马蹄的 70%。

❸ 馅心用料广泛,口味清淡

广东物产丰富,广泛的原料为馅心的制作提供了丰厚的物质基础。广式面点口味清淡,是由广东的自然气候、地理环境、风土人情所决定的。因地处亚热带,气候湿热,因此当地饮食口味较清淡。

❹ 广式面点的代表品种

广式面点的代表品种有笋尖鲜虾饺、娥姐粉果、叉烧肠粉、葡式蛋挞、叉烧包、腊味芋头糕、马蹄糕、虾肉烧卖、莲蓉甘露酥、咖喱酥角、叉烧酥等。另外在广式早茶中,豉汁排骨、粉蒸牛肉丸、豉汁蒸凤爪、蒸鱼头等的制作也是面点师们每天的工作内容。

四、川式面点的形成及特色

叉烧包

川式面点,发源于长江中上游,多指川、滇、黔一带的面食和小吃。因以四川面点为代表,故称川式面点,在当地又分为重庆面点和成都面点两个派别。

(一)川式面点的形成

❶ 川式面点源于民间

川式面点起源于古代的巴国和蜀国,巴蜀民众和西南人民喜食各类面点小吃,再加上历史上几次大的人口迁移,全国各地入川人口很多,五方杂处,融为一体。最终形成了"北菜川烹、南菜川味"的特点。

四川自古以来是我国的西南重地,成、渝两地曾是很多朝代的政治、经济、文化中心,有"食品馒头,本是蜀馔"的记载。至清末,川式面点已成气候,《成都通览》一书中就有专门介绍成都面点的部分,具体记载了 138 个品种。

川式面点就是在适应四川等地的特定条件下,经过历代民间主妇、官宦家厨、楼堂店馆厨师妙手的继承创新,逐渐形成了自己的独特风格。

❷ 丰厚的水利资源及物产资源是川式面点形成的基础

我国长江中上游的西南地区雨量充沛、物产富饶。四川被称为"天府之国",战国末年修建的都江堰使当地水利发达、灌溉成系。盆地、平原、浅丘地带气候温和,四季常青,较同纬度的长江中下游地区气温偏高,有利于稻田越冬作物生长,也有利于秋熟作物的早栽早播,水稻产量在全国名列前茅,小麦产量占西南地区的80%。长江中上游地区盛产水稻、小麦、油菜、甘蔗、柑橘、花生、茶叶、竹笋、菌类及家畜、家禽等。丰厚的水利资源及物产资源为川式面点的形成提供了物质基础。

（二）川式面点的特色

❶ 用料大众化,搭配得当

成都小吃的原料无非是糖、油、蛋、肉、面粉、江米等普通食材,搭配得当变换出各种味道。如叶儿粑的用料简单,是用芭蕉叶或鲜荷叶包制糯米面及甜馅制成的。

❷ 精工细做,雅致实惠

钟水饺本是极普通的家常食品。它以瘦肉细制为馅,不加其他填充料;面皮薄厚适中,绵软适度;个头较小,制作精巧;食用时浇上辣椒油、蒜泥和红白酱油等作料,吃口与北方饺子有异曲同工之妙。

❸ 口感上注重咸、甜、麻、辣、酸

许多人认为川式面点与川式菜肴一样,也以辛辣味为主导,其实不然。如四川凉面的怪味,就由酸、甜、麻、辣、咸、鲜、香(蒜、葱的辛香)等多种口味复合。

❹ 川式面点的代表品种

川式面点的代表品种有担担面、赖汤圆、龙抄手、钟水饺、麻辣凉粉、醪糟汤圆、叶儿粑、三大炮、糖油果子、豆花、珍珠圆子、牛肉焦饼、蛋烘糕等。

担担面

五、晋式面点的形成及特色

晋式面点主要指山西面点,山西在古代为"三晋之地"。三晋是指晋中盆地、晋东山地和晋西高原。

晋式面点是我国北方面点风味中的又一流派,它覆盖了黄河中游峡谷和太行山之间的高原地带的面点,虽品种不多,但制法多样,是中国饮食文化中不可缺少的一部分。

（一）晋式面点的形成

❶ 晋式面点起源于三晋地区广大农村

晋式面点最早起源于三晋地区的广大农村。三晋地区是华夏文明的发祥地之一。从远古开始,当地的劳动人民在长期的农事生产劳动中,经过定向培育,培育出一批适应自方水土的农作物品种。如晋南是重要的小麦产区,晋中主产高粱、玉米、红豆、芸豆等,而晋北以耐寒耐旱的谷子、莜麦、荞麦、胡麻为主。晋西北畜牧业发达,牛羊成群。这些食品原料为晋式面食的制作提供了物质基础。

❷ 晋商文化的发展,为晋式面点的形成奠定了基础

明、清以来,尤其是到了清代中期,晋商文化兴盛起来。为了适应商品流通和货币周转的需要,产生了一种专营钱票汇兑业务的机构,称为票号,也称票庄或汇兑庄。山西票庄曾垄断了全国的汇兑业,如当时全国最大的票号日升昌、日升通及日升达等,这几家大票号的总号均设在山西,分号遍及全国各大城市及商埠码头。晋商经济和文化的发展带动了山西旅馆业、餐饮业的发展,为晋式面点的形成奠定了基础。

（二）晋式面点的特色

❶ 用料广泛,以杂粮为主

晋式面点的原料除小麦以外,还有高粱、莜麦、荞麦、小米、红豆、芸豆、土豆、玉米等。山西民谣中"三十里的莜面,四十里的糕,二十里的荞面饿断腰"描述的都是杂粮制品。红面(高粱面)擦尖、莜面栲栳栳、黄米面油糕、豆面抿曲等都是家喻户晓的民间食品。

② 工具独特，技艺性强

晋式面点在制作过程中通常借助本地特有的工具。如刀削面用无把手弯形刀片，刀拨面用双把手刀，抿曲用抿床，擦尖用擦床，饸饹用饸饹床，剔尖用竹批等。这些都是其他地区面点制作技艺中少见的工具。

晋式面点取料大众，但制作起来技艺性很强，且富表演性，这是其他面点流派所不能比拟的。如飞刀削面、大刀拨面、空中揪片、转盘剔尖、剪刀面、一根面、龙须夹沙酥等都需要很强的技能，都是晋式面点师经过较长时间的练习才能真正掌握的工艺技巧。

③ 一面百吃，百面百味

千百年来，山西人民利用本地特有的原料，制出风味不同的面点制品，其主要品种是各式面条。

山西的面条从熟制方法上看，除了人们最常见的煮制配各种浇头（或称卤、臊子）外，还有烩面、焖面、炒面、蒸面、炸面、煎面、凉拌面等。

④ 晋式面点的代表品种

晋式面点的代表品种有一根面、刀削面、刀拨面、剔尖、猫耳朵、炒疙瘩、莜面卷、闻喜饼、大枣馏米、黄米面油糕、莜面鱼鱼、酸汤揪片、红面剔尖、莜面饨饨等。

六、秦式面点的形成及特色

秦式面点泛指我国黄河中上游陕西、青海、甘肃、宁夏等西北部广大地区的面点。它以陕西面点为代表，因陕西在古代为秦国的辖地，故称秦式面点。它是我国北方地区面点风味的又一重要流派。

（一）秦式面点的形成

① 陕西在历史上的特殊地位，为秦式面点形成提供了条件

陕西在历史上曾是古代经济、文化的发源地。秦、汉、隋、唐等十多个王朝都曾在西安建都，历时达千余年。所以秦式面点是在周、秦面食制作的基础上，继承汉、唐制作技艺，由古代宫廷、富商官邸、民间面食汇集而成。

② 发源于西北乡村和少数民族食品

秦式面点的形成、发展与当地的地理环境、气候、风俗习惯有着密切的关系。西北地区是我国少数民族聚集的地方，各个民族都有不同的生活习惯，秦灭六国以后，使风俗习惯合理地统一起来。这使汉族古老的面点与少数民族的风味面点技术水乳交融，逐渐形成了秦式面点。

陕西广大农村地区的老百姓在各个节气、节日和婚丧嫁娶的红白喜事中都要做面花。当地百姓将面花称为花馍，它有着色和不着色之分，一般均为手工制作，不用模具。在造型制作上，有在大面馍上插面花的复合造型，也有单一的花、鸟、虫、鱼的独立造型。

陕西省安塞区农村，清明时节做的面馍以禽畜形象为主，个头较小、制作精巧。老百姓们认为小孩吃掉花馍后能和胃（对胃有好处），通常用线串起来分给孩子们。

③ 农业的发展为秦式面点的形成奠定了物质基础

战国时期，秦国的农业生产得到大规模发展。据《睡虎地秦墓竹简·仓律》记载，当时乐阳粮仓储粮二万石一渍，咸阳十万石一渍，真可谓仓满粮丰，堆积如山。当时粟分黄、白、青三种不同加工方法储存，稻分粳、糯入库，由此可见秦人不仅粮食储备丰富，而且粮食加工技术也颇为讲究。

（二）秦式面点的特色

① 喜食牛羊肉，制作精细

汉族古老面点与少数民族风味面点的融合形成秦式面点的主要特色，如羊肉泡馍、羊血汤等。

在秦式面点中，泡馍是深受大众喜爱的食品。各地泡馍店竞相钻研技艺，煮馍技术日趋成熟。泡馍在煮法上有干泡、口汤和水围城三种。

干泡：要求煮成的馍，肉片在上，馍块在下，碗内无汤汁，馍、汤一次吃净。口汤：要求煮成的馍盛

刀削面

在碗里,馍块周围的汤汁似有似无,馍吃完后,仅留浓汤一大口。水围城:由于此法馍在碗中间,汤汁在周围,所以称为水围城,这种方法适用于馍块较大的。另外,在秦式风味小吃中,还有碗里不泡馍,光要肉和汤的吃法,称为单做。

煮好的馍上桌时,带糖蒜、香菜、油炒辣子酱等上桌。食用时不可用筷子来回搅动,以免发散和散失香味,正确的食用方法是从碗边一点点"蚕食"。

❷ 面食为主,原料丰富多样

秦式面点的原料中,粮食类包括小麦、粟、黍、秫等,肉类则有猪肉、牛肉、羊肉、鸡肉、狗肉等,蔬菜水果类更是繁多,有些地区还以河鲜或海鲜为馅。秦式面点油酥制品居多,如榆林马蹄酥、酥皮点心、金线油塔等。

❸ 料重味浓,民族风味浓厚

秦式面点注重咸、鲜、香辣、苦、酸、怪、呛。

❹ 秦式面点的代表品种

秦式面点的代表品种有羊肉泡馍、臊子面、黄桂柿子饼、裤带面、锅盔、肉夹馍、石子馍、千层油酥饼、泡儿油糕、关中搅团、金线油塔等。

牛羊肉泡馍

同步测试

项目小结

通过对本项目的学习认识到风味流派的含义,理解饮食风味流派的认定标准,以及饮食风味流派的形成过程。掌握黄河流域、长江流域、珠江流域代表菜肴,主要面点风味流派的形成、特色和代表品种,以及其他地方风味流派的相关知识。掌握面点小吃风味流派的种类及其特点。

項目四

中国饮食风俗

项目描述

　　风俗是历代相沿、积久而成的风尚、习俗。饮食风俗是人类饮食文化中的社会性规定和约定俗成的社会行为。中国饮食风俗（以下简称食俗）是中国饮食文化的一个重要组成部分,在农耕经济延续几千年的中国,饮食风俗多种多样,有民间的日常饮食风俗、中华民族的岁时节日饮食风俗、具有民族特色的饮食风俗等,许多饮食风俗至今在民间传承,影响着中国人的思想与行为。中华文明五千年,饮食文化博大精深。本项目让我们了解中国传统的各种饮食风俗,揭示这些饮食风俗所产生的社会原因、生长、消亡及传播等规律。

项目目标

　　1. 了解并认识中国传统岁时节日饮食风俗。
　　2. 了解并认识中国人生礼仪中的饮食风俗。
　　3. 了解并认识中国各地区主要少数民族的饮食风俗。

任务一　中国传统岁时节日饮食风俗

任务描述

　　了解中国的传统岁时节日,熟悉节日产生的原因,掌握主要传统节日的饮食风俗,进而提高对主要传统岁时节日饮食风俗的认识。

任务目标

　　1. 了解中国传统岁时节日产生的原因。
　　2. 掌握岁时节日与饮食的关联。
　　3. 熟悉中国传统岁时节日的代表食物。

　　岁时节日是由年月日与气候变化相结合排定的节气时令,是人类社会发展到一定阶段的产物。我国的岁时节日与我国的农业社会紧密关联,故而由来已久。从殷墟甲骨文中已可看到,我国早在商代就有了完备的历法纪年,古代农历把一年分为十二个月,在十二个月中,按一年的气候变化,分为二十四节气(三候为一气)、七十二候(五天为一候)、三百六十天(约),成为岁时节令的计算基础。后来由于生产、生活、信仰活动的安排,逐渐形成了中华民族的传统节日。我国的节日从内容上考察,可大致分为农事节日、祭祀节日、纪念节日、庆贺节日、社交游乐节日五类。

　　我国传统节日大多都有相对应的特定的饮食内容,《赏心乐事》中就记载了当时一年中的节日与饮食活动:正月,岁节家宴,立春日春盘,人日煎饼会;二月,社日社饭;三月,生朝家宴,曲水流觞,寒食郊游,尝煮新酒;四月,初八早斋,食糕糜;五月,观鱼摘瓜,端午解粽,夏至鹅臛;六月,赏荷食桃;七月,乞巧;八月,社日糕会;九月,重九登城,尝时果金橘,畅饮新酒;十月,暖炉,尝蜜橘;十一月,冬至馄饨;十二月,赏雪,除夜守岁。这些岁时节日饮食活动凝聚着人民生活特有的情感与寄托,蕴含着一种强大的精神与情感力量,反映了我们民族的传统习惯、饮食风尚、礼仪内容及其道德与信仰。

一、春季岁时节日食俗

春季岁时节日有立春、春节、元宵节、中和节、清明节等。

(一) 立春

❶ 节日由来

立春是干支历二十四节气中的第一个节气,又名岁首、立春节、正月节等。干支纪元法以立春为岁首,交节日为月首,立春既是岁之首亦是春季的开始。立是"开始"之意;春代表着温暖、生长。古代很重视立春,古人在这一天前后开始迎接春天的到来,享用以"春"命名的食品,举行以"春"命名的宴席。

❷ 代表食物

立春日用蔬菜、水果、饼饵等装盘,称为春盘。春盘最早由江淮间流传起来,后来传入宫廷。《燕都游览志》记载,明代时凡立春日,于午门赐百官春饼。《立春日赐百官春饼》载:紫宸朝罢听传餐,玉饵琼肴出大官。斋日未成三爵礼,早春先试五辛盘。生蔬在早春寒冷时不宜多食,辛亦新,生亦新,迎新而食生,迎春用春盘。

吃萝卜称"咬春",食春饼也有这个意思。《陈检讨集》记载:立春日啖春饼,谓之咬春;立春后出游,谓之讨春。宋代大文学家苏东坡的《送范德孺》中曰:渐觉东风料峭寒,青蒿黄韭试春盘。吃到春盘,时序虽然料峭寒冷,但能透出春意,感受春的气息。

(二) 春节

❶ 节日由来

春节又称元日、元旦、岁首、岁朝、新正等,为夏历新年的第一天。春节有三四千年的历史,由于历法不同,各代岁首之日不尽一致。1911年辛亥革命后,改用世界通用的公历纪年,将农历元旦改称春节。据史籍记载,春节在唐虞时叫"载",夏代叫"岁",商代叫"祀",周代才叫"年"。"年"的本义指谷物生长周期,谷子一年一熟,所以春节一年一次,含有庆丰之意。又传,春节起源于原始社会末期的"腊祭",当时每逢腊尽春来,先民便杀猪宰羊,祭祖宗及家神,祈求新的一年风调雨顺,免去灾祸。至于互相拜年宴请,则起自汉初,对此《通典》有所记载。

春节是我国历史悠久、活动内容丰富、礼仪隆重、场景壮观、食品精致的一个传统节日。民间过年有守岁、吃年饭、拜年、送对子、贴年画、放鞭炮、走亲探友等习俗。古人过年时饮食大大改善,年节的食品多寓意吉祥。因地区和时代不同,过年具体的饮食习俗、食品种类和寓意各有不同的特色。

❷ 代表食物

(1) 团年饭

农历除夕日,游子远归,阖家团圆聚餐,称吃团年饭。吃团年饭人要齐,菜要丰盛,饭要多,有剩余。吃饭前放鞭炮、祭祖,然后全家进食,气氛和睦欢乐,时间要吃得长久。郴州兴吃酸萝卜炒猪肝肠,象征"常吃长有"和"为人有肝肠";洪江一带兴吃米粉,上盖鱼、肉、鸡、鸭、蹄花、生姜等各两块,寓意"好事成双";辰溪一带一定要有青菜豆腐,以示"为人清白"。除夕吃团年饭时必须有鱼,而且必须有头有尾、完整无缺。鱼与"余"谐音,以鱼寓余,以期"年年有余"(图4-1)。旧时团年饭中的鱼每餐上桌,却不能吃,要留到正月十五才吃完,以示有吃有余。有的人家用木雕刻成鱼形放在碗里,加上调料,餐餐上桌,直至过完元宵节后才撤下洗净,留着第二年再用。

99

图 4-1 "年年有余"

（2）饺子

我国北方地区春节喜吃饺子，早在公元 5 世纪，饺子已是北方汉族的普通食品。当时的饺子"形如偃月，天下通食。"至唐朝时，吃法已与今天一致。1972 年在新疆吐鲁番唐墓中发现了形如偃月的食品，形状与现代的饺子无异。宋代称饺子为"角子"，此词也多见于明清小说中。元代忽思慧的《饮膳正要》中又有"扁食"一词。明朝和清朝又有了"饺儿""水点心""煮饽饽"等新称谓。明朝中期以后，饺子逐渐成为北方春节的传统食品。因饺子形如元宝，有"招财进宝"之意。春节饺子讲究在除夕夜十二点包完，此刻正为子时，以取"更岁交子"之意。吃饺子寓意团结，表示吉利和辞旧迎新。为了增加节日的气氛和乐趣，人们在饺子里包钱，吃到者意味着来年会发大财；在饺子里包蜜糖，吃到者意味着来年生活甜蜜等。

（3）屠苏酒

唐代至清代时期春节食俗中的礼仪成分逐渐加重。北宋王安石著名的《元日》有"爆竹声中一岁除，春风送暖入屠苏。千门万户曈曈日，总把新桃换旧符。"诗中描绘的春节三大习俗中，就有饮屠苏酒。屠苏又称"酴酥"，或称"屠酥"。元旦饮屠苏酒以避一年瘟疫。饮屠苏酒还讲究先后次序，"正旦进酒次第，当从小起，以年少者起先。"苏东坡有诗曰：但把穷愁博长健，不辞最后饮屠苏。如今，每逢春节，无论男女老少，即使平日不饮酒，也要在春节喝一杯"团圆酒"，可见传承几千年的春节饮酒习俗至今犹存。

（三）元宵节

❶ 节日由来

元宵节也称元夕节、上元节，又名灯节或灯夕。按照中国古代的习惯，"元"指月亮正圆，一年之中有所谓"三元"：正月十五称为上元，七月十五称为中元，十月十五称为下元。正月十五是一年中第一个月圆之夜，也是一元复始、大地回春之夜，人们对此加以庆祝，也是庆贺新春的延续，故元宵节又称为上元节。元宵亦有一年之中第一个月圆之夜的意思。

相传早于汉文帝时期，已将正月十五定为元宵节，至汉武帝时创建了太初历，进一步肯定了元宵节的重要性。元宵节的节期，随着历代的发展而不断延长，相传唐代的元宵节只持续三天，到了宋朝则延长至五天，及至明朝，增加至十天。初八点灯，一直到正月十七的夜里才落灯，整整十天。元宵节与春节相接，白昼为市，热闹非凡，夜间燃灯，较为壮观。至清代，元宵节增加了舞龙、舞狮、跑旱船、踩高跷、扭秧歌等内容，只是节期缩短为四到五天。

❷ 代表食物

（1）元宵

元宵节吃元宵（图 4-2），历史悠久，迄今亦然。《清异录》记述，唐和五代上元节吃"油画明珠"。元宵作为食品名称，始于宋代，今南北各地广为流行，有"团团圆圆"的吉祥之意。元宵的品种繁多，吃法不尽一致。北宋以前在开水锅里放入糯米粉、白糖，配以蜜枣、桂花、桂圆等制成各式甜味圆子羹，实际上是一种无馅圆子。到了南宋，才包入糖馅曰乳糖圆子。明代刘若愚《明宫史·饮食好尚》记载：其制法用糯米细面，内用核桃仁、白糖、玫瑰为馅，洒水滚成。如核桃大，即江南所称汤团也。有馅元宵分为甜味和咸味两种。甜味元宵以白糖、核桃、桂花、芝麻、山楂、豆沙、枣泥、冰糖等制馅。咸味元宵可荤可素，风味有异，各具特色。古时元宵节除吃元宵之外，还有吃豆粥、蚕丝饭等习俗。

图 4-2 元宵

（2）豆粥

南朝宗懔的《荆楚岁时记》载：正月十五日作豆糜，加油膏其上，以祠门户。豆糜即豆粥。

（3）蚕丝饭

食蚕丝饭是南方的节日食俗。《岁时杂记》载：京师上元日，有蚕丝饭，捣米为之，朱绿之，玄黄之，南人以为盘飧。这是一种捣米染色的年糕之类的食品，从南方传入汴京，也成为北方人的元宵节食品。

我国不同地区的元宵节饮食习俗不尽相同。如上海、江苏一些农村地区，元宵节吃"芥菜圆"。清代李行南《申江竹枝词》描述上海过元宵节的情景：元宵锣鼓镇喧腾，芥菜香中粉饵蒸。祭得灶神同踏月，爆花正接竹枝红。陕西人元宵节有喝元宵茶的习俗，即在面汤里放各种蔬菜和水果，河南洛阳、灵宝一带，元宵节要吃枣糕；云南昆明一带，大多吃豆面团；云南峨山一带，元宵之夜全寨人要聚在一起举办元宵宴，是日下午，召集人燃放鞭炮通知全寨各户主前来吃饭，吃饭前，由德高望重的老前辈吟诵祝词，祝愿当年风调雨顺、五谷丰登。

（四）中和节

❶ 节日由来

每年农历二月初二，是我国传统的中和节，俗称龙抬头。富察敦崇《燕京岁时记》记载：二月二日，古之中和节也。令人呼为龙抬头。是日食饼者谓之龙鳞饼，食面者谓之龙须面。在北方，二月初二又叫龙抬头日，亦称春龙节。在南方叫踏青节，古称挑菜节。大约从唐朝开始，中国人就有过"二月二"的习俗。中和节之所以称为龙抬头，是因为民间传闻龙经过长期冬眠之后，至此日初醒，方始抬头。农家旧时非常尊崇所谓"雨龙神"。抬头之龙象征着自然界春天生命的跃动，也寄托着人们对于春和日丽、风调雨顺的美好希望。

❷ 代表食物

普通人家在这一天要吃面条、春饼、猪头肉等，不同地域有不同的吃食，但大都与龙有关，普遍把食品名称加上"龙"的头衔，如吃水饺称为吃"龙耳"；吃春饼称为吃"龙鳞"；吃面条称为吃"龙须"；吃米饭称为吃"龙子"；吃馄饨称为吃"龙眼"。

（1）春饼

吃春饼称为"吃龙鳞"是很形象的，一个比手掌大的春饼就像一片龙鳞。春饼有韧性，内卷很多菜，如酱肉、肘子、熏鸡、酱鸭等，用刀切成细丝，配几种家常炒菜，如肉丝炒韭芽、肉丝炒菠菜、醋烹绿豆芽、素炒粉丝、摊鸡蛋等，一起卷进春饼里，蘸着细葱丝和淋上香油的面酱吃，真是鲜香爽口。吃春饼时全家围坐一起，把烙好的春饼放在蒸锅里，随吃随拿，热热乎乎，欢欢乐乐。

（2）撑腰糕

江南水乡在农忙伊始的早春二月，历来有"二月二吃撑腰糕"的传统习俗且流传甚广。"糕"与"高"谐音，有长寿的意思，反映劳动人民祈求身体健康的美好愿望。明代蔡云曾对此有生动描绘：二月二春正晓，撑腰相劝啖花糕。支持柴米凭身健，莫惜终年筋骨劳。还有一首《吴中竹枝词》写道：片切年糕作短条，碧油煎出嫩黄娇。年年撑得风难摆，怪道吴娘少细腰。这嫩黄香糯的油炸年糕片吃下肚里，腰板硬朗，耐得劳作，撑腰糕的名字也就因此而来。

（五）清明节

❶ 节日由来

每年公历4月5日或前后日是我国传统的清明节。传统的清明节大约始于周朝，距今已有2500多年的历史，在古代清明节与寒食节相比，人们更重视寒食节（即清明节前一天）。寒食节又叫冷节、禁烟节，因为清明及寒食两节的日期接近，民间渐渐将两者的主要饮食融合，到了隋唐时期，清明节和寒食节便渐渐融合为同一个节日，成为扫墓祭祖的神圣春祭之日，即今天的清明节。清明是二十四节气之一，在仲春与暮春之交，也就是冬至后的第106天。现代清明节，一般在公历4月4日至6

101

日之间,以 4 月 5 日居多。因为它是定在二十四节气中,春分后的第 15 天,所以不是固定在农历四月初五,也不是以农历来决定的。

图 4-3　清明青团子

❷ 代表食物

清明时节,江南一带有吃青团子(图 4-3)的风俗习惯。青团子是用浆麦草捣烂后挤压出汁,接着取用这种汁同晾干后的水磨糯米粉拌匀揉和,然后开始制作团子。团子的馅心是用细腻的糖豆沙制成,在包馅时,另放入一小块糖猪油。团坯制好后,将它们入笼蒸熟,出笼时用毛刷将熟菜油均匀地刷在团子的表面,便大功告成了。青团子油绿如玉、糯韧绵软、清香扑鼻,吃起来甜而不腻、肥而不腴。青团子还是江南一带人用来祭祖的必备食品,正因为如此,青团子在江南一带的民间食俗中显得格外重要。

二、夏季岁时节日食俗

夏季食物种类丰富。属于夏季的岁时节日主要有立夏、端午节、六月六、夏至等,2007 年我国将端午节列入法定节假日。

(一) 立夏

立夏是二十四节气中的第 7 个节气,是夏季的第 1 个节气,立夏在战国末年就已经确立了,预示着季节的转换,为一年四季中夏季开始的日子。太阳到达黄经 45 度时为立夏节气。斗指东南,维为立夏,万物至此皆长大,故名立夏也。

苏州一带有立夏尝三新的习俗。三新指新熟的樱桃、青梅和麦子。人们先以这三新祭祖,然后尝食。苏州立夏还要吃螺蛳、面筋、白笋、芥菜、咸鸭蛋、青蚕豆。各家酒店立夏这天对进店的老顾客奉送酒酿、烧酒,不取分文,把立夏叫作"馈节"。

关于浙江民间立夏食俗有一首民谣写道:青梅夏饼与樱桃,腊肉江鱼乌米糕。苋菜海蛳咸鸭蛋,烧鹅蚕豆酒酿糟。浙东农村立夏有吃七家粥的风俗,就是务农人家用左邻右舍互相馈送的豆、米,和以红糖,煮成的一锅粥,称为七家粥。传闻吃了这种粥,邻里和睦,一心去夏耕夏种。杭州人每逢立夏要烹煮新茶、备果品,亲戚邻居之间互相敬茶、馈赠,称为立夏吃七家茶。

北方多种植小麦,立夏正是小麦飘香的时节,因此北方大部分地区立夏有制作与食用面食的习俗,意在庆祝小麦丰收。立夏的面食主要有夏饼、面饼和春卷三种。夏饼又称麻饼,形状各异,有状元骑马、观音送子、猴子抱桃等;面饼有甜、咸两种,咸面饼的用料有肉丝、韭菜等,蘸蒜泥食用,甜面饼则多加砂糖;春卷用精制的薄面饼包着炒熟的豆芽菜、韭菜和肉丝等馅料,封口处用面粉拌蛋清黏住,然后放在热油锅里炸到微黄时捞起食用。

(二) 端午节

❶ 节日由来

端午节又称端阳节、重午节,是汉族重要的传统节日之一。我国把农历五月初五称为端午节,端是开端的意思,古代称初一为端一,初二为端二,"午"和"五"古代通用,故称端午。据传说端午节本是龙的节日,起源于古代的水乡部落,人们为抵御蛇虫疾病的侵害和水患的威胁,每年端午前后举行龙舟竞渡及向江河投米等活动,禳祸祈福,这是最早的端午节活动。

端午节的文化内涵在历史发展过程中不断丰富、升华,特别是与楚文化相融合,将追念楚国爱国诗人屈原作为节日文化的灵魂。自春秋战国至今,延续两千多年的端午文化,源远流长,生生不息,从未间断。端午节渐渐失去了古老的祭祀意义,成为展现民族精神力量的伟大文化节日。

❷ 代表食物

（1）粽子

端午食粽子（图 4-4）是中华民族一个颇有特色的食俗。此食俗有许多不同的传说，最普遍的说法是为了祭奠屈原。史料中关于粽子的记载，始于东汉，当时的粽子包成牛角状，称为"角黍"。据《风土记》记载，粽子是古人以菰叶裹黍米煮成，尖角。《风土记》注释里又说，当时民俗每年夏至和端午这两个节日，人们将黍米裹上菰叶，用淳浓汁煮得烂熟，作为节日食品，称为粽或角黍。食粽子的风俗不限于端午，夏至这一天也有此俗，现今国内某些

图 4-4 粽子

地区在春节也有食粽子的风俗。另据古籍记载，更至用黍和鸡祭祀祖先，早在殷周时代就有了，晋代人夏至以角黍祭祖的活动，只不过是殷周夏至尝黍和祭祖活动的演变。这样说来，端午节食粽子的风俗，并不是因纪念屈原而生的。但人们把端午食粽子作为纪念屈原的一种活动，使这一食俗更有意义。清代富察敦崇《燕京岁时记》记载了当时京都每届端阳以前，府第朱门皆以粽子相馈贻。可见端午食粽子的风俗，在明清时的北京也很盛行。

粽子在不同的地方，分别以菰叶、芦叶、筒叶包裹，煮熟后，黍米吸收了菰叶或芦叶的清香。粽子便于携带，别具一格，深受人们喜爱，我国有的地方春节期间要食粽子，有的地方元宵节和农历七夕必食粽子，大致自唐代以来，市肆间常年有粽子供应。据《酉阳杂俎》记载，唐代长安的"庾家粽子"以"白莹如玉"而著称，生意十分兴隆。现今，广东粽子、嘉兴粽子出类拔萃，闻名遐迩，是粽子族中的佼佼者。

（2）五黄

在我国许多地方，流行有端午节食"五黄"的习俗。"五黄"是指雄黄酒、黄鱼、黄瓜、咸蛋黄、黄鳝（有的地方也指黄豆）。雄黄酒，其色澄红，有解毒杀虫之功效，可治痈疮肿毒、虫蛇咬伤。俗信端午节时有"五毒"之说，"五毒"，即蛇、蝎、蜈蚣、壁虎和蟾蜍。民间认为，饮了雄黄酒便可杀"五毒"。

（三）六月六

❶ 节日由来

六月六，也称洗晒节，是汉族人民和一些少数民族人民的传统佳节。由于居住地区不同，过节的日期也不统一，汉族和部分布依族地区六月初六过节，称为六月六；还有部分布依族地区六月十六或农历六月二十六过年，称为六月街或六月桥。

旧时汉族官府和民间都对六月六非常重视。每当六月六，如果恰逢晴天，皇宫内的全部銮驾都要陈列出来暴晒，皇史、宫内的档案、实录、御制文集等，也要摆在庭院中通风晾晒，各地大大小小的寺庙道观要在这一天举行"晾经会"，把所存的经书统统摆出来晾晒，以防经书潮湿。民谚有云：六月六，人晒衣裳龙晒袍；六月六，家家晒红绿。红绿就是指五颜六色的各样衣服。清代的北京居民，都在六月初六那天翻箱倒柜，拿出衣物、鞋帽、被褥晾晒。因此又称为晒衣节或晒伏。

❷ 代表食物

六月初六这天还有许多专门的食俗。从六月初六起，街市上的中药铺和一些寺庙开始施舍冰水、绿豆汤和用中药制作成的暑汤。主妇们也在这一天开始自制大酱。每到六月六，当天要吃素食，如炒韭菜、煎茄子和烙煎饼等。吃素食之食俗除有清淡之意，是否还有深意，现在不得而知。六月六，看谷秀。农历六月已异常炎热，庄稼长势正旺，已是吐须秀麦穗之时，农家要观察长势，以卜丰歉。农民还称六月六为虫王节，要在农田、庭院里焚香祭祀，祈求上天保护，五谷丰登。旧时的老北京还有郊游和赏荷的民俗，为了防热消暑，文人墨客常到有庙宇有树荫的名胜地及长河、御河两岸，东便门外二闸等地野游。旧时的二闸可是通惠河上第二道闸所在地，是老北京春夏之时百姓观景旅游的胜地。当时通惠河两侧垂柳成行、水波荡漾，运粮船和各种游船穿梭往来。在二闸的闸口处，还

屈原与端午吃粽子

有一个飞溅的瀑布,岸边有楼台亭阁、私人花园和一些茶棚酒肆,恰似江南美景。清代《北京竹枝词》这样描绘:乘舟二闸欲幽探,食小鱼汤味亦甘,最是望东楼上好,桅樯烟雨似江南。六月正值荷花盛开,人们也常到什刹海边尝莲品藕。两岸柳垂成荫,水中荷花争艳,在此乘凉消闲吃冰食,别有韵味。

在我国的晋南地区,六月六还称为"回娘家节"。在这一天一些地方出嫁的姑娘要回娘家歇夏。民间有"六月六,请姑姑",人称姑姑节,六月六还被称作天贶节,据说起源于宗真宗赵恒。某年的六月初六,他声称上天赐给他天书,遂定是日为天贶节,还在泰山脚下的岱庙建造了一座宏大的天贶殿。天贶节的民俗活动,虽然已渐渐被人们遗忘,但有些地方还有少量保留。江苏的不少地方,在这一天早晨全家老少都要互道恭喜,并吃一种用面粉掺和糖油制成的炒面,有"六月六,吃了糕屑长了肉"的说法。

"回娘家节"
的传说

(四)夏至

农历五月间(阳历 6 月 22 日)的夏至,是全年白昼最长的一天。周朝夏至已有祭神仪式,认为可以消除病疫、减少荒年与人民的饥饿与死亡。此日民间吃面食,有"冬至馄饨夏至面"的说法。

据史料记载,我国自汉代就有过夏至节的习俗。各地夏至食俗虽有差异,但吃面食却是共同的。例如:北京"头伏饺子,二伏面,三伏烙饼摊雄鸡蛋";山东的"过水面";广东"冬至馄饨夏至面";湖北的"包面"等各有特色。在西北地区(如陕西),此日食粽子,并取菊为灰用来防止小麦受虫害。农家擀面为薄饼,烤熟,夹以青菜、豆荚、豆腐及腊肉,祭祖后食用或赠送亲友。

三、秋季岁时节日食俗

(一)立秋

立秋是二十四节气中的第十三个节气,更是秋天的第一个节气,标志着孟秋时节的正式开始。早在周朝,逢立秋那日,天子亲率三公九卿诸侯大夫到西郊迎秋,举行祭祀仪式。汉代沿承此俗,并杀兽以祭,表示秋来扬武之意。民间则有在立秋时占卜天气凉热的风俗。《四民月令》记载:朝立秋,冷飕飕;夜立秋,热到头。唐宋时起,有在此日用秋水服食小赤豆的风俗。

北京、河北一带民间素有"贴秋膘"一说。夏伏天人们胃口差,所以不少人都会瘦一些。清朝时,民间流行在数伏这天以悬秤称人(当然大多是称小孩),将体重与立夏时对比来检验肥瘦,体重减轻称为"苦夏"。那时人们对健康的评判,往往只以胖瘦为标准。瘦了当然需要"补",弥补的办法就是到了立秋要"贴秋膘",吃味厚的美食佳肴,当然首选吃肉,"以肉贴膘"。这一天,普通百姓家吃炖肉。讲究一点的人家吃白切肉、红焖肉,以及肉馅饺子、炖鸡、炖鸭、红烧鱼等。

全国一些地区有"咬秋"的习俗,和"咬春"一样,人们相信立秋时吃瓜可免除冬天和来年春天的腹泻。清朝张焘的《津门杂记·岁时风俗》中就有这样的记载:立秋之时食瓜,曰咬秋,可免腹泻。清朝时人们在立秋前一天把瓜、蒸茄脯、香糯汤等放在院子里晾一晚,于立秋当日吃下,为的是清除暑气、避免痢疾。

(二)七夕节

① 节日由来

七夕节,又名七夕、少女节、女儿节、双七节、香桥会、巧节会等。七夕乞巧起源于汉代,东晋葛洪的《西京杂记》有"汉彩女常以七月七日穿七孔针于开襟楼,人俱习之"的记载,这便是我们于古代文献中所见到的最早的关于乞巧的记载。南北朝梁宗懔在《荆楚岁时记》一书中如此描述:七月七日,为牵牛、织女聚会之夜。是夕,妇人结彩楼,穿七孔针,或以金银等为针,陈瓜果于庭中以乞巧,有喜子(小蜘蛛)网于瓜上,则以为有符应。后来的唐宋诗词中,妇女乞巧也被屡屡提及,《宫词百首》中有"阑珊星斗缀珠光,七夕宫娥乞巧忙"。据《开元天宝遗事》载:唐太宗与妃子每逢七夕在清宫夜宴,宫女们各自乞巧,这一习俗在民间也经久不衰,代代延续。宋元之际,七夕乞巧相当隆重,京城中还设有专卖乞巧物品的市场,世人称为乞巧市。时至今日,七夕节仍是一个富有浪漫色彩的传统节日。

Note

但不少习俗活动已弱化或消失,唯有象征忠贞爱情的牛郎织女的传说一直流传。

❷ 代表食物

七夕节的饮食活动是在农历七月初七晚,家家陈瓜果食品,焚香于庭,以祭祀牵牛、织女二星乞巧。清代,在北方地区,七夕节时,民间有设果酒、豆芽、具果鸡、蒸食相馈,街市卖巧果,家人设宴欢聚等节日饮食文化活动。南方的七果颇有特色,《清嘉录》记载,七夕前,市上已卖巧果,有以白面和糖,缩作苧结之形,油氽令脆者,俗呼为苧结。七夕节的常见食品还有菱角、瓜子、花生、米粉煎油果等。

（三）中秋节

❶ 节日由来

农历八月十五,恰逢三秋之半,故名中秋节,也叫仲秋节;又因这个节日在秋季、八月,故又称秋节、秋夕、八月节;有着祈求团圆的信仰和相关节俗活动,故亦称团圆节、女儿节。因中秋节的主要活动都围绕"月"进行,所以又称月节、月夕。关于中秋节的起源,大致有三种:一是起源于古时对月的崇拜、月下歌舞觅偶的习俗,也有古代秋拜祭拜土地神的遗俗;二是起源于吴刚伐桂;三是起源于元代朱元璋起义。

❷ 代表食物

（1）月饼

月饼(图 4-5)作为正式节令食品,始于宋而盛于明清。苏东坡有"小饼如嚼月,中有酥与饴"之句,"酥"与"饴"道出了月饼的主要特点。宋代《梦粱录》示:市食点心,时时皆有,芙蓉饼、菊花饼、月饼、梅花饼,就门供卖。不过,那时的月饼还没有成为中秋佳节的节令食品。月饼正式同中秋赏月联系在一起始见于南宋《武林旧事》一书。明代《宛署杂记》里记载:每到中秋,百姓们都制作面饼互赠,其大小不等称为月饼。《熙朝乐事》里也记载:八月十五为中秋,民间以月饼作礼品相赠送,取团圆之意。在杭州西湖苏堤上,人们晚上成群结队,带上月饼和酒通宵游赏,载歌载舞,同白天一样。从这些记载中,可见当时杭州中秋赏月的盛况。

我国劳动人民长期以来对月饼制作积累了丰富的经验。月饼种类繁多,工艺讲究。咸、甜、荤、素,各具风味,明末彭蕴章在《幽州土风俗》中这样描写:月宫饼,制就银蟾紫府影,一双蟾兔满人间。悔煞嫦娥窃药年,奔入广寒归不得,空劳至杵驻丹颜。这说明心灵手巧的厨师,已把嫦娥奔月的传说作为食品艺术图案形象再现于月饼上。清代富察敦崇《燕京岁时记》记载:至供月饼,到处皆有。大者尺余,上绘月宫蟾兔三形。足见古代月饼已如百

图 4-5　月饼

花齐放,美不胜收。现今月饼品种成百上千,五花八门,不一而足。但广东月饼、苏州月饼、云南月饼各具特色,深受人们欢迎。

（2）桂花

中秋佳节除食月饼外,江南一些地方还有食桂花糕、桂花酒的习俗。桂花不仅有观赏价值,而且还有食用价值。屈原《九歌》中有"奠桂酒兮椒浆""援北斗兮酌桂浆"的诗句,表明我国很早起就用桂花酿酒了。在我国的长江三角洲一带,每到中秋前后,店肆中桂花酒的生意总比平时好很多。人们喜爱桂花,将桂花作为食品制作中添香的作料。人们用糖或食盐浸渍桂花,长期保香于密封容器中;或者在制作糕点时,和米面做成桂花糕;或者在烧食山芋时撒上一撮,色香俱全。还有用桂花熏茶,或在泡茶时将桂花加进去,称之为桂花茶。

各地在中秋时节还有许多特殊的饮食习俗,如江西婺源地区必食塘鱼;江苏武进早上吃糖芋头;山东泰安一带吃小包子;云南昆明每户必做"合家大月饼",然后一人一块食之。中秋节在傣族、苗族、白族、哈尼族、纳西族、蒙古族、瑶族、布依族等少数民族中也甚为流行。

（四）重阳节

❶ 节日由来

农历的九月初九最初是欢庆收获的节日,古代曾将这天定为祭祀太阳神的节日。关于重阳节的来历,一般依据宋代陈元靓《续齐谐记》中认为与古时汝南恒景带领乡亲与瘟魔斗争并获得胜利的传说有关,也有传说是重阳节可从上古时代的天地崇拜中找到渊源,这天是纪念重阳帝君诞辰之日,同时还是汉族秋祭轩辕黄帝的节日。重阳节登高这一习俗是由古人在围猎骑射之后,登上高地,摆宴饮酒加以庆贺,并举行拜天之礼所演化而来。登高的寓意,在于离天越近祭拜也越虔诚。1989 年,我国把每年农历的九月初九定为老人节,将传统与现代巧妙结合,成为尊老、敬老、爱老、助老的老年人节日。

❷ 代表食物

重阳节有出游登高、赏菊、插茱萸、放风筝、饮菊花酒、吃重阳糕等习俗。相传此俗始于汉代。据《续齐谐记》载,东汉年间,汝南恒景随费长房游学,费长房对恒景说九月九日汝南将有大灾难,应该赶紧回去,令家人每人缝囊盛茱萸系臂上,登高饮菊花酒,可免此难。从此,每逢重阳,登高饮酒和插茱萸便沿袭成俗,代代流传。到唐宋时,人们把茱萸泡在酒里或直接插在头上,登高畅游,盛极一时。

（1）菊花酒

菊花药性甘寒微苦,有疏风除热、养肝明目、消炎解毒的功效。科学实验证明,菊花有扩张血管的功效,可以降血压,对冠心病也有一定疗效。菊花可以食用,李时珍在《本草纲目》中记载:其苗可蔬,叶可啜,花可饵,根实可药,囊之可枕,酿之可饮。可见,保健养生才是重阳节饮菊花酒的根本原因。

（2）重阳糕

重阳节这天,人们还有吃重阳糕的习俗。在魏晋时已有重阳食糕的习俗,至唐代时已很盛行。唐代诗人宋子京有诗云:"刘郎不敢题糕字,虚负诗中一世豪。"刘郎即诗人刘禹锡,他在重阳诗中有意避开了"糕"字,招来宋子京的批评,可见唐时重阳食糕风俗的普遍性,《唐六典膳部》已有"九日麻葛糕"的记载。到了宋代,重阳糕的款式花样已相当别致新颖。北宋孟元老的《东京梦华录·重阳》中记载:前一二日,各以粉面蒸糕遗送,上插剪彩小旗,掺订果实,如石榴子、栗子黄、银杏、松子肉之类。随着时代的进步和生产力的发展,重阳糕也日新月异,推陈出新。古时最讲究用糯米或黍米做重阳糕,唐代出现动物形象的花糕;到了宋代,汴梁(开封)的糕面上插绿色小旗点缀,又以粉做成狮子蛮王之状,置于糕上称为狮蛮糕;南宋临安(杭州)的重阳糕又发展为以糖、肉、秫面杂糅为之,上缕肉丝鸭饼,缀以榴颗,标以彩旗。少则两层,多则九层,并雕饰两只小样,寓意"重阳"。明清以来,重阳糕花色品种更多,既有油糖果、炉佘的,也有发面垒果蒸的,还有用糯米、黄米蒸熟后捣成的。据清代顾禄《清嘉录》记载:居人食米粉五色糕,名重阳糕,自是以后,百工入夜操作,谓之"做夜作"。有诗云:蒸出枣糕满店香,依然风雨古重阳,织工一饮登高酒,篝火鸣机夜作忙。清代潘荣陛的《帝京岁时纪胜》载:是日京师花糕极胜,市人争买,供家堂,馈亲友。由此可见,重阳节吃重阳糕是全社会的风尚。

四、冬季岁时节日食俗

秋去冬来,又是一个寒冷的季节。冬季的节日有立冬、冬至、腊八等。寒冬中透出温暖,温暖出自炉火、出自餐桌,人们用丰富多彩的饮食活动驱走严寒。

（一）立冬

立冬是二十四节气之一,也是中国传统节日之一,在每年的 11 月 7 日或 8 日,古人有在立冬看气象、卜冷暖的说法。如立冬晴,一年凌(严寒意);立冬阴(阴雨),一冬温(暖冬)。从立冬起,水始冰,地始冻。

旧时立冬时,到市场买倭瓜不可能。倭瓜是在夏天买的,存在小屋里或窗台上,经过长时间糖化,做饺子馅,味道既同大白菜有异,也与夏天的倭瓜馅不同,还要蘸醋加烂蒜吃,才算别有一番滋味。

我国很多地区立冬要吃饺子,因我国以农立国,很重视二十四节气,"节"者,草木新的生长点也。秋收冬藏,这一天就选择饺子(好吃不过饺子)。同时,古代认为瓜代表结实,所以《礼记》中有"食瓜亦祭先也"的说法。

(二)冬至

冬至是二十四节气中没有固定日期的"活节",俗称冬节、长至节、亚岁等。在冬至这一天,太阳刚好直射在南回归线(又称为冬至线)上,使得北方处于冬季,北方白天最短、黑夜最长。冬至过后太阳慢慢地向北回归线转移,北方也由冬季接近春季,北半球的白昼又慢慢加长,而夜晚渐渐缩短,所以古时有"冬至阳生"的说法,意思是说从冬至开始,阳气又慢慢地回升。冬至一般在公历 12 月 21日或 22 日。

冬至习俗源于汉代,盛于唐宋,相沿至今,甚至有"冬至大如年"之说。这表明古人对冬至十分重视。正因如此,冬至饮食文化丰富多彩,诸如馄饨、饺子、汤圆、年糕等。我国的一些地方把冬至作为一个节日来过。

在广东潮汕、海南的民间,冬至至今有祭祖先、吃甜丸等习俗。吃甜丸的习俗几乎遍及整个潮汕地区,但这个习俗还包含着一个有趣的内容:人们在这一天把甜丸祭拜祖先之后,拿出一些贴在自家的门顶、屋梁、米缸等处。为什么要这样做呢?相传因为甜丸既甜又圆,有美好的意义,预示明年又获丰收,家人又能团聚。厦门人对吃鸭可以说是情有独钟,一年四季都在吃鸭,盐鸭、酱鸭、烤鸭、四物炖鸭,冬至一定要吃姜母鸭。因此,冬至一到,就有很多人开始排队买姜母鸭。过去老北京有"冬至馄饨夏至面"的说法。相传汉朝时,北方匈奴经常骚扰边疆,百姓不得安宁。当时匈奴部落中有浑氏和屯氏两个首领,十分凶残。百姓对其恨之入骨,于是用肉馅包成角儿,取"浑"与"屯"之音,呼作"馄饨"。恨以食之,并求平息战乱,能过上太平日子。因最初制成馄饨是在冬至这一天,于是在冬至这天家家户户吃馄饨。河南人冬至吃饺子,俗称吃"捏冻耳朵"。

吃"捏冻耳朵"的民间传说

(三)腊八节

① 节日由来

农历十二月初八为腊八节。在远古时期,"腊"本是一种祭礼,人们常在冬月将尽时,用猎获的禽兽举行祭祀活动。"猎"字与"腊"字相通,"腊祭"即"猎祭",故将每年的十二月称为腊月。腊八节又称腊日祭、腊八祭、王侯腊或佛成道日,一说源于古代欢庆丰收、感谢祖先和神灵(包括门神、户神、宅神、灶神、井神)的祭祀仪式,除祭祖敬神的活动外,还要防病除疫。二说源于秦始皇修建长城时,为了悼念饿死在长城工地的人,人们每年腊月初八都要吃腊八粥。三说起源于元末明初,传说腊八粥是朱元璋落难时吃的食物。四说源于"赤豆打鬼"的风俗。到了明清时期,又渐渐演化成纪念佛祖释迦牟尼成道的宗教节日,敬神供佛、欢庆丰收和驱疫禳灾,成为腊八节的主旋律。

② 代表食物

腊八节主要选择腊八米料熬煮、赠送、品尝腊八粥(图 4-6),并举行庆丰家实。同时许多人家自此拉开春节的序幕,忙于杀年猪、打豆腐、制作风鱼腊肉、采购年货,"年"的气氛逐渐浓厚。

《清嘉录》有:八日为腊八,居民以菜果入米煮粥,谓之腊八粥。或有馈自僧尼者,名曰佛粥。在民间也有人家做腊八粥,阖家聚食,祀先供佛或分赠亲友。腊八粥一般用各种米、果品等一起熬制而成。

腊八粥不仅是礼佛食品、民间小吃,也是腊八节的重要礼品。清代《光绪顺天府志》云:腊八粥,一名八宝粥,每岁腊月八日,雍

图 4-6 腊八粥

和宫熬粥,定制,派大臣监视,盖供膳上焉。其粥用米杂果品和糖而熬,民间每家煮之,或相馈遗。我国幅员辽阔,各地腊八粥的风味也各有不同,总的来说是北甜南咸。北方人喜欢用江米、红小豆、枣、薏仁米、莲子、桂圆、核桃仁、黄豆、松子等为原料煮成甜味腊八粥;南方人则喜欢用大米、花生、黄豆、蚕豆、芋头、栗子、白果、蔬菜、肉丁和麻油煮成咸味腊八粥;西北地区在粥内还要加入羊肉。有些地方习惯将腊八粥称为"煮五豆",有的在腊八节当天煮,有的在腊月初五就开始煮了,还要用面捏些"雀儿头",和米、豆(五种豆子)同煮。

任务二 人生礼仪饮食风俗

 **任务描述**

在古代中国,传统的人生礼仪包括生育、婚嫁、寿诞、丧葬四大阶段所举行的礼节与仪式。本任务让我们了解中国传统人生礼仪中的饮食风俗,揭示这些饮食风俗的特点和规律。

任务目标

1. 了解生育阶段各地的礼仪食俗。
2. 了解婚嫁阶段各地的礼仪食俗。
3. 了解寿诞阶段各地的礼仪食俗。
4. 了解丧葬阶段各地的礼仪食俗。

中国传统文化中的礼仪规范,无不与人们的日常生活密切结合、息息相关,其中人生礼仪就是极其重要的部分。

一、生育礼仪食俗

生育是人类的本能,在无法控制生育的情况下,人们千方百计地求助于神灵而形成各种各样的风俗。此外,由于封建社会存在"重男轻女"的观念,人们都以"生男孩"为自豪,特别是封建皇族和其他统治集团,于是求子风俗、孕子和产子风俗、贺子风俗、教子风俗、成年礼风俗等应运而生。人们在长期的生育实践活动中,因信仰、认识的不同,产生了种种生育风俗,在这些纷繁的生育风俗里,有不少饮食活动的内容。生育礼仪活动中的食俗,是饮食民俗的一个重要组成部分,我们透过生育礼仪,可以窥见中国饮食民俗的丰富多彩。

(一)求子食俗

在中国,以农业生产为主的传统家庭结构中,家庭的富足完全依赖于劳动力的多少,解决这个问题的唯一办法就是多生多育。因此,多子多福的传统观念在中国人的思想中根深蒂固。古语云:"不孝有三,无后为大。"对有传统观念的中国人来说,"断了香火"就是天大的事情。自然,人们在这方面花的心思也就多些。于是,千奇百怪的求子习俗便应运而生了。送食求子,如吃喜蛋、喜瓜、莴苣、子母芋头之类,以为多吃这类食品便可更快得子。

我国民间,许多地方把蛋视为灵验的促孕食品,民间有食蛋以促孕的习俗,源于古代简狄吞燕卵而怀孕生契的传说。《诗经·商颂》有"天命玄鸟,降而生商"。虽然是传说,但我们透过这个传说,不难发现,早在先秦时期,就已有了吃蛋求孕的习俗。山东黄县每逢正月初一,长期不孕的妇女都要藏在门后吃一个煮鸡蛋,以求怀孕。在江南一带,小孩出生后第三天,父母必须用一个煮熟的鸡蛋在小孩身上滚过,俗称此蛋为"三朝蛋",当地人认为,不孕者吃了此蛋即可怀孕。在长江中下游地区,嫁女儿的嫁妆里有一个朱漆"子孙桶",桶里要放上若干个煮熟染红的喜蛋,嫁妆送到男方家后,男方亲友中如有不生育的女人,便会向主人讨"子孙桶"里的喜蛋吃。

旧时广州妇女还有以莴苣求子的习俗。《清稗类钞》记载:广州元夕妇女偷摘人家蔬菜,谓可宜男。又妇女艰嗣续者,往往于夜中窃人家莴苣食之,云能生子,盖粤人呼莴苣为生菜也。以菜象征子女,生为孕育之意。

（二）妊娠期食俗

妊娠,预示着一个新的生命即将诞生。旧时则意味着香火的延续将得到保证,家族的谱系将得到续写。这对于新婚夫妇及家庭乃至整个部落或宗族来说,都是十分重要的事情,也是值得庆贺的事情,因此民间称怀孕为"有喜"。

过去在我国民间以及现在的偏僻地区,由于科学文化相对落后,人们不能用科学的方法来指导孕妇饮食,而是采用一些迷信的方法,以期实现良好的愿望。例如有的地方妇女怀孕时,要求妇女多吃龙眼(干品叫桂圆),龙眼晶亮圆滑,民间认为多吃龙眼,日后生出的孩子眼睛会像龙眼一样又大又亮。还有的地方,鼓励孕妇多吃黑芝麻,认为吃了黑芝麻,将来孩子的头发会像黑芝麻一样乌黑油亮。江南一带,妇女在妊娠期间,长辈总要孕妇吃一些藕,因藕白而粗且多孔。多吃藕,是希望孩子今后又白又胖又聪明。这些饮食风俗主要是人们凭借直觉的联想,把事物的某些特征同新生儿联系起来,充分反映了人们对孩子寄托美好希望的民俗心理。

民间深知孕妇饮食的重要性,除了提倡、鼓励孕妇吃某些食物之外,同时又禁止、限制孕妇吃某些食物,生怕孕妇吃错东西,影响胎儿发育,故此衍生出种种饮食禁忌。

在我国,妊娠期饮食禁忌古已有之。古人认为,儿在胎,日月未满,阴阳未备,腑脏骨节皆未成足,故自初迄于将产,饮食居处,皆有禁忌。从科学角度看,妊娠期属于特殊生理时期,为了确保胎儿正常发育,免受外界侵害,孕妇饮食有所禁忌是符合科学道理的。而有的饮食禁忌,未免有点牵强附会,如:妊娠食羊肝,令子多厄;食山羊肉令子多病;食马肉令子延月;食驴肉生产难;食兔肉犬肉令子无声音并缺唇。

（三）分娩食俗

十月怀胎,一朝分娩。分娩是胎儿至婴儿的转折点。分娩是产妇痛苦的过程,并且承担着极大的风险。为了使母子平安,民间往往要举行各种礼仪活动来祈祷、祝福、庆贺,其中有许多就是通过饮食礼仪方式来进行的。

湘西地区,孕至九个月,孕妇母亲要特意为孕妇煮一顿饭,并且亲自送去,一般要做三至五道菜,其数量以女儿一餐能吃完为度,孕妇要全部吃完,不能剩,剩则表示胎儿不能生下。同时催生饭只能孕妇一人吃,如果其他人吃了,则认为孕妇未吃此饭,分娩会往后推移。催生饭送毕,孕妇母亲当天就要返回家去,表示孕妇吃了催生饭,胎儿很快就要降生,孕妇母亲在家等候喜讯,准备送"祝米酒"。此举无非是为了表达孕妇母亲期望孙儿早降生,祈求母子平安的心愿。

婴儿诞生后,民间要举行一种别开生面的开奶仪式。所谓开奶,即第一次给婴儿喂奶,正因为是第一次,所以也格外讲究。开奶仪式各地也不尽相同。

妇女分娩后,由于气血损耗,体质虚弱,要静养休息一个月,俗称坐月子,其间的饮食也有许多讲究。产妇的饮食进补,秉承古代遗风,各地都积累了许多宝贵的经验。两湖地区,产妇每天离不开红糖水,因红糖具有补血的作用。河套平原汉族产妇产后要吃二红粥,即用小米加红糖、红枣煮制而成的粥。每天要吃八顿。糯米是南方产妇的常用食品,坐月子期间要煮糯米粥、糯米饭,给产妇食用。四川地区则喜欢在米酒中放些川贝、当归等生血药物,有的还要加莲子,以增加滋养。福建一带习惯将糯米放入老酒煮食,据说有祛寒、补血、散瘀血之效。

（四）诞生礼仪食俗

随着婴儿呱呱坠地,一系列的诞生礼仪便正式开始了。民间流行的诞生礼仪最常见的有报喜、三朝、满月和抓周等。

图 4-7　生育报喜的红鸡蛋

孩儿一落地,家人便要把这一消息立即告诉左邻右舍、亲戚朋友。民间称之为报喜。因地域不同,具体做法稍异。浙江地区报喜时,生男孩用红纸包毛笔一支,女孩则另加手帕一条。也有分别送公鸡或母鸡的,送公鸡代表男孩,送母鸡就是女孩。有的地方则带伞去岳父母家,伞置中堂桌上为生男,拴红绸则为生女。中原广大地区女婿去岳父母家时,要带煮熟的红鸡蛋(图 4-7),生了男孩所带的鸡蛋为单数;如果是女孩,鸡蛋为双数。

给外婆报喜最为讲究。湘西一带,小孩出世后,女婿要备上两斤酒、两斤肉、两斤糖、一只鸡到岳母家报喜,岳母根据报喜带来的是公鸡还是母鸡,就知道生的是男孩还是女孩。公鸡表示生男孩,母鸡表示生女孩,双鸡表示生双胞胎。在西南彝族及湘鄂一带均有以鸡报喜的习俗。

婆家报喜之后,产妇的娘家则要送红鸡蛋、十全果、粥米等。送粥米也称送祝米、送汤米。有的还要送红糖、母鸡、挂面、婴儿衣被等。婴儿出生三天,要给孩子洗三朝。洗三朝也称三朝、洗三。在山东民间,产儿家要煮大碗的面条分送邻里亲友,一来答谢,二为同喜。也有在小孩出生的第十二天进行答谢的。在安徽江淮地区,则要向邻里分送红鸡蛋。在湖南蓝山,要用糯糟或油茶招待家人。

孩子诞生后,亲戚朋友都要前来祝贺,主家则要办酒席予以答谢,民间谓之做三朝。三朝并不拘于三天,九天也可以。三朝食俗由来已久。据《古今图书集成·人事典》载:东魏高澄尚冯翊公主。生子三日……玄宗命高力士赠酒馔金帛……又武后时,拾遗张德,生男三日,杀羊,会同僚。可见一千多年前,人们就已经很重视"三朝礼"了。

在许多地方,给小孩做满月所请的酒,也称吃满月蛋,属民间喜庆宴席之一。这种喜酒与其他宴席不同的是,凡吃酒的宾客,东家都发四个煮熟染色的红鸡蛋带回去。小孩做了满月,孩子的母亲要抱着孩子到娘家,孩子出生后第一次随母亲到外婆家过门俗话称出窝。山东胶东民间,在孩子回姥姥家时,还要蒸制一种特别的面食品"粔粔",有快快成长之意。

婴儿出生后长满一年,俗称周岁,大部分民间都要举行抓周的仪式。民间借以预测周岁幼儿的性情、志趣或未来前途。一般在桌子上放纸、笔、书、算盘、食物、钗环和纸做的生产工具等,任其抓取以占卜未来。抓周时亲朋要带贺礼前来观看、祝福,主人家必备酒馔招待。抓周习俗由来已久,北齐时期颜之推《颜氏家训·风操》云:江南风俗,儿生一期(即一周岁),为制新衣,盥浴装饰,男则用弓矢纸笔,女则刀尺针缕,并加饮食之物及珍宝服玩,置之儿前,观其发意所取,以验贪廉愚智,名之为试儿。宋朝孟元老《东京梦华录·育子》称此为"小儿之盛礼"。

二、婚嫁礼仪食俗

我国民间俗语有"男大当婚,女大当嫁",说的就是人生中一个重要的礼仪事项——婚礼。在现代的婚礼中,或多或少地折射出古代传统婚礼中"六礼"的影子。"六礼"形成于周朝,据《礼记·婚义》记载,古代的婚礼,从议婚到完婚的礼节一共有六道,按其顺序,先后有纳彩、问名、纳吉、纳征、请期、亲迎六种礼节。近代以来,比较传统的婚礼一般是从下聘礼开始,到新娘三天回门结束。而在整个婚礼过程中,饮食的内容不仅不可缺少,而且有的环节还会起到决定性的作用。

(一)恋爱相亲食俗

中国古代的婚嫁,大多屈从于父母之命、媒妁之言,男女双方都无权决定自己的婚姻大事,更谈不上所谓的恋爱。然而,在我国部分少数民族地区,男女青年都享有选择配偶、谈情说爱的自由,他们常常在一些节日庙会或歌墟集会中,寻觅意中人,并且通过某种特殊的饮食活动,向对方表露自己的爱慕之情。清人赵翼《檐曝杂记》载:每春月趁墟唱歌,男女各坐一边,其歌皆男女相悦之词……若俩相悦,则歌毕辄携手就酒棚,并坐而饮,彼此各赠物以定情。这种以对歌而相悦,以宴饮而定情的恋爱方式及活动,在我国南方少数民族地区颇为盛行。

傣历新年那一天,傣家竹楼里到处可闻杀鸡声,鸡烧好后,姑娘们穿上盛装,把鸡肉拿到集市上去卖,等候自己喜欢的小伙子来买。兴高采烈的小伙子们纷纷前来问价,如果姑娘说"吃了再称",吃后姑娘加倍要钱,便是不喜欢了。若姑娘喜欢买鸡肉的小伙子,便会递给小伙子一个凳子,让他坐到自己身边。这时,小伙子说:"我们傣家有句俗话'一起吃才香,一起抬才轻',我俩一起吃,鸡肉会更香。"姑娘回答说:"我们傣家也有句俗话'放开来吃才香,放开来才利索',这里人多嘴杂,干脆我俩抬到林子里去吃。"

(二) 聘礼食俗

我国民间婚俗,若男女双方相互中意,生辰八字相合(旧时认为一个人出生的年、月、日、时各有天干、地支相配。每项用两个字代替,四项就有八个字,即可推算一个人的命运。旧俗男女双方订婚前要交换八字帖,也叫庚帖),并经父母同意,便可正式订婚。订婚之日,男方必备聘礼,聘礼中除衣物饰品外,还少不了一些食物,这些食物除了具有一般食物共有的食用价值之外,还结合婚嫁的主题,含有某种吉祥寓意。

婚礼中男方向女方下聘礼的种类,自古以来不胜枚举。但聘礼所选各物均有其意,有的取其吉祥,以寓祝颂之意,如羊、香草、鹿等;有的取各物的特质,以象征夫妇好合,如胶、漆、合欢铃、鸳鸯、鸡等;有的取各物的优点、美德以资勉励,如蒲、苇、卷柏、舍利兽、受福兽、乌、鱼、雁、九子归等。唐代段成式的《酉阳杂俎》记录当时纳彩礼物有合欢、嘉禾、阿胶、九子蒲、朱苇、双石、棉絮、长命缕、干漆。九事皆有词,胶漆取其固,棉絮取其调柔,蒲苇为心,可屈可伸也,嘉禾,分福也,双石,义在两固也。后来,茶也列为重要礼物之一。

在我国多数地区,茶叶是必不可少的一种聘礼。拉祜族有句民谚:"没有茶叶就不能算结婚。"在湘黔一带,男方向女方求婚叫讨茶,女方受聘叫吃茶或受茶,有的地方甚至干脆把聘礼叫茶礼。如某家女子已许人家时,便以已受过人家的茶礼来说明已订婚约。可见茶是民间婚姻聘礼中的主要礼品。宋人《品茶录》解释为:种茶树必生子,若移植则不复生子,故俗聘妇,必以茶为礼,义固有取。由此看来,行聘用茶,暗寓婚约一经缔结,便铁定不移,绝无反悔,这是男家对女家的希望,也是女家应尽的义务。

除茶叶外,旧时鸡、鹅也是聘礼中的重要物品。聘礼用鸡、鹅,与纳吉携雁到女方家去确定婚约有关。《五礼通考》引《礼志》说:其纳采、问名、纳吉、请期、亲迎,皆用白雁、白羊各一头。关于聘礼用雁的取义,《白虎通·嫁娶》记载:用雁者,取其随时而南北,不失其节,明不夺女子之时也。又取飞成行,止成列也,明嫁娶之礼,长幼有序,不相逾越也。雁为候鸟,秋南飞而春北返,来去有时,从无失信。故以雁为男女双方信守不渝的象征。

酒与久谐音,聘礼用酒,有预祝夫妻白头偕老、天长地久之意。杜佑《通典》中对聘礼用酒的意义解释为清酒降福、白酒欢之由。酒能带来幸福和欢乐,以酒作聘礼当然是十分合适的。如今无论是在城市还是乡村,当青年男女正式确定恋爱关系后,小伙子上门提亲,总少不了要买两瓶上等好酒孝敬未来丈人。

无论是古代还是现代,聘礼中各种寓意吉祥的食物是必不可少的,每一种食物都有一定的讲究,或寓意美好,或讨个口彩。

(三) 出阁食俗

出阁是民间俗语,即姑娘出嫁。当男女双方约定婚期之后,男方便开始布置新房,女方也着手筹备、整理嫁妆。嫁妆除一般的衣物饰品、日常用具外,有的地方还要在嫁妆中加上一些食品。不过作为嫁妆的食品,食用价值已不是主要的了,更重要的是人们借食品的某种吉祥寓意,来表达对新婚夫妇的美好祝愿和对其婚后生活的殷切希望。

嫁妆食品的名称后面多带有一个"子"字,诸如瓜子、枣子、豆子、栗子等。从婚俗角度来看,广义的"子"是指"子女",而狭义的"子"则仅指"儿子"。由于历史原因,我国民间仍有或多或少重男轻女

111

图 4-8　陪嫁的子孙桶

的传统封建意识,婚后不仅要能生育,而且还必须生儿子,只有生了儿子才能"传宗接代"。故选用瓜子、豆子、栗子等食品,多有祝新人生儿子之意。

在我国各地,鸡蛋是嫁妆中常见的一种食品。鸡蛋有的地方也叫鸡子。在江浙一带,嫁妆中有一种"子孙桶"(图 4-8),桶中要盛放喜蛋和喜果,送到男方家后由主婚太太取出,当地人称此举为"送子"。在岭南地区,嫁妆中少不了要放几枚石榴,因石榴多籽,用石榴,自然是取其"多子多孙"之意。

女子出阁,民间还有饿嫁之俗。贵阳西北苗族,姑娘出嫁前吃完离娘饭后,要断食一昼夜,到婚后第二天早晨才能吃饭。凉山彝族,姑娘出嫁前五日就开始断食,只以少量糖果充饥,有的新娘到出嫁时,已饿得头昏眼花、浑身无力。与饿嫁相反,汉族的许多地方,姑娘出嫁前则有吃别亲饭、辞家宴的习俗。

(四)催妆与迎亲食俗

新婚佳期将至,男方要派人通知女方及早为新娘准备嫁妆,以便在吉时迎亲,民间谓之催妆。催妆要带催妆礼,明人吕坤《四礼疑》记载:催妆,告亲迎也,……近世果酒二席、大红衣裳一套、脂粉一包、巾栉二面。其中果酒二席,即说在迎亲的头天,由男方办两桌酒席(多为半成品)送至女方。

旧时天津一带,娶亲前一日,男方家以鸡、鸭、鱼、肉及果品等,送至女方家,名为催妆;女方家则送妆奁至男方家。

鄂东南一带,催妆礼用的是鲜鱼和鲜肉,其数量多寡,依男方家庭条件而定,一般是各五十斤。催妆礼一般随上楼(婚期的前一日到女方家去搬嫁妆,因旧时嫁妆放在楼上,故称上楼)送至女方家。

在羌族居住区,男方派人去催婚,必定要带去十几斤好酒作为催妆酒,否则女方家不开口说话,男方不能娶走新娘,故此酒礼又叫开口酒。

送催妆礼可不是一件容易的事,新娘的姊妹们往往要刁难甚至嘲弄送礼者,因此男方往往要挑选一些能说会道、能随机应变的迎亲客,以应付女方各种善意的恶作剧。

(五)婚庆食俗

我国传统民间婚庆活动重点在结婚三日内,即结婚当天、第二天和第三天,这三天酒筵活动频繁。与饮食有关的活动主要有:女方家的"送"筵席,男方家的婚宴、交杯酒、闹房、撒帐、吃长寿面、新妇下厨房、回门等。

虽然各地风俗不同,但婚庆礼仪习俗的意义是相同的。结婚当天上午,新郎在亲友的陪同下到新娘家娶亲。女方家设筵席款待新郎、媒人及来宾,女方亲友及邻里也参加筵席。然后择时发亲。到男方家里后,新娘与新郎并立,合拜天地、父母,夫妻互拜,然后入房合卺,即喝交杯酒。喝交杯酒是最重要的结婚礼仪,大约始于周朝。合卺,即把一个匏瓜剖成两个瓢,新婚夫妇各执一个饮酒。后世因之称男女成婚为合卺(图 4-9)。宋朝孟元老《东京梦华录·娶妇》载:用两盏以彩结连之,互饮一盏,谓之交杯酒;并将杯掷地,验其俯仰,以卜和谐与否等。近代婚礼中喝交杯酒,仅代表新婚夫妇相亲相爱,白头偕老。

婚宴也称吃喜酒,是婚礼期间举办的一种隆重的筵席。如果说婚礼把整个婚嫁活动推向高潮的话,那么婚宴则是高潮的顶峰。婚宴一般在新郎、新娘拜堂仪式完毕后举行。民间婚宴,礼仪烦琐而讲究。从入席到安座,从开席到上菜,从菜品组成到进餐礼节,乃至席桌的布置、菜品的摆放等,各地都有一整套规矩。

图 4-9　合卺礼

（六）洞房食俗

婚宴结束之后，新郎、新娘入洞房，于是开始了洞房里的一系列礼俗活动。

婚礼当晚闹洞房，又称逗媳妇、吵房，是流行于各地民间的婚庆习俗之一，是对新郎新娘新婚的祝贺，多流行于汉族地区，始于六朝，通常在婚礼后的晚上进行。闹洞房乃花烛之喜。至时，无论长辈、平辈、小辈，聚于新房中祝贺新人或婚闹，皆无禁忌，有"三日无大小""闹喜事喜，越闹越喜"之说。在闹洞房的环节中，喜家都备有糖果、干果等招待闹房亲朋好友，以供吵闹之需。

在我国许多地方，当新人进入洞房时，有撒喜果之俗，有的地方也叫撒帐、撒五子。旧时多流行于汉族某些地区。其做法因时因地而异，目的也不尽相同。宋代《戊辰杂抄》载：撒帐始于汉武帝。"李夫人初至，帝迎入帐中共坐，饮合卺酒，预告官人，遥撒五色同心花果，帝与夫人以衣裾盛之，云得果多，得子多也。"又据宋朝孟元老《东京梦华录》载：凡娶妇，男女对拜毕，就床，男向右、女向左坐；妇以金钱彩果散掷，谓之撒帐。这一做法，目的是以求富贵吉祥。后来，民间把枣子、栗子、桃子、李子、橘子等与孩子、儿子、孙子的"子"联系起来，于是产生了以枣、栗撒帐，祝早生贵子的习俗。北方民间，在新婚夫妇入洞房前，多是选一"吉祥人"，手执盛有枣、栗等物的托盘，唱《撒帐歌》撒帐。此习俗在我国农村传承至今，而在城镇的婚庆中，现在多以五色彩纸抛撒，亦即是撒帐习俗的演变。

（七）回门食俗

新婚的第三天是新娘回门的日子。回门也称双回门、归宁，古称拜门。回门之日，新娘要带一些礼物孝敬父母，俗称回门礼。回门礼以食品为主，酒、肉、糯米、糍粑、面条、糕点之类为常见。新婚夫妇一块回门，取成双成对吉祥如意。这是婚礼的最后一项仪式，含有女儿成家后不忘父母养育之恩、女婿感谢岳父岳母恩德及女婿女儿婚后恩爱等意义。新郎至岳父母家，依次拜岳父母及女方各尊长。岳父母家设筵，新郎入席居上座，由女方尊长陪饮。

旧俗新婚第三天，新娘要下厨做饭，这是媳妇进门应做的第一件事，也是媳妇孝敬公婆的一种礼节。唐人王建的《新嫁娘》："三日入厨下，洗手作羹汤。未谙姑食性，先遣小姑尝。"现在已经不行此礼仪了。

三、寿诞礼仪食俗

中国自古以来就有孝亲养老的传统美德，并且表现在日常生活的方方面面。古代的乡饮酒礼是社会层面的养老礼仪。而在家庭中，除了日常孝敬祖父辈、父辈之外，那就是通过给老人"做寿"表达晚辈的孝亲养老之情。做寿，也称祝寿，是指为自己家庭中的老年人举办的生日庆祝活动。我国民间传统意义上的祝寿一般从 50 岁开始，也有从 60 岁开始的。给老人做寿，各地有不同的习俗，一般50 岁以后每年在家庭内部举行一次，每 10 年举行一次大范围的祝寿活动。为 80 岁及以上长辈举行的诞生日庆贺礼仪称为做大寿。大范围的做寿活动一般人家均邀亲友来庆贺，晚辈与亲友要给老人赠送寿礼，礼品有寿桃、寿联、寿幛、寿面等，并要大办筵席庆贺，亲朋好友共饮寿酒，尽欢而散。

做寿一般逢十，但也有造九、逢一的。如江浙一些地区，凡老人生日逢九的那年，都提前做寿。九为阳数，届时寿翁接受小辈叩拜。中午吃寿面，晚上亲友聚宴。席散后，主人向亲友赠寿桃，并加赠饭碗一对，名为寿碗，俗谓受赠者可沾老寿星之福，有延年添寿之兆。湖南嘉禾县女婿为岳父母做寿称做一，即父母年届 61 岁、71 岁、81 岁时，女婿为其做寿。

做寿要用寿面、寿桃、寿糕、寿酒。面条绵长，寿日吃面条，表示延年益寿。寿面一般长 1 米，每束须百根以上，盘成塔形，罩以红绿镂纸拉花，作为寿礼敬献寿星，必备双份。祝寿时置于寿案之上。寿宴中，必以寿面为主。寿桃一般用米面粉制成，也有的用鲜桃，由家人置备或亲友馈赠。庆寿时，陈于寿案上，九桃相叠为一盘，三盘并列。神话传说中西王母做寿，在瑶池设蟠桃会招待群仙，因而后世祝寿均用桃。"酒"与"久"谐音，故祝寿必用酒。酒的品种因地而异，常为桂花酒、竹叶青酒、人参酒等。

为老人祝寿举办的寿宴也有讲究,菜品多扣"九""八",宴席名如"九九寿席""八仙席"等。除各种祝寿专用面点外,还有白果、松子、红枣汤等。菜名多寓意美好、吉祥、长寿,如"八仙过海""三星聚会""福如东海""白云青松"等。

四、丧葬礼仪食俗

如果从人生礼仪的时序上看,丧葬礼仪是人生最后一项礼仪活动,是人生过程中的一项"脱离"仪式。丧礼,民间俗称送终、办丧事等,古代视其为凶礼之一。对于寿终正寝的人去世,民间称"喜丧""白喜事"。在丧葬礼仪中,饮食内容同样重要。

一般来说,居丧之家的饮食多有一些礼制加以约束,还有一些斋戒要求。民间遇丧后要讣告亲友,而亲友则须携香椿、联幛、酒肉前往丧家进行"吊丧"仪式。丧家均要设筵席招待客人。各地丧席有一定的差异。如扬州丧席通常有红烧肉、红烧鸡块、红烧鱼、炒豌豆苗、炒大粉、炒鸡蛋,称为"六大碗"。四川一带的"开丧席",多用巴蜀田席"九大碗",即干盘菜、凉菜、炒菜、镶碗、墩子、蹄膀、烧白、鸡或鱼、汤菜等。湖北仙桃的"八肉八鱼席",即办"白喜事"每席用八斤肉、八斤鱼作为菜肴的原料。关于居丧期间丧家的饮食,不同时期不同地区也有所差异。

现在在城镇举行的丧葬礼仪一般没有传统民间那么复杂。亲朋好友大多送花圈作为对丧家的慰问,追悼会和送别仪式后丧家则在酒店举办筵席招待亲朋好友。

任务三 中国主要少数民族饮食风俗

任务描述

了解我国各地区、各民族千姿百态、异彩纷呈的饮食风俗,感受中国饮食所呈现的浓郁的地方特色和鲜明的民族情调。

任务目标

1.了解我国东北及华北地区主要少数民族饮食风俗。

2.了解我国西北地区主要少数民族饮食风俗。

3.了解我国西南地区主要少数民族饮食风俗。

4.了解我国中南地区主要少数民族饮食风俗。

我国是一个多民族的国家,由于我国少数民族众多,各民族、各地区有自己特有的饮食文化和民族食俗,古时大部分少数民族居深山溪洞中,他们的饮食生活有许多特殊风尚,史籍多有记载。明清以来,各民族人民的饮食生活得到了新的发展,饮食风俗也基本形成并产生一定的影响。

一、东北及华北地区主要少数民族饮食风俗

东北及华北地区地域辽阔,自然资源十分丰富,对发展农牧业生产具有得天独厚的优越条件,自古以来就是中国少数民族繁衍生息的摇篮。古代少数民族的人民多以狩猎、畜牧为生,后来一些民族以农业生产为主。生活在这一区域的少数民族有满族、朝鲜族、蒙古族、达斡尔族、鄂温克族、鄂伦春族、赫哲族等。

(一)满族饮食风俗

满族很久以前就形成了以定居耕作为主、以狩猎为副业的生产方式,其饮食较为丰富。主食有高粱、糜子、小米、玉米、麦粉、粳米和大豆等,这种饮食习惯一直保持至今。满族人有狩猎和采集的

传统习惯,狩猎得来的野兽、飞禽也是他们日常饮食的重要组成部分。

就饮食习俗而言,猪肉是满族人的最爱,无论年节、祭祀或亲朋来访都要杀猪。祭祀吃"福肉"(清水煮的白肉)时,过往行人都可以吃。现在沈阳很多那家馆都以经营满族风味的白肉血肠为主。满族还有养蜂采蜜的传统,故喜食蜜制食品,如蜜果子、蜜饯果脯、萨其马、蜂糕等都是满族的传统食品。

满族的年节时令饮食也多种多样。满族过年要吃年饽饽,满族人把用面粉做的馒头、包子、饺子等面食统称为年饽饽。年前先将饽饽做好,放在户外冷冻起来,称冻饽饽,过年时随熘随吃。

满族春日有野游踏青的习俗。开春后东北各地青草初生,人们担酒牵羊,饮宴于江边林下,称为"耍春"。春日多上山或到田间采集野蔬,夏日采摘野果和野蘑菇。十月,人们大都外出捕捉,按定旗分,不论平原山谷,围占一处,称为"围场"。所得食品,必饷亲友。端午节、中秋节和春节杀猪,吃白肉血肠。白肉肥而不腻,血肠色美味香,深受满族民众的喜爱。清代姚元之在《竹叶亭杂记》中记载:主家仆片肉于锡盘飨客,亦设白酒;是日则谓吃肉,吃片肉也;次日则谓吃小肉饭,肉丝冒以汤也。清代吴振臣在《宁古塔纪略》中也说:大肠以血灌满,一锅煮熟。如今,东北的城乡各地普设白肉血肠馆,犹以沈阳西华门的那家馆最负盛名。北京的砂锅居餐馆,还把这种白肉作为北京名食加以经营,颇有风味。冬季生活宽裕的人家,常吃酸菜白肉火锅,味甘可口。

(二)朝鲜族饮食风俗

朝鲜族地区是我国北方著名的水稻之乡。食物种类繁多,式样丰富多彩,既有居家的日常饮食,又有各种传统礼俗活动、接待客人的节日饮食。朝鲜族能歌善舞,有尊老爱幼、礼貌待人的传统美德。饮食礼仪是朝鲜族饮食风情的重要组成部分。朝鲜族的饮食礼仪贯穿饮食活动的全过程。如饮食的制作,摆饭桌、用餐、做客、待客、饮酒等,都有一定的传统规矩和风俗习惯。其中,最基本的内容是尊重长辈、礼貌待客、保持饮食卫生等。米饭是朝鲜族的主食,还伴有各种各样的米面糕饼。朝鲜族民众喜欢吃酱汤和生拌、凉拌的菜肴,其中以生拌活鱼、生拌牛肉、生拌鱿鱼和各种风味的山地野菜最具特色,滋补参汤营养丰富。厨房饮食多用铜质器具,用餐习惯于分食。朝鲜族是热情好客、好喝酒的民族。酒是他们饮食生活中不可缺少的饮品。据史料记载,早在4—5世纪时已酿造了高度酒。朝鲜族有"主酒客饭"的说法,就是在招待客人时,主人主要对客人进行敬酒、劝酒。在长期的饮食生活实践中,民间形成了食俗食风。

(三)蒙古族饮食风俗

传统的蒙古族民众以畜牧业为主,现在有些地区的蒙古族形成了半农业半牧业的生产形式。蒙古族民众按自己的嗜好,以蒙古沙漠和草原地区的特产为原料烹制食品。他们主要的食物是羊肉,主要的饮料是马乳,据厉鹗《辽史拾遗》和孟珙《蒙鞑备录》记载,蒙古族人多以狩猎为生,饮马乳,以塞饥渴;若出征也是一定要携带粮食的。后来,学会了面食类食物的制作,于是以米麦而后饱,所以又掠米麦煮粥而食。在忽思慧《饮膳正要》中记载的菜肴和面类食品中,70%以上是以羊肉或羊内脏作为主料的。除羊肉外,蒙古族嗜食马、牛、驼肉及禽肉,特别是天鹅。

蒙古族聚合饮宴,有许多特殊风俗。蒙古族饮宴,主人执盘盏劝客时,客人若饮茶少留涓滴,主人就不接盏,见客人饮尽才高兴。每饮酒,其邻座要相互换酒杯。若别人与自己换杯,自己必当尽饮其酒,并酹给对方。凡见来宾醉中喧叫失礼,或吐或卧,则特别高兴,以示"客人醉,则与我一心无异"之意。

元代,蒙古族饮食生活日益丰富,除一日正餐外,饭前饭后有点心,陶宗仪《辍耕录》中就有"今以早饭前及饭后,午前午后,晡前小食为点心"的记载。每年6月3日在上都举行"诈马宴"(蒙语音译)。蒙古族虽有可耕之地,仍以游牧为生。那时蒙古无货币流通,人们用砖茶进行物物交换。他们视砖茶如命,极贫之家,也不可一日无茶。同时,好饮高粱酒,男女老幼皆以醉歌为乐。春夏均食酥酪,秋冬多食羊肉。饮料有奶茶、奶酒、酸奶子等。时至今日,牧民仍以牛羊肉和奶酪制品为主食,城乡居民以米面为主食。面食主要有包子、饺子、蒙古面饼等。喜欢饮用砖茶沏泡的浓茶。喜欢喝烈性酒。招待贵宾客人或喜庆节日时要摆全羊席,有烤或煮全羊两种。蒙古族民众不吃鱼虾等海味及鸡、鸭的内脏和肥猪肉,也不爱吃青菜和糖、醋、过辣及带汤汁的菜肴。

二、西北地区主要少数民族饮食风俗

西北地区主要居住着回族、维吾尔族、哈萨克族、东乡族、柯尔克孜族、土族、锡伯族、塔吉克族、乌孜别克族、俄罗斯族、保安族、裕固族、塔塔尔族等。由于各民族所处的地域环境不尽相同,从事的生产与经济活动各异,从而导致了经济、文化发展水平的差异和不同步,因此决定了各民族膳食结构、饮食礼仪与习俗具有各自的风格。

(一)回族饮食风俗

回族是我国主要少数民族之一。回族饮食生活的记载,最早见于元代的《饮膳正要》。回族民众在肉食方面禁忌甚多,以牛、羊肉为主,不允许别人私带禁忌菜进他们的家或他们开设的饮食场所。回族有许多独特的节日,其饮食风俗也独具特色。伊斯兰教历9月为斋月。在斋月里,除10岁以下儿童外,人们只能在每天日出前和日落后进食,整个白天不吃饭喝水,称守斋。要等到日落漫天繁星后方能开食,午夜饭菜丰盛,但不得饮酒,还要清心寡欲。斋期满,即伊斯兰教历的10月1日为开斋节。

图 4-10 馓子

开斋节,又称肉孜节或肉孜爱提,所有虔诚的穆斯林要沐浴更衣,身着节日盛装,到清真寺做礼拜,宰牛、羊,备办奶茶、杏仁、葡萄干、蜂蜜、馓子(图4-10)等自制食物,走亲访友,聚集宴饮,以示祝贺。古尔邦节,俗称献牲节、忠孝节,是西北多个民族的共同节日。古尔邦节是回族一年中最大的节日,他们宰牛、羊供奉真主,以馓子、水果等招待亲友,吃手抓肉、手抓饭等。

旧时,回族有初夏野宴的习俗。他们携带熟食,通宵达旦酣歌恒舞;秋高气爽之日,到野外登高观射,男女老少、新衣修饰、驰马校射、敲鼓奏乐,欢歌笑语,尽日而散,谓之"努鲁斯"。

我国回族分布甚广,多与汉族杂居。于西北各省(自治区)比较集中,回族饮食相对而言具有一定的独立性。回族民众根据本民族的饮食习俗和宗教特点,形成了具有民族特色的清真菜点和各类糕点。北京东来顺的涮羊肉,老童家的腊牛肉、腊羊肉等,已成为闻名全国的特色食品。

(二)维吾尔族饮食风俗

我国新疆天山以南塔里木盆地和天山以北准噶尔盆地肥田沃野,是维吾尔族聚集生活的主要地区。历史悠久的维吾尔族有着丰富多彩又独具特色的饮食习俗和特色美食:风靡全国的烤羊肉串,被誉为十全大补饭的"抓饭",色、香、味俱佳的烤全羊,葡萄、瓜果等就如同一幅千姿百态的民食风俗画卷展示在人们眼前。

维吾尔族民众的日常饮食主要为牛乳、羊肉、烤馕(图4-11)、奶皮、酥油、水果、红茶等,蔬菜较少。面粉、玉米和大米现已成为维吾尔族民众的日常主食。他们喜欢喝奶茶,吃烤馕、拉面和包子。接待贵宾时,要宰羊,将羊白煮后,大盘奉上,刀割而食。最具民族风味的食品是烤羊肉串和"抓饭","抓饭"以羊肉、羊油、胡萝卜、葡萄干、洋葱和大米焖制而成。风味独特的"抓饭"是节日和待客不可缺少的食品。吃"抓饭"时既不用筷子也不用勺,而是将手洗净后,伸出五个手指把饭撮掇起来送到嘴里。民间有这样的俗语:不用手抓饭不香,不抓吃不出饭的好味道。

图 4-11 维吾尔族的烤馕

维吾尔族的民族饮食具有明显的特征：一是具有鲜明的地域特色，原料以新疆本地产的动植物为主，如牛羊、大米、小麦、葡萄、瓜果；二是受本民族饮食文化的影响形成了独有的民族特色，出现了烤馕、烤羊肉串、烤全羊、"抓饭"等佳肴。

（三）哈萨克族饮食风俗

哈萨克族民众的生活习俗与维吾尔族民众有相似之处，他们的节日除过古尔邦节和肉孜节之外，每年夏天牧民还举办"阿肯弹唱会"及每年辞旧迎新的纳吾鲁孜节。哈萨克族是一个性情直爽、热情好客的民族，其饮食有着浓厚的游牧生活的特点，主要食物都取自牲畜。奶类和肉类是日常生活的主要食物，面食是次要的食物，很少吃蔬菜。肉食主要有绵羊肉、山羊肉、牛肉、马肉、骆驼肉。野兽肉和野禽肉也是人们补充的肉食。烹制方法主要有煮、熏、烤三种。

图 4-12　哈萨克族的奶茶

奶茶（图 4-12）是哈萨克族牧民的必需品。哈萨克族的传统饮食习惯是一日三餐，白天的两餐，主要是喝茶，伴之以馕或炒面、炒小麦进食，只在晚上吃一顿有肉、面、馕等食品。喝奶茶时，先将鲜牛奶煮开后放进碗里，再倒上浓茶。奶茶里既有茶又有奶，有的还有酥油、羊油，既解渴又充饥，是一种可口而又富有营养的饮料。

三、西南及中南地区主要少数民族饮食风俗

西南及中南是我国少数民族最多的地区，居住的少数民族主要有藏族、苗族、彝族、壮族、布依族、侗族、瑶族、白族、土家族、哈尼族、傣族等。由于各民族所处的地理环境不同，社会经济形态与生产水平参差不齐，信仰与社会风俗各异，这一地区的民族食俗呈现出五彩缤纷、各具特色的文化景观。

（一）藏族饮食风俗

居住在青藏高原及四川西部的藏族，在唐代时称吐蕃。藏族民众主要从事畜牧业和农业。由于地理环境和宗教的影响，藏族有自己独特的饮食风俗。藏族的日常食物主要是糌粑（图 4-13）、牛肉、

图 4-13　糌粑、酥油茶

羊肉等。糌粑是把青稞炒熟磨成面，用酥油茶（图 4-13）和青稞酒拌和后，手捏小团而食。吃时，不用筷子，用手在木碗中边捏边食。食毕，用舌纸净碗，藏于怀中。食牛肉、羊肉时，常将大块肉煮、烤熟，用刀割食。藏民普遍嗜茶，煮茶的方法独特，先将茶叶放入水中烧沸，变成红色，再投入黄油及盐，搅匀即可。藏民喜欢喝酒，擅长用青稞酿酒，酒味淡而微酸，名曰"呛"，男女老少都颇有酒量，醉后男女互相携手笑唱，逍遥于市，以为乐事。藏民好客，宴客比较频繁。藏族独具特色的民族节日甚多。藏历新年是藏族一年中最盛大的节日，藏历正月一日开始，三至五日不等。节日前藏历十二月初，人们开始准备年货。十二月中旬家家户户用酥酒捏制羊头，还要准备一个彩色的长方体"竹素琪玛"的五谷斗，称佛龛斗，内装满酥油糌粑、炒麦粒、人参果等食品，祈祝风调雨顺，牛羊满圈，五谷丰登。新年一大早，妇女们悄悄从河边背回"吉祥水"。进餐时，长辈拿出酥油糌粑和炸果子赏赐给自己的儿孙，全家共饮青稞酒，共祝新年吉祥如意。除此之外，望果节、赛马节等也是藏族重要的传统节日，在这些节日里，以淳朴的食物款待客人，桌子上一般都摆着"堆"。"堆"是用奶粒、酥油、糌粑和糖调和加工成方砖形、用酥油标成吉祥如意图案的食品。"堆"被视为藏族美食之冠。"堆"的四周还摆有酥油茶、青稞酒、人参果、肉类、奶制品等。宴席开始，主人一边唱歌，一边给客人敬酒。客人一连三口干完为止。然后主人把各种美食敬给客人品尝。久居黄河峡谷的藏民，盛行一种用发酵面和牛奶、胡麻油、盐等烤制而成的"卡纸"，这种饼较大，

重者百余斤，易保存，成为当地藏族饮食一绝。藏族利用高原特产的冬虫夏草、人参果和蘑菇等创制的虫草炖雪鸡、人参果拌酥油、蘑菇炖羊肉等传统佳肴，被誉为"藏北之珍"。

由于受保护马匹传统观念的影响，藏族饮食中禁食马肉，少吃鱼、猪、鸡蛋，并认为这三样食物对所吃藏药有抵触作用。平日一般端饭、斟酒、敬茶均用双手捧给对方，吃肉时不能将刀刃对准客人。

（二）傣族饮食风俗

我国西南边陲的西双版纳，风光旖旎，景色宜人，人们热情好客，能歌善舞，独特的傣家饮食风情

图 4-14　傣族风情食物

让人流连忘返。傣族饮食以烧制为主，以酸辣为特征。日常饮食多是糯米饭及带酸味的竹笋、白菜、萝卜等。傣族民众热情待客，饮食较丰富（图 4-14）。客人一进门先敬上槟榔。席上有丰盛的猪肉、鸡肉、鱼肉、牛肉和酸菜，烹调方法采用烤蒸、凉拌、剁等，风味不一，各具特色。肉类菜肴的制作一般用清水煮烂加入食盐，只放辣椒、香草，别有风味，有时还有"蚂蚁蛋""炸昆虫""竹蛆""棕色蛆"等上等佳肴，鲜香酥脆，非贵客不能奉献。"南崩"（泡皮）也是傣族传统食品，以加工后晒干的新鲜牛肉为原料，先烧后炸而成。傣族俗语说："油炸牛皮越泡越白，吃起来越脆越香"。傣族曼景兰村寨有"傣味风味一条街"。全国各地也有傣族风味的餐厅、酒楼，当你一面欣赏傣族歌舞，一面品尝傣族饮食时，就会感受到中华民族饮食文化的丰富多彩。

（三）白族饮食风俗

白族主要聚居在云南省大理白族自治州，其余分布于云南各地、贵州省毕节地区及四川凉山州。白族 90% 以上的人口从事农业生产，善种水稻。白坝地区白族人的主食是稻米、小麦，山区以玉米、荞麦为主。口味喜酸、冷、辣等，特别是在云龙一带，请客吃饭第一道菜必然是酸味的"凉拌菜"，就连过年吃团圆饭也不例外。白族民众还喜欢别具风味的"生肉"或"生皮"，喜爱喝烤茶，并配"三道茶"待客。白族的特色小吃有海水煮海鱼、下关砂锅鱼、炖梅、雕梅、饵块、乳扇、猪肝胙。白族菜最负盛名的是砂锅弓鱼。白族的特色食品——生皮，白语为"生霄"，是由盘切得很薄很细的生猪肉或一盘生肝、两个猪耳朵与一碗拌辣椒、生姜、生蒜拌以酸醋、酱油等作料组成的佳肴。制作"生皮"的刀工也很讲究，以切得薄如纸、细如丝为最佳。白族民众的肉食以猪肉为主，喜腌制年猪，加工成火腿、腊肠、香肠、猪肝、吹肝饭肠等精美风味食品。

白族是一个好客的民族，每逢客至，首先邀请上座，即奉献茶、果品，再用八大碗、三酪水等精致丰盛的菜品款待客人。三道茶是从烤茶发展而来的，每当有客到家，家中人很快点燃栗炭，打来清水并将带耳的小砂锅茶罐放在三角铁上烧煮。放进茶叶，边烤边抖动砂锅茶罐，让茶叶在里面不断翻身打滚，直到茶罐冒出香味为止，这时水也烧滚了。把茶罐放在火盆边的木架上，把正在翻滚的开水慢慢倒进茶罐。茶罐冒出白烟，嚓嚓作响，如雷贯耳，烤好的茶又称为雷茶。当茶水化作泡沫翻上罐口如绣球花状时，满屋茶香四溢。待泡沫落进茶罐时，再加点开水，把茶水倒进茶杯，只倒一点，然后加开水兑成琥珀色，就可以请人品茶。头道茶味足，味苦性凉，清心涤肠，健胃醒神，一去远道而来的疲乏，二去烦恼。等喝二道茶时，茶就不那么苦了，刚喝了够苦的茶，这次的茶就让人感到有点甜味。到第三杯时，茶味快尽，喝起来使人回味头杯茶。这烤茶

图 4-15　白族三道茶与茶点

（雷响茶）就成了"一苦二甜三回味"。饮三道茶可领悟做人的道理，它告诫人们一个真理：没有风雨就不会有彩虹。人生征途多坎坷，历经艰难，继续努力，总会有回报（图 4-15）。

（四）苗族饮食风俗

苗族主要聚居于贵州东南部、广西大苗山、海南及贵州、湖南、湖北、四川、云南、广西等省区的交

界地带。苗族居住在高山地带,以农业为主、狩猎为辅。苗族的饮食,以大米、苞谷、豆类、薯类为主食,其中又以大米、苞谷为主,最具有特色的是腌酸鱼肉。

苗族分白苗、青苗、黑苗、红苗和花苗。苗家饮食有两大特点:酸食与肉粥。苗族以十月朔为大节,岁首祭盘瓠,揉鱼肉于槽,扣槽群号以为礼。意思是说在每年十月进行的祭祀活动中,人们把色肉放进大木槽中,众人围着木槽拍打并高声歌唱以为礼节。苗族多以草为灰,妇女以筒布为裙,以荷叶饭,涧水浇而食之,以芦管渍酒饮之,谓之"竿酒"。苗族食性喜酸,苗民酸食是从早期无盐的困境中找到一条"以酸代盐"的生路。故有"苗家不吃酸,走路打偏偏"的俗话。现在吃盐当然不成问题了,而盐制作酸食则是锦上添花了。湘西一带苗族村寨里,家家户户备有酸萝卜坛子,餐上总有开味酸菜。酸鱼也是苗族传统食品,是将鲜鱼入坛,经两三周后发酵变酸,食时用猪油煎炒后,别有风味。在广西北部苗族寨里,待客时讲究食用一种腌蚯蚓,这种当地生长的蚯蚓,长尺余,粗如拇指,入坛腌制后蒸熟热食,味道鲜美,营养丰富,是当地苗族款待高贵客人的佳品。苗族自古以来,凡肉食皆用白水煮,并放一把米,这样的肉格外好吃,汤也格外好喝,就逐渐形成了传统的饮食习惯。苗家的肉粥常见的有鸡肉、鸭肉、狗肉、猪肠旺粥和牛胎盘粥等,味道极其鲜美,营养丰富,老少皆宜。湖南城步苗族自治县长安营乡盛产长安虫茶。此茶冲泡后茶汁呈古铅色,喝之香气扑鼻、生津止渴、神奇无比。

苗族十分注重礼仪。客人来访,必杀鸡宰鸭盛情款待,若是远道来的贵客,苗族人习惯先请客人饮牛角酒。吃鸡时,鸡头要敬给客人中的长者,鸡腿要赐给年纪最小的客人。有的地方还有分鸡心的习俗,即由家里年纪最大的主人用筷子把鸡心或鸭心拈给客人,但客人不能自己吃掉,必须把鸡心平分给在座的老人。如客人酒量小,不喜欢吃肥肉,可以说明情况,主人不勉强,但不吃饱喝足,则被视为看不起主人。

在苗族青年男女婚恋过程中必不可少的食品是糯米饭。湖南城步的苗族把画有鸳鸯的糯米粑作为信物互相馈赠;举行婚礼时,新郎新娘要喝交杯酒,主婚人还要请新郎、新娘吃画有龙凤和娃娃图案的糯米粑。

(五)侗族饮食风俗

侗族主要聚居在云南、贵州、湖南三省交界处,其中以贵州省人口最多,主要从事山坝农业,兼营林业和渔猎,手工业发达。出产香禾糯(有糯中之王之称)、稻花鲤、油茶、杉树,善于编织侗锦,鼓楼和风雨桥是其特有的精湛建筑,也是侗寨的标志性建筑。

侗族的饮食文化自成一体,大致可用"杂"(膳食结构)、"酸"(口味嗜好)、"欢"(筵宴氛围)三个字来概括。其丰富多彩的饮食文化中包含了许多神奇的内容。侗族大多日食四餐,两饭两茶。侗族盛产大米,尤其以糯米见长。每到坡节(山坡上约会的节日),侗族姑娘必备香喷喷的糯米饭和腌鱼赠给情郎。糯米捏成团,被视为爱情的象征。咸水糍粑、侗果、米花等是侗族节日美食和待客珍品。

在侗家人的心目中,糯米饭最香,甜米酒最醇,腌酸菜最可口,叶子烟最提神,酒歌最好听,筵席上最欢腾。最有特色的要数客人进寨时特殊的迎宾仪式——拦路酒。侗家人在进入寨子的门楼边设置"路障",挡住客人,饮酒对歌,你唱我答,其歌词诙谐逗趣,令人捧腹,唱好了喝好了,再撤除障碍物,恭迎客人进门。入座后换酒交杯,邻居或自动前来陪客,或将客人请到自己家中,或"凑份子"在鼓楼中共同宴请,不分彼此。(图4-16)酒席上还有"鸡头献客""油茶待客""酸菜苦酒待客""吃合拢饭""喝转转酒"等规矩,欢中有礼,文质彬彬。清人诗云:吹彻芦笙岁又终,鼓楼围坐话年丰;酸鱼糯饭常留客,染齿无劳借箸功。这正是侗寨欢宴宾客生动情景的写照。

图4-16 侗族的长席

侗族的饮食禁忌:不可坐在门槛上吃饭,忌讳看别人吃东西;正月初不生火;祭祀期间不许外人入寨;丧葬期孝子忌荤吃素,但鱼虾不限。在湖南通道和广西三江、龙胜一带,凡大型的饮宴均喜欢摆长席,即用板子连接摆开,两边坐人,菜肴按人分串,另设若干碗公共菜肴、菜汤以佐酒。男子于席间饮酒,自食串肉;妇女吃公肴,分到的串肉则自带回家。这是当地侗族特有的一种风俗。客人把主人分的串肉带回家去分给家里的人吃,意味着他们家人人都吃上了主人家的喜酒喜肉,表示同贺。若是白喜,则表示虽然没有来参加悼念,但吃了丧家的串肉,也是对死者的一种怀念和哀悼。

侗族非常重视婴儿的诞生,并要为其举行隆重的三朝礼仪式。在侗乡三朝礼被称为三朝酒,以大宴宾客为特色,一般选在婴儿出生后的第 3 天或出生 10 天以内的某个单日举行。

（六）壮族饮食风俗

生活在我国南方的壮族,是我国人口最多的少数民族,历史悠久,文化灿烂。壮族是典型的稻作民族,具有岭南民族饮食文化特色,在古籍史料多有记录。《岭南杂记》中记载壮族先民"喜食虫,如蝗蚓、蜈蚣、蚂蚁、蝴蝶之类,见即啖之。"原始饮食古风遗俗显而易见。明代邝露《赤雅》有:"性极耐饥,啖益数颗,则凡草木皆可啖食。"这些古代饮食习俗,有的至今仍在壮族民间传承。

壮族全年月月有节,最隆重的节日是春节,日期同于汉族,但有浓郁的民族特色。壮族春节食品中最为重要的是年猪、阉鸡和大年粽。杀猪必须"灌猪肠",用猪血、猪大肠、糯米香料加工煮制而成。它是壮族喜爱的节日佳肴,大年粽以糯米、绿豆、猪肉及香肠作馅,用专门种植的棕叶包裹而成。据清初康熙年间《浔州府志》记:浔俗,妇女多巧思,岁时馈饷,有以所谓冬叶苴秋,杂肉豆其中,大如升,煮昼夜,取出解食之,谓之肉粽。春节祭祖灵时,大年粽放在供桌中央,四周簇拥着小粽,象征家族团结致富奔小康。农历三月三是壮族的传统歌节,又叫歌圩,圩意为集市。它仅次于春节,具有丰富的内涵。这天家家蒸五色糯米饭、煮五色蛋、杀鸡,男女青年盛装打扮赶歌圩,将糯米饭装进精巧的小布袋里,把蛋装进玲珑的网袋里。男女尽情对歌,相互钟情,同吃五色糯米饭、五色蛋。三月三、清明、四月八等节日五色糯米饭不可缺少,也可作为馈赠亲友的佳品,有的地方食五色糯米饭时,还配蒸腊肉、扣肉、粉蒸肉。

图 4-17 壮族的五色糯米饭

五色糯米饭(图 4-17)又叫花米饭或青粳饭,是将糯米泡在枫叶汁、紫蓝草汁(壮语为"棵斩")、红草汁(壮语为"棵些")、黄花汁(壮语为"花迈")里分别染成紫色、红色、黄色,加上本色(白色)蒸制而成,色香味俱全。蒸熟后的糯米饭,几种颜色混在一起,非常好看。五色糯米饭具有天然清香,其味鲜美,醇正平和,且有微甘,甚是好吃。五色糯米饭在气温不太高的情况下,可放多日而色香味不变。有的人家一蒸就是一二十斤,一时吃不完,把它晾干存放起来,到吃时,回锅加上一些作料,其味道更加鲜美。五色糯米饭象征着吉祥如意。除了农历三月三外,社日节、中元节,甚至过年都有人做五色糯米饭吃。

（七）瑶族饮食风俗

据陆游《老学庵笔记》载,瑶族居山而耕,所种要收获甚微,食品店不足则猎野兽,甚至烧龟蛇而代食。瑶族人烹制食物,多截大竹作铛鼎,食物已熟而竹筒不燃,食之带鲜竹的清香,沁人心脾。瑶族多以米杂草子酿酒,用藤吸饮,故叫藤酒。瑶族人喜用蚁卵作酱,非常珍贵,所熬之粥,以放鱼肉,并认为用蛆虫做的食物才是最珍美的上品。

在达山瑶族中,每逢客至,喜用打油茶敬客(图 4-18),以三大碗为佳。瑶族有一句俗语:"一碗疏、二碗亲、三碗见真心。"瑶族老人喜欢饮茶,茶也是待客饮料。款待客人时,鸡、肉、盐一排排地放在碗里,无论主人、客人必须依次夹吃,不得混乱。盐在瑶族饮食民俗中有特殊的地位,瑶区不产盐,但生活中又不能缺少盐。盐在瑶族中是请道公、至亲的大礼,俗叫"盐信"。凡接到"盐信"者,无论有多重要的事都得丢开,按时赴约。

瑶族多以玉米、大米、红薯为主食,用黄豆、饭豆、南瓜、辣椒和家禽家畜肉佐食。瑶族一日三餐,一般为两饭一粥或两粥一饭,农忙季节可三餐食饭。居住在山区的瑶族民众有冷食习惯,食品的制作都考虑要便于携带和储存,故粽粑、竹筒饭都是他们喜爱制作的食品。蔬菜常要制成干菜或腌菜。云南的一些瑶族民众喜欢将蔬菜做得十分清淡,基本上是用加盐的白水煮食。有的直接用白水煮过之后,蘸用盐和辣椒配制的蘸水,以保持各种不同蔬菜的原味。肉类则加工成腊肉。

图 4-18 瑶族打油茶

瑶族民众常将肉、鱼、鸡、鸭等制成鲊。一般每年入冬后至次年立春前是制鲊的最好时间。猪鲊的制法是将刮洗干净的猪肉切成块,放入缸中加盐、白酒、茶油、八角末拌匀,每 2 小时搅拌一次,5～10 小时后取出放入干净晾干的坛中,需装满筑实,密封坛口,三十天后即成。鸡、鸭、鱼鲊的制法与猪鲊相同,但不切块,配料不加姜末,白酒、茶油用量较猪鲊略多。鱼还需加炒香磨碎的米粉末。居住在山里的瑶族民众,擅长捕鸟,还制作了别具风味的鸟鲊,鸟带骨剁成肉糁,加葱、姜、辣椒,炒至骨酥肉脆后食用。

(八)彝族饮食风俗

彝族分布在四川省凉山彝族自治州及滇、黔、桂等地。彝族居家饮食习俗餐制为一日两餐,沿袭已久,至今亦然。一般彝村,人们天明即出早工,九时左右歇工吃第一餐,十时左右食毕。休息一会又出午工,天黑才吃第二餐。农忙活重的时节,正餐之间要有间餐,即随身带粑、馍馍、洋芋等食物到田地,随时加餐。如请有帮工,加餐也稍有讲究,备以酒肉,以慰帮工。进餐方式在凉山彝族区是席地而坐,饭菜直接搁置于地上或低矮的餐桌上,享餐者围坐就餐。

彝族在过年过节时都要椎牛打羊,宰猪宰鸡,而平时一般很少动牲,除非款待客人。过年节时还要吃砣砣肉、糍粑,喝坛坛酒、泡水酒、酒茶。广西彝族在九月初一过打粑节时有尝新习俗,即吃新稻米。这些都是节日喜庆的食俗。

彝家好客,凡家中来客皆要以酒相待。宴客规格或大或小,以椎牛为大礼,打羊、杀猪、宰鸡渐次之。打牲时,要将牲口牵至客前以示尊敬。宴客时的座次顺序有一定的惯制,一般围锅庄席地而食,客人让座于锅庄之上首;帮忙者、妇女和亲友则坐于锅庄下首。客人多时,顺延至右侧。行酒的次序依据彝谚"耕地由下而上,端酒以上而下"。先上座而后下座,"酒是老年人的,肉是年轻人的",端酒给贵宾后,要先给老年人或长辈,再给年轻人,人人有份。

图 4-19 彝族的哂酒

彝族口味喜酸、辣,嗜酒,有以酒待客之礼节。彝族家庭用玉米、高粱、糯米等配制哂酒(图 4-19),在西南地区是有名的。彝族酒具如酒杯除全部木制外,还有用爪作杯脚者,也有用羊角、牛角制成者。其他民族餐具或生活用品如碗、盘、勺、匙、杯、罐、钵、壶、烟斗等,也是用木制的,内外多涂彩漆,一般以黑色为底,再彩绘红、黄两色。

(九)布依族饮食风俗

尽管布依族长期与西南其他民族杂居,但饮食习惯和许多节日保留一些本民族的特色,如嗜好酸辣食品,过年要吃鸡肉稀饭,鸡头、鸡肝、鸡肠用于敬上宾,部分地区有捕食松鼠、竹鼠和竹虫的习惯等。

"三天不吃酸,走路打弯蹿"是流传于贵州的古老民谚,生动地反映了布依族、苗族、侗族民众对酸味食品的喜爱和依赖。布依族几乎每餐必备酸菜和酸汤,其中以独山盐酸菜最负盛名。独山盐酸菜初期为家家户户自做自食,后来当地汉族也学会腌制,有时还作为馈赠礼品。盐酸菜的制法是先把青菜(十字花科)晒半干后洗净切成寸段,与按比例配成的糯米酒、酒糟、辣椒、大蒜、烧酒、冰糖、盐等配成的辅料拌匀,加适量的灰碱,轻轻揉搓,菜入味后盛入坛中,腌制一段时间后即可开坛食用。独山盐酸菜气味清香,口感脆甜,入口酸中有辣,辣中有甜,甜中有咸,咸中有香;具有甜、酸、辣、咸、鲜、香、脆的特殊风味。其中又有素食、荤食之分。素食最宜佐粥,清凉爽口,帮助消化,增进食欲;荤食用于烹鲜鱼、烧鳝片、蒸扣肉、炒肉末等,十分甜酸爽口。

图 4-20 布依族六月六风情节

在地处贵州南部的安龙县,腌骨头是布依族招待上宾的美味佳肴。传说客人食用这种腌骨头后,能长期记住主人的情谊,是布依族的"友情菜"。

布依族每逢农历三月三、六月六,都要杀鸡宰狗庆贺。尤其是六月六(图 4-20),册亨、望谟、贞丰、镇宁等地的布依族人家普遍吃狗肉和狗灌肠,已成为世代相传的民族风俗。

布依族杀鸡待客的习俗别有风趣。为款待客人宰杀的鸡,鸡肠必须完整,剖开洗净,不得切细。切下的鸡块数应与来客数相等。切鸡块颇有讲究,应先切鸡头,而后切双腿,再切鸡身。待客时,主人先将缠有鸡肠的鸡头、鸡脖子和一些鸡血、鸡肝敬给来宾中最年长的人,表示肝胆相照,血肉相连,常(肠)来常往。鸡腿给小孩吃,以示对下一代的关心。等客人吃了鸡头,大家才动手吃肉。

(十)哈尼族饮食风俗

哈尼族主要聚居在红河和澜沧江的中间地带,少数分布在思茅地区、玉溪市、西双版纳傣族自治州等。哈尼族主要从事农业,还擅长于种茶。哈尼族种植茶叶的历史久远,茶叶产量占云南全省产量的三分之一。哈尼族以大米为主食,玉米、荞麦、高粱等用作缺粮季节的补充,玉米的食用量仅次于稻谷。其食肉量较大,妇女一般禁食鳅、鳝、螺、鹅、马、水牛和狗肉。哈尼族成年男子喜食用猪、羊血制作的"剁生",俗称"白旺",是杀猪宰羊期间不可缺少的名菜。由于哈尼族世居亚热带山区和半山区,普遍喜食酸味食品,善腌成菜,如酸酢肉、烟熏腊肉、酸酢鱼、酸酢螺蛳、豆豉等,其中腌制的豆豉几乎每餐必食,被誉为哈尼味精。哈尼族平时一日三餐,每餐必备一碗薄荷、香椿、葱花、香草、芫荽、姜、蒜配制的蘸水,将菜肴浸入后取食,称为"打蘸水"。哈尼族男子普遍嗜烟、酒、茶。每家都有土法酿酒设备,自酿白酒。西双版纳一带的哈尼族女子喜嚼槟榔。

图 4-21 哈尼族长街宴

哈尼族盛大的传统节日有苦扎扎节、火把节、十月年,还有喝新谷酒的习俗。届时唱歌、跳舞、摔跤、磨秋、射弩,热闹异常。每逢新春佳节,家家户户都把宴席摆到街心,饭桌相连成长龙,进行长街宴(图 4-21),同喝街心酒,共庆新春佳节。表现了哈尼族人相亲相爱,团结互助的精神。

四、华东及东南地区主要少数民族饮食风俗

华东及东南地区的少数民族有畲族和高山族。

(一)畲族饮食风俗

畲族民众主要聚居在浙江省,分散居住在福建、江西、广东、安徽等省。畲族以山地农耕为主,其食物来源多为旱地农作物,或者"靠山吃山"(山林果品菜蔬,飞禽走兽)。

20 世纪 80 年代之前,番薯是山区畲民的传统主粮。20 世纪 50 年代之前,畲民还食用自家耕种的早稻,这种"种于山,不水而熟"的早稻称为畲禾。畲民长年以自种菜蔬,瓜豆和竹笋佐餐,还上山狩猎寻觅野味。

畲族传统的节日食品还有农历三月三的乌米饭(图 4-22),端午营粽和年节糍粑。畲族人都爱喝绿茶、乌龙茶,东畲族以茶待客时,有时行宝塔茶习俗。

(二)高山族饮食风俗

高山族主要居住在我国台湾地区,也有一部分居住在福建。高山族包括当地的诸分支部落,研

究者有七族、九族、十族几种观点之说。高山族饮食以谷类和根茎类为主,一般以粟、稻、薯、芋为常吃食物,配以杂粮、野菜、猎物。山区以粟、旱稻为主粮,平原以水稻为主粮。昔日饮食皆蹲踞生食,现在饮食、烹饪、享用十分考究。高山族嗜烟酒、喜嚼槟榔。

图 4-22 畲族乌米饭

高山族民众性格豪放,热情好客。喜在节日或喜庆的日子里宴请和举行歌舞集会。每逢节日,都要杀猪、宰老牛,置酒摆宴。高山族布农人在年终时,用一种叫"希诺"的植物叶子,包上糯米蒸熟,供本家同宗人享用,以表示庆贺。高山族节日宴客最富有代表性的食品是用各种糯米制作的糕和糍粑。不仅可作为节日点心,还可作为祭祀的供品。也将糯米做成饭招待客人。

图 4-23 台湾高山族的丰收祭

高山族各分支的祭祀活动很多,诸如祖灵祭、谷神祭、山神祭、猎神祭、结婚祭、丰收祭等,以高山族排湾人的五年祭最为隆重。届时除摆酒席供品外,还有各种文体活动。婚礼及宴请的场面十分丰盛和壮观,尤其要准备大量的酒,届时参加者都要豪饮,并有不醉不散的习俗。丰收祭这天,族人自带一缸酒到场,围着篝火,边跳舞、边吃边饮酒,庆贺一年的劳动收获,每年举办一次(图 4-23)。

我国众多少数民族的饮食风俗各有不同,不过,地域越相近的少数民族,其饮食习俗就越接近。

项目小结

本项目简单介绍了饮食风俗的意义。在饮食风俗中,岁时节日饮食风俗、人生礼仪饮食风俗各有特征,少数民族饮食风俗又有它的特殊性。不同时间、不同地方和区域饮食风俗就有差异,正是"十里不同风,百里不同俗"。通过探讨饮食风俗,使我们得到启发,能更好地了解中国的饮食文化。

同步测试

中国筵宴文化

项目描述

中国筵宴文化是中国饮食文化的重要组成部分,历史悠久,品种丰富。本项目较全面地阐述了中国筵宴的基本概念、起源与发展,对中国筵宴的分类也做了较详细的阐述,有助于学生掌握规律和方法,应用基础知识进行筵宴的设计。

项目目标

1. 了解中国筵宴的基本概念、发展历史。
2. 了解中国筵宴的种类及特征、代表性筵宴。
3. 能按照中国筵宴设计的要求与原则设计主题宴会。

任务一 中国筵宴的历史

任务目标

1. 掌握筵席与宴会的概念与区别。
2. 通过学习筵宴的起源与发展,归纳总结筵宴在不同时期的特征。
3. 预测中国筵宴未来发展趋势。

中国自古有"民以食为天""食以礼为先""礼以筵为尊""筵以乐为变"的说法。筵宴作为人与人之间的社交活动形式,是烹饪技艺的集中反映,是饮馔文明发展的标志,是饮食文化的重要组成部分。古往今来,筵宴渗透到社会生活的各个领域,大至国际交往,小至生儿育女,各个时代、各个地域、各个民族、各个家庭、各个场合,都离不了它。随着经济的发展,生活条件的改变,以及国内、国际间的交流日益频繁,筵宴越来越受到人们的重视。学习筵宴的历史、现状及筵宴设计知识,有利于人们正确合理地选用筵宴方式;展望筵宴未来的发展方向,能满足人们之间思想、感情、信息的交流,促进公共关系的改进和发展。

一、筵席与宴会

筵宴,是筵席与宴会的合称。

筵席,是指为人们聚餐而设置的,按一定原则组合的成套菜点及茶酒等,又称酒席。夏、商、周时期,尚无桌、椅等家具,先民还保持着原始的穴居遗风,饮食聚餐也是席地而坐。筵与席是铺在地上的坐具。唐代学者贾公彦在注疏《周礼·春官》中指出:凡敷席之法,初在地者一重即谓之筵,重在上者即谓之席。用芦苇或竹子编织的比较粗糙的称为筵,铺在地上;把编织精致小巧的称之为席,铺在筵上。酒菜放在席上,每块席就是一个餐位。筵大席小,筵长席短,筵精席细,筵铺在地面,席放置在筵上。若是筵与席同设,一示富有,二示对客人的尊重。奴隶社会和封建社会都有一套严格的等级制度,宴会要按等级来铺设几、席。如天子之席五重,设玉几;诸侯之席三重,设雕几。此后,"筵席"一词逐渐由宴饮的坐具引申成为整桌酒菜的代称,一直沿用至今,由于筵席必备酒,所以又称酒席(图 5-1)。

图 5-1　中国古代宴饮图

　　宴会,是指人们因习俗、礼仪或其他需要而举行的以饮食活动为主要内容的聚会,又称宴会、酒会。宴会最不能缺少的核心内容是筵席,筵席通常出现在宴会上,是宴会上供人们饮食用(按一定原则组合)的成套菜点及茶酒。早在农业出现之前,原始氏族部落就在季节变化的时候举行各种祭祀、典礼仪式,这些仪式往往有聚餐活动。农业出现以后,因季节的变换与耕种和收获的关系更加密切,人们也要在规定的日子里举行盛宴。中国宴会较早的文字记载,可见于《周易》中的"饮食宴乐",《诗经》中有许多宴饮诗,著名的如《鹿鸣》《行苇》《四牡》《皇皇者华》《国风》等,在活动中常被谱成曲在宴会上演唱;还有《湛露》《鸳鸯》《凫鹥》《公刘》等,是中长举之乐,通过饮宴活动宣传教化、抨击腐朽、交流感情等,所以研究中国宴会史,《诗经》不可不读。《周礼》中的"天官""地官""春官"记载有王室宫廷饮食机构对宴饮的管理与分工。《仪礼》中有各种宴饮礼仪规定。《礼记·内则》中有曲礼、月令、礼器、乡饮酒义、燕义各篇,也有对不同时期、不同场合、不同对象的宴饮馔肴制作的记述。随着烹饪技术和饮食文化的不断发展,菜肴品种不断丰富,宴饮形式向多样化发展,宴会名目也越来越多。

　　筵席与宴会的区别如表 5-1 所示。

表 5-1　筵席与宴会的区别

区　别	筵　席	宴　会
内涵侧重不同	＊筵席含义较窄 ＊强调"席",是具有一定规格质量的一整套菜品,引申成为整桌酒菜的代称	＊宴会含义广,是个大的范畴 ＊强调"会",是众人参加的宴饮聚会
内容形式不同	＊仅指丰盛菜肴的组合,强调菜品与内容 ＊烹饪技艺与服务艺术的集中反映,是酒店名菜、名点的汇展和饮食文化的高度表现形式 ＊有"菜点与服务的组合艺术"的说法	＊既注重菜品内容,又注重聚餐形式 ＊除了吃喝外,还有宏大的场面和隆重的礼仪等诸多内容

筵席记录

区　别	筵　席	宴　会
人数规模不同	* 参加人数较少、桌数少，一般为1～2桌 * 传统筵席为8人方桌台面；现代以圆桌居多，一般以10人一桌为主，意味着十全十美、团团圆圆	* 参加人数众多、规模大、场面宏大 * 以桌为单位，3桌以上可称宴会 * 根据桌数多少，分为小型宴会（10桌以下）、中型宴会（10～30桌）和大型宴会（30桌以上）
场面安排不同	* 注重席位座次安排，代表着就餐者不同身份、辈分或职位 * 席位身份有主宾、随从、陪客与主人	* 强调场景设计与台型设计，突出主桌或主宾席区 * 主桌的席位座次安排与筵席相同

二、筵宴的起源与发展

中国筵宴起源于原始社会聚餐和祭祀等活动，农业的发展和烹饪技术为其诞生创造了条件。经历了新石器时代的萌芽时期、夏商周的初步形成时期、秦汉到唐宋的蓬勃发展时期，而在明清成熟兴盛期后进入近现代繁荣创新时期。

筵宴形成
的条件

（一）筵宴的孕育萌芽时期

中国筵宴是在新石器时代生产初步发展的基础上，因习俗、礼仪和祭祀等活动的产生而由原始社会聚餐演变出现的。中国先民最初过着群居生活，共同采集渔猎，然后聚在一起共享劳动成果。随着社会发展，开始农耕畜牧，聚餐逐渐减少，但在丰收时仍然要相聚庆贺，共享美味佳肴，同时载歌载舞，抒发喜悦之情。《吕氏春秋·古乐篇》载："昔者葛天氏之乐，三人操牛尾，投足以歌八阕。"此时聚餐的食物比平时多，而且有一定的进餐程序。当时人们很少了解自然现象和灾害产生的真正原因，便产生了原始的宗教及祭祀活动。人们认为，食物是神灵所赐，祭祀神灵就必须用食物，一是感恩，二是祈求神灵消灾降福，获得好的收成，祭祀仪式后往往会有聚餐活动，人们共同享用作为祭品的丰盛食物。人工酿酒出现之后，这种原始社会的聚餐便发生质的转化，从而产生了筵宴。

（二）筵宴的初步形成时期

到夏商周三代，筵宴的规模有所扩大、名目逐渐增多，并且在礼仪、内容上有了详细的规定，筵宴进入初步形成时期。在夏朝，启继位后曾在钧台（今河南禹州市南）举行盛大的宴会，宴请各部落酋长；而夏桀当政，更追逐四方珍奇之品，开了筵宴奢靡之风的先河。殷商时期，因为"殷人尊神，率民以事神，先鬼而后礼"（《礼记·表记》），筵宴随着祭祀活动的兴盛而进一步发展。殷人嗜好饮酒，酒品和菜点都比以前丰富。值得注意的是，当时一些餐具如盘、豆、盆、钵的圈足与器座高度，正好同席地而坐者的位置相适应，有利于进餐者使用。到周朝，由于生产发展，食物原料逐渐丰富，周王室和天下各诸侯除了继承殷商以来的祭祀宴会外，还把筵宴发展到国家政事及生活的各个方面，如朝会、朝聘、游猎、出兵、班师等要举行宴会，民间互相往来也要举行宴会，筵宴的名目已经非常多。但是，由于周人对鬼神之事敬而远之，并且吸取夏、商灭亡的教训，其筵宴的祭祀色彩逐渐淡化，在礼仪和内容上做出了详细而严格的规定。因为各种宴会大多需要按照相应的制度举行，所以又将它们通称为礼。此外，周朝以后筵宴的规格、档次也较为齐全，饮食品种及其在筵席上的陈列方式也因礼的不同而不同。虽然这些对于筵宴的各种规定没有在当时完全实行，但也说明筵宴备受人们重视，并且已有了极大的发展。

乡饮酒礼

（三）筵宴的蓬勃发展时期

从秦汉到唐宋时期，在经济飞速发展、筵宴之风日益盛行等因素的影响下，中国筵宴发生了许多新的变化，得到了蓬勃发展。

从秦汉至南北朝，筵宴之风日益盛行，无论宫廷还是民间都有大摆筵席的习俗，筵宴的规模和品

Note

种等继续增加。汉朝桓宽《盐铁论·散不足》载汉朝的景象:富者祈名岳,望山川,椎牛击鼓,戏倡舞像;中者南居当路,水上云台,屠羊杀狗,鼓瑟吹笙;贫者鸡豕五芳,卫保散腊,倾盖社场。《华阳国志·蜀志》载,当时四川的富豪们嫁娶设太牢之厨膳,是染秦化故也。太牢即指牛、羊、猪三牲。四川德阳出土的宴客画像砖,成都出土的宴饮使乐画像砖,广汉出土的市井酒楼画像砖与庖厨俑等,都体现了汉代筵宴的众多形态。而扬雄的《蜀都赋》末尾更描绘了当时豪门筵宴的规模和盛况:若其吉日嘉会……置酒乎荥川之闲宅,设坐乎华都之高堂,延帷扬幕,接帐连岗。众器雕琢,早刻将皇,朱缘之画,邠盼丽光。可见,汉代筵宴很讲究陈设和器具,并常以优美的音乐、歌舞助兴。魏晋南北朝时,不仅有豪宴,也出现了典雅的宴会。《梁书》描述了当时豪华宴会的情景:今之燕喜,相竞夸豪,积果如山岳,列肴同绮绣,露台之产,不周一燕之资,而宾主之间,裁取满腹,未及下堂,已同臭腐。但是这时的宴会也出现了"文酒之风"日益兴盛的新气象。曹操在铜雀台上设宴,曹植在平乐观的宴会,竹林七贤的林中宴饮,以及文人的"曲水流觞"等,虽然举行宴会的目的不同,但都追求典雅的环境、文雅的情趣,影响深远。

到隋唐两宋时期,筵宴有了很大发展,其名目繁多,形式多样,规模庞大,菜点精美。就名称而言,唐朝有烧尾宴、闻喜宴、鹿鸣宴、大相识、小相识等,宋朝有春秋大宴、饮福大宴、皇寿宴、琼林宴等,不胜枚举。就形式而言,最具特色的是出现了将饮食与游乐有机结合的游宴、船宴。如长安曲江边的各种游宴、四川成都的船宴与游宴等都非常著名。《太平广记》载:"天宝末,剑南节度使崔圆驻成都,乘船游锦江,初宴作乐,忽闻下流数十里,丝竹竞奏,笑语喧然,风水薄送如咫尺。须臾渐进,楼船百艘,塞江而至,皆以锦绣为帆,金玉饰舟,旄纛盖伴,旌旗戈戟,缤纷照耀。中有朱紫十余人,绮罗伎女凡百许,饮酒奏乐方酣。他舟则列从官武士五六千人,持兵戒严。"这样的船宴锦绣蔽日,金玉满眼,鼓乐声声,佳肴杂陈,的确气派非凡。张仲殊的《双调望江南》对宋朝成都药市的游宴有以下形象的描述:"成都好,药市宴游闲。步出五门鸣剑佩,别登三岛看神仙。缥缈结灵烟。云影里,歌吹暖霜天。何用菊花浮玉醴,愿求朱草化金丹,一粒定长年。"而以筵宴的规模来说,最盛大且有代表性的是宋朝的皇寿宴。据《东京梦华录》和《梦粱录》载,这种为皇帝祝寿的宴会规模庞大、礼仪隆重、陈设华丽,赴宴者多为皇亲国戚、文武百官和外国使节,所上菜点共分 9 次约 50 道,演出节目包括歌舞、杂剧、摔跤、杂技等,演出人数近 2000 人,宴会侍者不计其数。此外,唐宋时期,筵宴引人注目的还有两点:一是出现高桌、交椅、桌帷等,开始使用细瓷餐具,陈设更加雅致,这从《韩熙载夜宴图》中可以看出。二是较普遍地使用酒令,筵宴的气氛更加热烈、欢乐。酒令原本孕育于春秋时期,在汉魏之际有一定的演化与发展,直到唐宋时才被人们普遍用来佐酒助兴。

（四）筵宴的成熟兴盛时期

元明清时期,随着社会经济的繁荣以及各民族的大融合,中国筵宴日趋成熟,并且逐渐走向鼎盛。

元朝统治者出自蒙古族,受其影响,这一时期的筵宴突出之处是饮食更多地带有少数民族情调。在当时的宴会上,几乎少不了羊肉菜肴和奶制品,而且所占比重较大,烈酒的用量也颇为惊人。一些官吏赴宴,常常用特制玉质或瓷质的"酒海"盛酒,不分昼夜痛饮,不醉不休,有时连续欢宴三到七天甚至数十天。到了明清两朝,中国筵宴进入成熟兴盛时期,主要表现在以下三个方面:一是筵宴设计有了较为固定的格局。当时的筵宴主要分为酒水冷碟、热炒大菜、饭点茶果,依序上席。其中,常常由热炒大菜中的"头菜"决定宴会的档次和规格。二是筵宴用具和环境舒适、考究。自红木家具问世以后,筵宴也开始使用八仙桌、大圆桌、太师椅、鼓形凳等,有利于人们舒适地进餐与交谈。在筵宴环境上,讲究桌披椅套和餐具搭配、字画台面的装饰以及进餐地点的选择。当时比较隆重的筵宴已经是"看席"与"吃席"并列,并配有成套的餐具。设宴地点常常根据不同季节进行选择:春天的柳台花榭、夏天的水边林间、秋天的晴窗高阁、冬天的温暖之室,追求"开琼筵以坐花,飞羽觞而醉月"的情趣。三是筵宴品类、礼仪等更加繁多甚至烦琐。仅以清朝宫廷筵宴为例,改元建号时有定鼎宴,过新年时有元日宴,庆祝胜利有凯旋宴,皇帝大婚有大婚宴,皇帝过生日有万寿宴,太后过生日有圣寿宴,此外还有冬至宴、宗室宴、乡试宴、恩荣宴、千叟宴等,而最具影响力的是满汉全席。据《清史稿》载,雍正四年正式规定了元日宴的礼仪陈设席次、宴会上演奏的音乐和表演的舞蹈,赴宴者行三跪九拜之礼达十余次。满汉全席是由满族和汉族饮食共同组成的,清朝中期时只有约110种菜点,而到清朝末年最多时已经达到200多种,对后世影响很大。

（五）筵宴的繁荣创新时期

20世纪以来特别是改革开放以后,随着社会经济的高速发展、时代浪潮的冲击和中西文化交流的日益频繁,中国人民的生活条件和消费观念发生了很大变化,饮食上更加追求创新、奇特、营养、卫生,促进了筵宴向更高层次发展,从而进入繁荣创新时期。

这一时期,中国筵宴具有三个方面的特点。其一,传统筵宴不断改良。由于时代的变革和人们消费观念等的变化,中国传统的筵宴越来越显示出它的不足,如菜点过多、时间过长、过分讲究排场、营养比例失调、忽视卫生等问题,造成了严重浪费,损害了身体健康,因此20世纪80年代以来就开始了针对传统筵宴的改革。全国许多城市的宾馆、饭店、酒楼等都做了大量的尝试,力求在保持其独有饮食文化特色的同时更加体现营养、卫生、科学、合理。北京人民大会堂的国宴率先进行改革,北京五洲大酒店第一个将营养要求明确地注入筵宴改革之中,同时在就餐形式上也呈现多样化,既有了圆桌上的分食,也有用公筷随意取食等。其二,创新筵宴大量涌现。为了满足人们新的饮食需求,饮食制作者在继承传统的基础上不断创新,设计制作出大量别具风味的特色筵宴,如姑苏茶肴宴、青春健美宴、西安饺子宴、杜甫诗意宴、秦淮景点宴等,或以原料开发、食疗养生见长,或以人文典故、地方风情见长,不一而足。《中国筵席宴会大典》载,姑苏茶肴宴是20世纪90年代中国国内旅游交易会上推出的创新筵宴,它将菜点与茶结合,开席后先上淡红色似茶又似酒的茶酒,接着上芙蓉银毫、铁观音炖鸡、银针蛤蜊汤等用名茶烹饪的佳肴,再上用茶汁、茶叶作配料的点心(如玉兰茶糕、茶元宝等),让人品尝后身心俱爽、回味无穷。其三,引进西方宴会形式,中西结合。随着西方饮食文化的大量进入,受其影响,中国筵宴上出现了中西结合的冷餐酒会、鸡尾酒会等宴会形式。

三、筵宴发展的特点

（一）物质技术条件的发展

筵宴的发展与烹饪原料、器具、技术及就餐场所、服务设施等的发展密切相关。丰富的原料品种,精湛、高超的烹调技术,为筵宴的发展提供了物质条件,桌、椅的出现又改变了筵宴席地而坐的就餐形式,因此整个筵宴是由简单到复杂的累进发展过程,同时又是不断推陈出新的过程。

（二）礼仪贯穿全过程

筵宴礼仪包括席礼、茶规、酒礼、宴乐及整个筵宴进程中的各项礼仪规定。在古代筵宴的各种礼制中,座次礼节是食礼的重要内容之一,也是最能体现宴饮者尊卑等级的一种手段,席置、坐法、席层等无不受到严格的礼制限定,违者就是非礼。在宴饮礼制的严格规范下,人们根据各自的社会地位、身份及宗族关系等就席,宴饮进程因此而井然有序。统治者正是运用这种手段来强化社会秩序,具体言之,统治者对筵宴礼制相当看重,就是因为它具有建构一个长幼有序、君臣有别、孝亲尊老、忠君礼臣、层层隶属、等级森严的社会体系的功能。隋唐以后,桌椅出现并迅速普及,人们改席地而坐为垂足而坐,但宴饮座制的朝向未变。时至今日,座制礼仪的等级色彩已消失,繁杂的座制细节也有不少被简化。但必要的礼节、礼貌在现代宴会上仍受人们重视,如敬酒时双方都避席互敬等。此外,现代宴会座次安排也有些变化,一般宴席用的是八仙桌或圆桌,重要客人往往都安排于面朝门的席位,主人面对客人落座。这样的安排是从古代演化而来的。

未来的中国
宴会将怎样
发展?

（三）限制筵宴发展的要素

政治、经济、文化发展的不平衡，使不同朝代的筵宴都有不同的兴衰过程。如汉初宴饮比较简单，后来国力殷实，宴乐又蓬勃兴起，并且注重规范礼仪。再如清朝是最后一个封建王朝，其筵宴礼仪在延续几千年宫廷筵宴的基础上，又保留了满族的饮食特点，它形成于后金时代，到乾隆年间得以完善，乾隆之后开始走下坡路。清代宫廷筵宴由盛到衰的过程，与清代政治、经济文化的消长是一致的。

任务二　中国筵宴的种类

任务目标

1. 了解筵席的主要种类、宴会的主要种类。
2. 能够按照筵宴的分类方法对家乡的名宴进行归类。
3. 学习并归纳中国代表性筵席和宴会的特点。

一、中国筵宴的不同分类方法

（一）筵席的主要种类

筵席的主要种类如表 5-2 所示。

表 5-2　筵席的主要种类

分类依据	筵席名称举例
按照地方风味分类	京菜席、鲁菜席、苏菜席、川菜席、湘菜席等
按照菜品数目分类	十大碗席、三蒸九扣席、四喜四全席、五福捧寿席等
按照头菜原料分类	燕窝席、海参席、熊掌席、三蛇席等
按照烹制原料分类	山珍席、海味席、水鲜席、菌笋席等
按照主要用料分类	全凤席、全羊席、全鱼席、蛇宴、蟹宴、饺子宴等
按照时令季节分类	春令筵席、秋令筵席、冬令筵席、端午宴、中秋宴等
按照风景名胜分类	长安八景宴、洞庭君山宴、羊城八景宴、西湖十景宴等
按照文化名城分类	西安仿唐宴、开封仿宋宴、洛阳水席、成都田席等
按照少数民族分类	清真全羊席、朝鲜族狗肉宴、白族乳扇宴等
按照名称原料分类	长白山珍宴、黄河金鲤宴、广州三蛇宴、昆明鸡枞宴等
按照人名分类	东坡宴、宫保席、谭家席、大千席等
按照八珍分类	草八珍席、禽八珍席、山八珍席、水八珍席等
按照等级、档次分类	特档筵席、高档筵席、中档筵席、普通筵席

（二）宴会的主要种类

中国宴会主要采用三种方式进行分类（表 5-3）。

表 5-3　宴会的主要分类

分类依据	宴会名称举例
以宴会的性质及举办者为依据进行分类	国宴：国家元首、政府首脑以国家和政府的名义为国家庆典或款待国宾及其他贵宾而举行的正式宴会，它是所有宴会中规格和档次最高、最隆重的
	家宴：人们在家中以个人的名义款待亲友及其他宾客而举行的宴会，追求轻松愉快、自在随意的气氛，不太拘泥于严格的礼仪，菜点主要根据进餐者的意愿、口味、爱好烹制，品种和数量没有统一的模式
	公宴：地方政府及社会各机构团体等因公事款待相关宾客而举行的宴会，其规格、礼仪基本上都低于国宴，但仍然注重规格、仪式，讲究菜点的丰盛
以宴会的形式及举办地为依据进行分类	游宴：人们游览玩赏时在风景名胜地举行的宴会
	船宴：人们在游船上举办的宴会。它们都是游乐与饮食结合的宴饮形式，没有烦琐的礼仪，饮与食都比较随意，追求的是食与游的和谐交融之乐
	猎宴：打猎时在野外举行的宴会，是劳动收获与宴饮结合的一种形式。它常常选用刚刚获得的猎物为主料烹食，最大的乐趣在于及时享受劳动所得
	室内宴会：人们平时在室内举行的宴会，是最普遍、最常见的一种宴会形式。它通常都有高低不同的规格、礼仪，与游宴、船宴和猎宴相比，更注重菜点的丰盛与美味
以宴会的目的，主要是习俗为依据进行分类	因人生礼仪需要而举行的宴会，如百日宴、婚宴、寿宴、丧宴等
	因节日习俗需要而举行的宴会，如元旦宴、中秋宴、冬至宴、除夕宴等
	因社交习俗需要而举行的宴会，如接风宴、饯别宴、庆贺宴、酬谢宴等

二、代表性筵宴

（一）代表性筵席

❶ 全羊席

它是以整只羊为主要原料烹制而成的筵席，最早出现在东北、西北地区的满族、蒙古族、回族之中。而汉族在继承唐朝"浑羊殁忽"的基础上吸收少数民族烹饪羊肉的技法，也制作出了全羊席。

全羊席有多种格局和不同的菜点数量，但都表现出两个主要特点：第一，烹饪技艺高超。袁枚在《随园食单》中指出全羊席的烹饪技法是"屠龙之技，家厨难学"，所制作的菜肴"一盘一碗，虽全是羊肉，而味各不同"。《清稗类钞》记载：清江庖人善治羊，如设盛筵，可用羊之全体为之。蒸之，烹之，炮之，炒之，爆之，灼之，熏之，炸之。汤也，羹也，膏也，甜也，咸也，辣也，椒盐也。所盛之器，或以碗，或以盘，或以碟，无往而不见羊也。如今，以羊头为主料，可以制作二十余种菜肴；以羊尾为主料，可以制作十余种菜肴；以羊肉为主料，可以制作上百种菜肴，其中仿制的燕窝、鱼肚鱼翅等菜肴制作难度非常大。第二，菜名风雅有趣。用羊的各个部位制作的菜肴，在名称上却不见一个"羊"字，非常典雅有趣。如用羊眼制作的菜肴，名为明开夜合，羊舌制成的名为迎草香，羊脑制成的名为烩白云，羊鼻尖肉制成的名为采灵芝，还有扣麒麟顶、扒金冠芙蓉顺风、龙门角、饮涧台、千层梯等。《筵款丰馐依样调鼎新录》记载的全羊席菜点名称有云顶盖、顺风耳、千里眼、闻草香、鼻脊管、上天梯、巧舌根、白云花、玲珑心等，非常形象，趣味横生。

❷ 全鸭席

全鸭席（图 5-2）为北京全聚德烤鸭店首创，是由烤鸭的皮、肉、舌、翅、掌、心、肝、肺、肚、肠、胰等为料，制成的各种不同口味的冷热菜肴而组成的筵席。

鸿宾楼的全羊席变化无穷

❸ 满汉全席

它是清朝中叶兴起的一种规模盛大、程序繁杂的筵席，又称满汉席、满汉大席、满汉燕翅烧烤席等。它最初出现在乾隆年间的江南官府中。《扬州画舫录》中记载，乾隆时扬州所办的满汉全席共计110道菜点，以江浙名菜为主，满族烧烤为辅，汇集全国各地美食。清末满汉全席日益奢侈豪华，风靡一时。随着官吏的频繁调动，满汉全席在各地广为流传，并不断融合。

图 5-2　全鸭席

满汉全席有通行的基本格局，但没有全国统一的席单和菜点数量。尽管如此，大多数的满汉全席仍然具有相同的三个主要特点：一是规格高、礼仪重。满汉全席被视为"筵席中之无上上品"，用料广博、档次高，集山珍海味于一席，燕窝、鱼翅、鱼肚、驼峰、鹿尾、乌鱼蛋等高档原料常常出现在席中；环境装饰则经常要用椅披桌裙、插屏香案等。二是程序繁、菜品多。《清稗类钞》记载其进食烤乳猪的程序：酒三巡，则进烧猪，膳夫、仆人皆衣礼服而入。膳夫奉以待，家丁用所佩之小刀窝割之，盛于器，屈一膝，献首座之尊客。尊客起箸，座者始从而尝之，典至隆也。菜点类别众多，即使是四川小巧精致的满汉全席也包括手碟、四冷碟、四朝摆、四糖碗、四蜜饯、四热碟、八中碗、八大菜、四红、四白、到堂点、中点、席点、茶点、随饭菜、饭食、甜小菜等，总共65种菜点，十分丰富。三是排场大、席套席。满汉全席通常是按大席套小席的模式设计，所有菜点分门别类组成若干个前后相连的小席，依次推出，从而构成整个大席；每个小席中常常以一道名菜领衔，配搭相应菜品，使筵席既有主次之分，又有统一的风格。

❹ 田席

它是清代中叶开始在四川农村流行的一种筵席，因常设在田间院坝而得名。最初的田席是秋收后农民为庆祝丰收宴请乡邻亲友而举办的，后来逐渐扩大成为城乡居民各种喜庆之日的主要筵席之一，凡是嫁娶丧葬、迎春、祝寿，甚至栽秧打谷等活动都要举办类似的酒席。《成都通览》中记载，接亲、送亲时的下马宴与上马宴都是采用田席。

田席最突出的特色是就地取材、朴素实惠、蒸扣为主、肥腴香美。所用原料以猪肉为主，兼及其他家畜、家禽、水产品（如鸡、鸭、鱼等）。其烹制方法多为蒸、扣，较为简便，成菜具有肥腴、香美的特点，其中最典型的品种是蒸肘子。蒸制的肘子形整丰腴，肥而不腻，软糯适口，极为诱人，常用来做压轴菜，让人过足吃肉之瘾并产生回味无穷的感受。而烧白亦堪称极佳之品。它排列整齐、形圆饱满、肥而不腻，熟软而不烂，令人垂涎。当客人酒足饭饱时，主人还将一些食物打包请客人带回家，让没有到席者分享。客人因享受到实惠、味美的佳肴而满足，主人因客人的满意和称赞而自豪。可以说，田席在特色上几乎与满汉全席正好相反。但是，在规模上，田席却可以与满汉全席媲美，甚至超过它。通常来说，一轮田席就有十几桌甚至几十桌，有时有几轮席，甚至是长流水席，连续几天几夜，客满一桌开一桌，快捷利落，热闹非凡，场面壮观。

图 5-3　唐代宴饮图

（二）代表性宴会

❶ 烧尾宴

烧尾宴是唐朝著名的宴会（图 5-3）之一，专指士子新登第或官吏升迁时举行的庆贺宴。唐朝封演《封氏闻见录》记载：士子初登荣进及迁除，朋僚慰贺，必盛置酒馔音乐，以展欢宴，谓之烧尾。而关于烧尾的来历，据史料记载大致有三种说法：一是传说虎变为人时只有尾巴不能变，必须把尾巴烧掉，才能真正成为人;二是新来的羊初入羊群,因受群羊触犯而不安,必须烧掉尾巴,才能安定;三是鱼跃龙门,凡是幸运地跃上龙门的鱼,还必须有天火(借电)烧掉它的尾巴,才能真正成为龙。这三种说法虽然说的是不同动物,但其中所包含的意义是一样的,都指要从原来的身份发生质变,必须经过烧尾的洗礼,可见烧尾宴是唐朝的人们在身份变化后举行的重要仪式。这个宴会非常奢华。韦巨源在拜尚书令左仆射时,曾举办烧尾宴献给唐中宗,在他所留下的食单中"仅择其奇异者"就有58道,其他非奇异的一般菜点则不知其数。烧尾宴的品种有饭、粥、点心、脯、酱、菜肴、羹汤等。这些饭点菜肴采用米、面粉、牛奶、酥油、蜂蜜、蔬菜、鱼、虾、蟹、鸡、鸭、鹅、牛、羊、鹿、熊、兔、鹌等原料制作,取名华丽,制法不同,风味多样。如面点有单笼金乳酥、巨胜奴(酥蜜寒具)、贵妃红(加味红酥)、婆罗门轻高面(笼蒸)、生进二十四气馄饨(花形、馅料各异)、见风消(油浴饼)、水晶龙凤糕、汉宫棋、素蒸音声部、生进鸭花汤饼等,菜肴则有乳酿鱼、葱醋鸡(入笼)、吴兴连带、八仙盘(剔鹅作八副)、仙人脔(乳沦鸡)、箸头春(炙活鹌子)、五牲盘、遍地锦装鳖(羊脂、鸭卵脂副)、汤浴绣丸等。这些都从侧面反映了唐代饮食文化的发达。

② 曲江宴

曲江宴是唐朝著名的宴会之一,因在京城长安的曲江园林举行而得名。曲江园林位于今西安市东南6公里处,古有泉池,岸头曲折多姿,自然景色秀美,唐朝时又引水入池,在池边广植奇花异树,大修亭台楼阁,使曲江成为长安风景优美的半开放式游赏、宴饮胜地,当时把在这里举行的各种宴会通称为曲江宴。在这众多的宴会中,最具规模和风韵的有三种:一是上巳节时皇帝的赐宴。此宴规模最大,有上万人参加,尤其以唐玄宗开元、天宝年间最盛,皇帝或者赏赐群臣百官宴饮,或者特许百

图5-4 唐代野宴图

姓及宗教人士到此地设宴、游赏,并且让皇家的乐工舞女与民间的乐舞团体前来演出助兴。二是为新科进士举行的宴会。这个宴会沿袭的时间最长。唐朝初年,朝廷就有特赐上京应试落榜的举子饮宴曲江的制度,以示安慰和鼓励,后来则改为赐新进士曲江宴,这个制度一直延续至唐末。三是春日游曲江时举行的宴会。此宴最具风韵,常常选花间草地插竹竿、挂红裙作宴幄,菜点味美形佳,人人兴致益然(图5-4)。

《丽人行》

③ 春秋大宴

春秋大宴是宋朝著名的宴会之一,是国家在春秋季举行的宴会。据《宋史》载,此宴是从咸平三年开始举办的,最大的特点是排场大、等级严、礼仪繁。宋朝的制度规定,凡大宴,有司预于殿庭设山楼排场,为群仙队仗,六番进贡、九龙五凤之状,而在殿上则陈锦绣帷帝,垂香毬等,布置考究、气派非凡。宴会上等级森严、尊卑分明,就座次而言,宰相使相、三师、三公、仆射、尚书丞郎、学士御史大夫、皇帝的宗室坐在殿上,四品以上的官员坐于朵殿,其余的参加者分坐于两旁,各个等级的坐具餐具都不一样。参加宴会的人在皇帝到达前必须诣殿庭,东西相向立,当皇帝入座后才由人分别引入"横行北向",在按要求向皇帝多次磕头跪拜后才能就座,宴会进行中还有无数次的磕头跪拜,其仪式十分烦琐。

④ 诈马宴

诈马宴是元朝著名的宴会之一,是宫廷或亲王在重大政治活动时举行的宴会。诈马,是波斯语"外衣"的音译,又译为簛马。因赴宴的王公大臣必须穿戴皇帝赏赐的同一颜色的质孙服,所以其也叫质孙宴、衣宴等。质孙服是用织金锦缎制成,由皇帝按照其权位、功劳等加以赏赐,有严格的等级区别。据史料记载,凡是新皇即位、皇帝寿诞、册立皇后或太子、祭祀、诸王朝会等都要举行这种大宴,时间一般是3天。它规模庞大,菜点极具蒙古族特色。宴会地点常常是可以容纳6000余人的大殿内外,菜肴以烤全羊为主,还有醍醐、野驼蹄、鹿唇、驼乳糜等"迤北八珍"和各种奶制品,酒是烈性

Note

酒且用特大型酒海盛装。周伯琦在《诈马行》诗序中记载了它的盛况:赴宴者身穿质孙服,盛饰名马,各持彩仗,列队驰入禁中,于是上盛服,御殿临观,乃大张宴为乐。惟宗王、戚里、宿卫大臣前列行酒,余各以所职叙坐合欢,诸坊奏大乐,陈百戏,如是者凡三日而罢。

⑤ 千叟宴

千叟宴是清朝著名的宴会之一,是清朝宫廷专为老臣和贤达老人举行的宴会,因赴宴者超过千人而得名。它开始于康熙五十二年,后来又分别在康熙六十一年、乾隆五十年和嘉庆元年举行过,一共四次。据《御茶膳房簿册》及有关史料载,千叟宴的特点主要有两个方面:一是规模庞大。每次宴会都宴请 65 岁以上的上千名老人,最多时达 5000 人,其中一次宴会就摆了 800 桌筵席。二是等级严格、礼仪繁杂。整个宴会分为两个等级,宴请对象、设宴地点、菜点品种与数量等均有明显的区别。一等席面用于宴请王公、一二品官员和外国使节,地点在大殿内和廊下两旁,菜肴有银火锅、锡火锅、猪肉片、煺羊肉片各 1 盘,还有鹿尾烧鹿肉、蒸食寿意等菜肴各 1 盘。二等席面用于招待三至九品官员及其他人,地点在丹墀、甬路和丹墀以下,菜点则是铜火锅 2 个,猪肉片、煺羊肉片、烧狍肉等各 1 盘。千叟宴的礼仪也与当时的其他国宴一样,十分繁杂,从静候皇帝升座就位进茶、奉觞上寿到皇帝赐酒起驾回宫等,程序琐碎,赴宴者要行无数三跪九拜之礼。

任务三　中国筵宴的设计

最忆是杭州:走进 G20 峰会欢迎宴会

任务目标

1. 了解中国筵宴设计的基本要求与原则。
2. 能够应用中国筵宴基础知识进行主题筵宴设计。

一、筵宴设计的基本要求与原则

(一)筵宴设计的基本要求

① 规格的统一性

虽然在规格上各地有所不同,但大体上是统一的。菜品搭配要符合筵席的标准,筵席菜品要全,比例要适当,不可以头重脚轻。高规格筵宴需要配备高规格餐具,需要精选食材,烹饪工艺更考究。

② 风味的地方性

首先要展现当地的独特原料和土特产品,其次要发挥本店的技术特长,拿出名师的绝招,使食者耳目一新,大快朵颐,感到不虚此行;要配备风味菜肴和地方名酒,使筵席酒菜相宜,相得益彰。

③ 菜品的多变性

无论何种筵宴,都应根据需要灵活排定菜单。菜单既要有统一风味,又要多变。首先,席单上的菜品要富于变化,反对菜式单调或口味雷同。原料要变,鸡、鸭、鱼、肉、虾、蟹、果、蔬等要相互搭配;形态要变,段、块、片、条、丝、丁、茸等形状要有机结合;色泽要变,白、黄、绿、红要灵活穿插上席;口味要变,酸、甜、苦、辣、咸等各种味型层次分明;口感要变,酥、脆、柔、滑、软、嫩要兼顾;器具要变,杯、盘、碗、碟交换使用。只有这样,才能使筵宴有节奏感,不枯燥,不呆板。其次,席单要多变,反对千篇一律、几年一贯制。某套菜品客人吃后反响很好,以后凡有设宴的,都是这套菜品,这是不可取的。

④ 内容的雅趣性

雅,即反对庸俗化。搭配菜点名称要雅,如掌上明珠、贵妃鸡翅、碧波龙舟等。还要注意布局和礼仪,要有鲜明的民族特性与典雅的风俗趣意。趣,要有情趣,使客人心情舒畅、欢快。安排菜肴要有祝酒、助兴的作用,如寿筵上的松鹤延年及喜筵上的龙凤呈祥、珠联璧合等,都能突出筵宴主旨。

⑤ 制作的现实性

筵宴设计要切合实际,与烹饪原料、器具、技术及就餐场所、服务设施等的条件相关。丰富的原料品种,精湛、高超的烹调技术,为筵宴肴馔的发展提供了物质条件,桌、椅的出现又改变了筵宴席地而坐的就餐形式。因此,应根据现有的筵宴所需物质条件和技术设计筵宴。

⑥ 原料的安全性

近年来经济的高速发展,使农牧业生态在一定程度上遭到了破坏,烹饪原料的安全问题也接踵而来。所以,在进货渠道上,要严把原料质量关,将原料的安全隐患在进货渠道中排除掉。另外,要把绿色与安全作为采购原料的依据和标准。

⑦ 营养的合理性

第一,筵宴设计要考虑菜品营养的合理搭配,否则会失去食用价值。第二,要注意选配多种原料入席,不可只注重山珍海味而忽视肉蛋乳蔬果等原料。第三,要注意重荤菜轻素菜的倾向,设计筵宴时应考虑素荤结合的作用,特别是动物性脂肪不可过多。第四,要注意蛋白质的互补作用。

(二) 筵宴的设计原则

① 因人配菜

根据宾客的具体情况确定菜品,包括主宾的性别、国籍、民族、宗教信仰、职业、年龄、嗜好等。保证主宾,兼顾其他。菜品数量和质量切不可过多,以免造成浪费,也不能太少,以免造成尴尬。

② 因时配菜

一年有四季之变,在设计筵宴时既要按照季节选用时令原料,力争鲜活、丰美可口,又要根据季节特点来变化菜品的口味和色彩,要鲜醇浓淡四时各异。如冬季可多配烧、扒、炖菜和火锅、砂锅菜,宜多用暖色调;夏季多配炒烩、爆、煽、拌炝菜,宜多用冷色调。

③ 因价配菜

根据筵宴的等级和价格决定菜品的数量和质量,做到质价相符。筵宴价格常受原料供应、市场物价、工艺难度、餐馆等级等因素的影响,需进行成本核算,以保证供需双方的利益不受损害。一般来说,档次高的,菜品原料与工艺制作的质量要精,价格自然要高些;档次低的,菜品原料与工艺制作的质量要粗些,价格自然要低。

④ 因需配菜

这个"需"主要是宾客的需要,例如筵宴目的、主人需要、客人类别、主宾嗜好、等级高低等。事先应征求主人的意见,了解主人的要求。要实行推荐和自选相结合,给人以选择的余地。根据主人的需要,结合餐馆的实际能力设计好菜单。

二、筵宴的设计过程

(一) 筵宴的设计

筵宴设计是筵宴成败的基础和前提。筵宴设计的涉及面很广,主要有菜单设计、环境设计、台面设计、进餐程序与礼仪设计等。其中,菜单设计是十分重要的。一份设计精良、丰富、得体的菜单,既是餐台的一种必要点缀,更是最好的"推销员"和重要标记,因此,菜单设计不仅要注重内容美,也要注重形式美。在内容方面,必须根据举办者的需要,按照一定的格局与原则,将菜肴、点心、饭粥、果品和酒水组合,搭配成丰富多彩的筵宴菜点;在形式方面,必须把成型配套的筵宴菜点通过某种载体呈现出来,菜单的材质、形状、色彩、图案、文字编排等至关重要。环境设计包括场地布置、餐室美化、桌椅摆放等,必须符合筵宴主题与气氛,新颖别致、特色突出且便于进餐。台面设计包括餐台装饰与餐具摆放等,方式多种多样,如花坛式、花盘式、花篮式、插花式、盆景式、雕塑式、镶图式、剪纸式等,要求台面寓意与筵宴主题一致,高雅大方、简洁明快且有利于进餐。程序与礼仪设计主要包括筵宴总体进程、上菜顺序与节奏、服务程序与礼仪等,要求时间恰当、节奏明快、合乎规范。

（二）菜点制作与筵宴服务

这两个环节都直接关系到筵宴的成败。菜点制作主要包括原料的选用、烹调加工、餐具配搭等,必须根据菜单设计要求,保质保量,按时将所需的菜品制作并选出。筵宴服务涉及的内容很多,贯穿整个筵宴的始终,也必须按照设计及要求,在筵宴开始前做好场地布置、餐室美化、桌椅摆放、宴台装饰、餐具摆放、迎宾等工作,在筵宴开始后做好上菜、斟酒及其他服务工作。

（三）主题宴会的设计

① 深化主题宴会内涵

在策划宴会主题时,离不开"文化"二字。每一个宴会主题,都应有文化内涵。如地方特色餐饮的地方文化渲染,不同地区有不同的地域文化和民俗特色。如以某一类原料为主题的餐饮活动,应有某类原料的个性特点,从原料的使用、知识的介绍到原料食品的装饰、古今中外菜品烹制特点等,进行原料文化的展示。北京原宣武区的湖广会馆饭庄将饮食文化与戏曲结合起来,推出了戏曲趣味宴,如贵妃醉酒、出水芙蓉、火烧赤壁、盗仙草、凤还巢、蝶恋花、打龙袍等,这一创举使每一道菜肴都与文化紧密相连。在戏曲趣味宴中,年轻的服务员在端上每一道戏曲菜时,都会恰到好处地说出该道菜戏曲曲目的剧情梗概,给客人增加不少雅兴。

主题宴会的设计,如仅是粗浅地玩"特色"是不可能收到理想的效果的。在确定主题后,经营策划者要围绕主题挖掘文化内涵,寻找主题特色,设计文化方案,制作文化产品和服务,这是最重要、最具体、最耗费精力的重要一环。

② 围绕主题设计宴会菜单

菜式品种的特色、品质必须反映文化主题的内涵和特征。如苏州的菊花蟹宴,围绕螃蟹这个主题,宴席中汇集了清蒸大蟹、透味醉蟹、子姜蟹钳、蛋衣蟹肉、鸳鸯蟹玉、菊花蟹汁、口蘑蟹圆、蟹黄鱼翅、四喜蟹饺、蟹黄小笼包、南松蟹酥、蟹肉方糕等菜点,可谓"食蟹大全"。浙江湖州的百鱼宴,以"鱼"来做文章,糅合了四面八方、中西内外各派的风味。普天同庆宴以欢庆为主题,整个菜单围绕欢聚、同乐、吉祥、兴旺,渲染庆祝气氛。菜单、菜名及技术围绕文化主题中心展开,可根据不同的主题确定不同风格的菜单,设计时考虑整个菜名的文化性、主题性,使客人从每一道菜中都能见到主题的影子,这样可使整个宴会场面气氛和谐、热烈,使客人产生美好的联想。

③ 营造主题环境

宴会主题文化确定以后,除了制订菜单外,还要借助餐厅的环境表现出来,尤其应重视场景、氛围、员工服饰等方面的装饰,以形成浓厚的主题文化。在服务的过程、服务的形式、服务的细节、服务标准的设计以及活动项目的组织上,均应有鲜明的主题贯穿。主题宴会应突破传统宴会仅提供零散菜品这一概念,而提供一种"经历服务",把自己培植的主题文化产品奉献给每一位就餐的客人,为他们带来一种特殊的文化、特殊的菜品、特殊的环境、特殊的享受。餐厅在不同时候推出不同风格的主题宴会,会使得餐饮经营有声有色,风格各异,并给客人带来新的、有个性的东西。

④ 主题宴会的常用类型

现代餐饮中主题特色已越来越被经营者所看重。特色化的主题宴会也是餐饮创设的利器。餐饮在实施主题销售战略时,可根据不同的顾客、不同的消费行为和活动选择相对应的主题,开设有个性特色的主题宴会,以满足顾客的特别心情,刺激顾客的消费欲望。这种主题,可以是地域的、民族的,也可以是民俗的、人文的,还可以是特产原料的。实际上,只要确定一个主题,然后根据主题收集整理资料,人们便会依照主题特色去设计菜单。主题宴会的常用类型如表5-4所示。

表 5-4　主题宴会的常用类型

分 类 依 据	内 容
以地域文化为主题	利用本地区的特色原料、风味和独特的烹调方法以及本地区的人文特点开发地域风味浓郁的主题宴会,不仅影响深远,而且对地方饮食文化的宣传起到很重要的作用。近年来,全国很多地区从本土文化出发,创作出许多闻名全国的主题宴席,如敦煌宴、运河宴、长白宴、太湖宴、珠江宴、虎踞龙盘宴等。这些都体现了不同地区特色的地域饮食文化风格
以特色、特产原料为主题	以特色、特产原料作为宴会主题,自古以来在餐饮业运用较为广泛。一般来说,主题、原料确定以后,厨师们就能围绕主题设计出主题菜单。在设计创意中,每道菜都与主要原料有关,或炒、或烹、或煎、或炸、或蒸、或煮,口味变化,造型变化,色彩变化,再注重菜品的名称美化,就是一张美妙的菜单。如江鲜宴、花卉宴、黑色宴、茶宴、水果宴、石斛宴等
以节日活动为主题	目前,全国每年公休假日经济所产生的营业额比重也大,一般占全年营业额的50%以上。宽阔的前景昭示:开发假日餐饮主题,积极迎战休闲餐饮市场。 节假日是百姓休闲的好时光,适时推出各种民众主题宴、休闲宴。在保证质量的前提下,增加服务大众饮食项目,将大众化与个性化有机结合。如围绕节日主题设计的情人套餐、合家欢宴、重阳长寿宴,圣诞宴等
以宴请活动内容为主题	根据宴请活动的具体内容而设计菜单,这是最近几年较为流行的设计思路。实际上,我国自古以来就注重主题宴席的制作,如新婚喜宴、生日宴等。随着社会的发展,宴席已越来越成为许多主题活动的重要仪式。往往一场主题鲜明的宴席活动,能给广大就餐者留下深刻的印象、带来美好的回忆,并使饭店或餐饮企业树立良好的形象
以食品功用为主题	当人类解决了温饱之后,就开始追求健美与长寿,希望能尽量地提高生命的质量,于是食疗事业也应运而生。在策划设计主题宴时,如果能突出保健、强身的功效,就可起到一举两得的效果。这是人们在饮食中都很向往的事情。 根据食品原料的自身特点,利用不同的烹饪制作方法,使食物达到滋补等作用,这是当今饮食的普遍需求,其关键是如何搭配,使菜品在美味可口的同时达到滋补等作用,这必须根据原料及其科学配制的特点,使其产生最大的功效

中餐主题宴会设计——"雨林与邻"主题设计说明书

同步测试

🍳 **项目小结**

　　本项目主要学习中国筵宴文化,包括中国筵宴的产生、发展和特征;中国筵宴的分类标准与分类,主题宴会的设计原则、方法与内容等。通过本项目的学习,学生能够了解中国筵宴的发生、发展的历史进程、古代的代表性筵宴及其历史文化特征;掌握中国筵宴的分类标准与筵宴划分的方法;掌握主题宴会的设计,围绕主题设计风格突出的宴会。更为重要的是使学生能够运用本项目中的理论知识为将来进行中国筵宴市场的把控与开拓。

中国饮酹文化

项目描述

　　本项目主要阐述中国的茶文化和酒文化。茶与酒作为中华民族饮食文化的重要组成部分，在中华五千余年的文明历史长河中熠熠生辉，并在无数华夏儿女的血脉里深深扎下了根。在博大精深的中国饮食文化体系中，无论是餐饮经营者还是饮食文化研究者，都要全面、系统地学习、了解、掌握茶与酒的相关知识，并且可以把茶道和酒艺礼仪渗透到平时的生活中。

项目目标

　　1. 了解中国茶的发展历程，了解中国古代茶具的分类和使用方法。
　　2. 了解茶叶的分类，掌握泡茶的技艺。
　　3. 学会品茶方法。
　　4. 了解中国酒文化的发展历程，了解中国古代酒具的分类和使用方法。
　　5. 了解酒的分类，掌握各类酒的特性。
　　6. 学会不同种类酒的饮用礼仪。

任务一　中国茶文化

任务描述

　　首先介绍茶和茶文化的起源，通过阐述茶文化的发展历程，进而了解古代饮茶的器皿。最后从日常使用的角度介绍了中国茶品的精髓。本任务的重点是了解茶文化的起源和分类，掌握泡茶的技艺并运用到日常生活中。

任务目标

　　1. 掌握中国茶的起源与发展。
　　2. 理解茶叶的分类。
　　3. 认识中国饮茶器具。
　　4. 掌握中国茶艺。

一、中国茶的起源、发展、分类与名茶

（一）中国茶的起源与发展历程

中国是茶的故乡，中国人发现并利用茶，据说始于神农时代。直到现在，中国各民族及海外同胞

还有以茶代礼的风俗。中国茶文化是制茶、饮茶的文化。饮茶在古代中国是非常普遍的。中国茶文化源远流长，博大精深，不但包含物质文化层次还包含深厚的精神文明层次。

中国是世界茶饮的发源地，中国人民最早发现茶树，种茶、制茶、饮茶的历史最为悠久。从最初的粗浅认识到系统地研究和利用茶饮，并逐步形成茶文化、茶艺术、茶习俗、茶医药，这期间经历了数千年的漫长过程。茶为我们的生活增添了无限的情趣，为人类的健康做出了巨大的贡献。茶的医疗保健应用是伴随着中国传统医药的发展而发展的。

❶ 茶的起源

在神农时代，茶已开始进入华夏先民的日常生活中。茶之为饮，发乎神农氏，闻于鲁周公。这是我国唐代茶圣陆羽在其所著的世界上第一部茶学专著《茶经》中发表的关于茶饮起源的权威观点。世界上现存最早的药学专著《神农本草经》首次讲述了茶起源的传说：神农尝百草，一日而遇七十二毒，得茶而解。相传神农氏为寻找药物给老百姓治病，亲自试尝多种天然植物，曾经日遇七十二毒，得茶而解之。这个故事讲述的不仅仅是茶的起源，它也是中医药起源的最早记录。茶和天然药物在人类生活中的应用，是中华民族在探索大自然的奥秘中伟大的也最具创造性的科学发现。

《神农本草经》认为：茶味苦，饮之使人益思、少卧、轻身、明目。东汉时期医圣张仲景用茶治便脓血取得了很好的效果。三国时期魏国人张揖在《广雅》中最早记载了药用茶方和烹茶方法：荆巴间采茶作饼，成以米膏出之。若饮，先炙令色赤，捣末置瓷器中，以汤沃覆之，用葱、姜芼之。其饮醒酒，令人不眠。神医华佗在《食经》中讲述了苦茶久食，益意思的道理。自从人们认识到茶饮的医疗保健作用后，就一直将其视为珍贵之物，把它作为祭品、贡品、礼品，以供神事、皇室或社交活动之用。以后人们又将野生的茶移植，进行人工栽培。在周代就已有专管茶叶事务的官员，茶在当时是最受人们欢迎的饮品。秦人取蜀，始知茗饮之事。我国古代巴蜀是最早种茶和传播饮茶技艺的地区。西汉时期饮茶之风始兴，但饮茶主要还是宫廷及官宦之家的一种贵族式的生活方式。

❷ 两晋南北朝时期的茶

这一时期的茶已从原来珍贵的奢侈品逐渐成为百姓都能享用的普通消费品，在社交活动中，饮茶已成为一种日常生活方式和待客礼仪，如客来敬茶、坐席竟下饮。两晋时，开始出现茶摊、茶馆，南北朝时首次出现了商业性店铺——茶寮，可供人们饮茶和住宿。南北朝医药学家、道教思想家陶弘景坚信久喝茶可以轻身换骨。我国唐代以前无"茶"字，皆作"荼"字，其字曾在我国第一部诗歌集《诗经》中出现过：谁谓荼苦，其甘如荠。晋人张载《登成都楼诗》有：芳荼冠六清，溢味播九区。孙楚在《出歌》中指出茶业的中心仍然在巴蜀地区——姜桂荼荈出巴蜀。

❸ 隋唐时期的茶

隋唐时期社会逐渐走向繁荣，百业俱兴，起源于三国时期的茶宴、茶会等多种形式的饮茶活动也开始流行，茶成为人们不可缺少的日常饮品。诗仙李白也是位品茗仙客，他在《答族侄僧中孚赠玉泉仙人掌茶并序》的诗中云：常闻玉泉山，山洞多乳窟……茗生此中石，玉泉流不歇。著名茶家卢仝在《走笔谢孟谏议寄新茶》中更是绘声绘色地讲述了茶饮的神妙：天子须尝阳羡茶，百草不敢先开花……一碗喉吻润。二碗破孤闷。三碗搜枯肠，惟有文字近千卷。四碗发轻汗，平生不平事，尽向毛孔散。五碗肌骨清。六碗通仙灵。七碗吃不得也，唯觉两腋习习清风生。

唐朝是茶饮发展史上最重要的时期之一，诞生了世界上第一部茶业著作，这就是茶圣陆羽的《茶经》。该书成书于至德、乾元（756—760年）前后，书中对茶的起源、名称、品质、种植、栽培、加工制作、品茶用具、水质、饮茶习俗等进行了较为系统的研究总结，至此茶学成为一门专门的技艺和科学，这对全世界茶业的发展都起到了巨大的推动作用。在书中陆羽还特别指出：茶之为用，味至寒，为饮最宜。

在唐朝，人们还开始了一项科学创举，将单纯的茶与其他药用原料结合应用，这无疑扩大了茶的使用范围，也增强了茶的医疗保健功能，因此唐朝又被称为是药茶的萌芽时期。唐代著名医药学家王焘在《外台秘要》中详述了药茶的制作、饮用和适应证,开创了药茶制作的先河。唐朝对纯茶叶饮料的保健作用的研究更加深入,医学家陈藏器进行了精辟的总结:诸药为各病之药,茶为万病之药。茶能破热气、除瘴气、利大小肠。药王孙思邈在《千金要方》中肯定地认为茶令人有力、悦志。孙思邈的弟子孟诜是我国第一位食疗专家,他在其所著的《食疗本草》中介绍了茶能治腰痛难转、热毒下痢。大诗人白居易深有感触:驱愁知酒力,破睡见茶功。大书法家颜真卿则赞扬茶饮流华净肌骨。

在唐朝我国的茶饮开始向日本、印度尼西亚、俄罗斯、印度、斯里兰卡等国家传播,推动了中外文化和科技的交流。

陆羽《茶经》
摘抄

④ **宋元时期的茶**

宋朝的茶饮有了相当大的发展,扩大了茶叶产区,更新了制茶方法,在南宋时期的杭州处处有茶坊、酒肆,上层人士、文人墨客、宗教寺庙经常举行各种茶宴。李邦彦在《延福宫曲宴记》中记载了宋徽宗赵佶亲自调配茶饮赐宴众臣的情形。这一时期茶药配合应用更加普遍。北宋翰林医官院王怀隐等人编著的《太平圣惠方》,宋太平惠民和剂局编纂的《太平惠民和剂局方》等录有"药茶"专篇,并详述了配方、用法、主治等知识。在《太平圣惠方》中以"药茶诸方"为药方分类名称,这是"药茶"二字第一次进入被官方认可的医学文献之中。《太平惠民和剂局方》中"常服清头目"的川芎茶调散成了在后世最具知名度的药茶方。在《大观茶论》《斗茶记》《本朝茶法》《茶录》《品茶录要》《茶具图赞》等著作中均有茶饮、药茶的记载。

⑤ **明清时期的茶**

明朝社会上广泛使用药茶方,宫廷和普通百姓也都十分乐于接受这一养生保健方式。刊行于15世纪初对后世医学有较大影响的《普济方》,转载宋《太平圣惠方》中的药茶方。著名医药学家李时珍的《本草纲目》中也记载了茶药合用的研究成果。朱权在《茶谱》、陆树声在《茶寮记》、许次纾在《茶疏》等书中都各自发表了茶饮研究的学术观点,总结了明及明以前的茶学成就。

清朝药茶研究进入了一个新的发展时期,各家研究成果颇丰,陈鉴的《虎邱茶经法补》、刘源长的《茶史》、陆廷灿的《续茶经》、张璐的《本经逢原》等一大批有影响的茶学、医药学著作,对茶饮及药茶的研究更加全面系统。在清朝,茶饮从单纯的茶叶或以茶为主、茶药合用的传统方式,发展为可以以其他中药为主,甚至为代茶饮的全新饮茶模式,这项具有开拓性的行为,创造了新的茶饮概念。茶饮的更新扩大了茶饮的应用范围,使茶饮在医疗保健中的地位得到了空前的提高。清宫御医在给王权贵族们治病的过程中,以中医药理论为指导,辨证施饮,经常使用无茶叶的代茶饮,因此药茶在清朝宫廷中备受推崇。这一时期太医们的药茶技术达到了相当高的水准,将药茶技术推向到茶饮史上的最高峰。

⑥ **近现代的茶**

近百年来由于西方现代科学文化在我国的传播,在开发传统茶饮的研究中,广泛应用了现代科技手段,使古老的茶饮文化得以推陈出新。深入、细致、系统的科学研究,使我们能够更好地掌握和利用茶饮技术,为大众的健康生活服务。

民国时期的茶学家吴觉农、胡浩川的《中国茶叶复兴计划》、赵烈的《中国茶业问题》、胡山源的《古今茶事》等茶学著作相继问世,奠定了现代茶学研究的基础。尽管这批有志于茶学事业的人士为此做出了相当大的努力,但限于当时的历史条件,茶饮业发展十分缓慢。

中华人民共和国成立后茶饮事业受到了国家的高度重视,先后建立了近千家国营茶场,很多省市地区都建立了茶叶研究机构、贸易公司和进出口公司,在浙江农业大学、西南农业大学(现西南大学)等院校中都开设了茶学系或专业,出版了《中国的茶叶》《茶典》《中国茶文化》《中国药茶大全》等数百种茶饮及药茶的学术专著和科普读物,还发行了《茶叶科学》等数种茶叶学术期刊。茶学和医学机构都开展了茶饮的研究。

二十世纪七八十年代以来,世界上出现了一股回归自然热,随着国际上"中医针灸热"的兴起,

"茶疗热"也逐步升温。我国出现了一些具有抗衰老、美容、减肥功效的保健茶。茶饮也用于治疗癌症、冠心病、艾滋病、糖尿病等现代疑难重症,取得了一定的效果。1986年3月云南沱茶在西班牙获第九届世界食品评选会金像奖,我国向国际推荐了中华枣茶、大宁保肾降脂茶、英葵减肥茶、盘王健齿茶等优质保健茶。我国的茶叶出口量在1989年达到20.46万吨,位居世界茶叶出口量第二位。近年来国内各大中城市还出现了一大批茶楼茶坊,成为餐饮娱乐界的一支新生力量。

(二)中国茶的分类标准

唐代陆羽编著的《茶经》中记载:茶者,南方之嘉木也,一尺二尺,乃至数十尺。中国是一个茶叶大国,是世界上最早发现茶树并且利用茶叶和栽培茶树的国家,是茶的发源地。茶树是多年生木本常绿植物,原产于我国西南地区,后来通过人工长期培育形成了许多新的品种。茶的品种众多,不同品种的茶树,有的适合制作绿茶,有的适合制作红茶,有的适合制作乌龙茶,还有的红茶和绿茶都可以制作。丰富的茶树品种,对生产加工各种类型的茶叶,提供了非常有利的条件。

茶叶就是以茶树新梢上的嫩叶和芽为原材料加工制作而成的产品,经泡水后饮用,有提神、醒脑、强心、利尿、排毒的功效。裴汶在《茶述》中说到茶叶其性精清,其味浩洁,其用涤烦,其功致和。参百品而不混,越众饮而独高。茶叶在中国人民的生活中成为必不可少的饮品之一,人们日常生活所必需的"柴米油盐酱醋茶",茶叶就是其中之一。目前我国的茶叶品种特别多,能够叫出名的茶叶就有上千种,像人们熟知的名茶有西湖龙井、武夷岩茶、庐山云雾、安溪铁观音、苏州碧螺春、信阳毛尖、白毫银针、黄山毛峰、普洱茶、大红袍等。

一般来讲,我们可以根据茶叶的加工程度、采摘时间的先后、茶叶的生长环境对茶叶进行分类。

❶ 根据茶叶的加工程度划分

根据茶叶的加工程度,一般可以将茶叶分为初加工茶、再加工茶和深加工茶三类(表6-1)。

1)初加工茶

初加工茶主要是指鲜叶经过初制加工后生产的产品。它的产品特征如下:以新鲜茶叶为原料,经过特定的生产程序加工出某一特定形态的产品,鲜叶内成分起了化学变化。根据茶多酚氧化状况,可以将初加工茶分为绿茶、红茶、乌龙茶、白茶、黄茶、黑茶这六类基本茶。

(1)绿茶

绿茶是很古老的品种,是我国品种最多、产量最大、饮用最普遍的第一大茶种。绿茶是不发酵的茶叶(发酵度为零),运用高温杀青以保持新鲜茶叶固有的鲜绿色,其中多酚类少氧化或不氧化,叶绿素没有遭到破坏,冲泡后茶汤翠绿清香。长期饮用能促进肠胃消化、延缓衰老、预防电脑辐射伤害。绿茶的代表品种有西湖龙井(图6-1)、苏州碧螺春(图6-2)、信阳毛尖等。

绿茶的基本工艺流程有杀青、揉捻、干燥三个步骤。杀青方式有加热杀青和蒸汽杀青两种,以蒸汽杀青制成的绿茶称为蒸青绿茶。干燥按最终干燥方式不同有炒干、烘干和晒干之别,最终炒干的绿茶称炒青绿茶,最终烘干的绿茶称烘青绿茶,最终晒干的绿茶称晒青绿茶。

①炒青绿茶

由于在干燥过程中受到机械或手工操作的作用不同,成茶形成了长条形、圆珠形、扇平形、针形、螺形等不同的形状,故又分为长炒青、圆炒青、扁炒青等。

• 长炒青:精制后称眉茶,成品的花色有珍眉、贡熙、雨茶、针眉、秀眉等,各具特色。

• 圆炒青:外形颗粒圆紧,因产地和采制方法不同,又分为平炒青、泉岗辉白和涌溪火青等。

• 平炒青:产于浙江嵊州、新昌、上虞等地。因历史上毛茶集中于绍兴平水镇精制和集散,成品茶外形细圆紧结似珍珠,故称平水珠茶或称平绿,毛茶则称平炒青。

• 扁炒青:因产地和制法不同,主要分为龙井、旗枪、大方三种。

表 6-1　根据茶叶的加工程度茶叶分类表

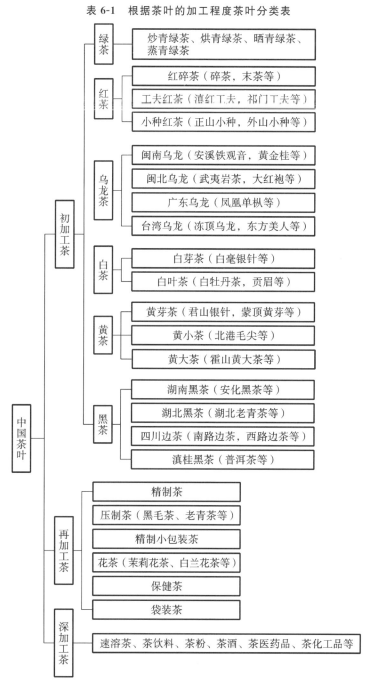

图 6-1　西湖龙井

图 6-2　苏州碧螺春

②烘青绿茶

烘青绿茶是用烘笼进行烘干的,烘青毛茶经再加工精制后大部分作为熏制花茶的茶坯,香气一般不及炒青绿茶高,少数烘青名茶品质特优。根据烘青绿茶外形亦可分为条形茶、尖形茶、片形茶、针形茶等。条形茶全国主要产茶区都有生产。尖形茶、片形茶主要产于安徽、浙江等。其中特种烘青绿茶,主要有黄山毛峰、太平猴魁、六安瓜片、敬亭绿雪、天山绿茶、顾渚紫笋、江山绿牡丹、峨眉毛峰、金水翠峰、峡州碧峰、南糯白毫等。

③晒青绿茶

晒青绿茶是经日光晒干的,主要产地在湖南、湖北、广东,此外广西、四川、云南、贵州等地少量生产。晒青绿茶以云南大叶种的品质最好,称为滇青;其他如川青、黔青、桂青、鄂青等各有千秋,但不及滇青。

④蒸青绿茶

蒸汽杀青是我国古代的杀青方法。唐朝时传至日本,相沿至今。而我国则自明代起即改为锅炒杀青。蒸青绿茶是利用蒸汽量来破坏鲜叶中酶活性,形成干茶色泽深绿、茶汤浅绿和茶底青绿的"三绿"的品质特征,但香气较闷且带青气,涩味也较重,不及锅炒杀青绿茶那样鲜爽。由于对外贸易的需要,我国从20世纪80年代中期以来,也生产少量蒸青绿茶。蒸青绿茶主要品种有恩施玉露,产于湖北恩施;中国煎茶,产于浙江、福建和安徽三省。

(2)红茶

红茶源自中国,世界上最早的红茶由中国福建武夷山茶区的茶农发明,名为正山小种。它是全发酵的茶叶(发酵度为80%～90%),采摘自新鲜茶叶发酵加工,使茶叶中的茶鞣质经氧化而生成鞣质红,不但可以令茶叶色泽乌黑,水色叶底红亮,还可以使茶叶的香气和滋味发生变化,具有浓郁的果香和醇厚的滋味。长期饮用红茶可以降低血糖,防治高血压和心肌梗死等。红茶的代表品种有祁门红茶(图6-3)、荔枝红茶、云南红茶(图6-4)等。

图6-3　祁门红茶

图6-4　云南红茶

通常红茶分以下几种。

①红碎茶

红茶经过切碎加工,呈颗粒形碎片,用沸水冲泡时茶叶浸出量大,适于加工成袋泡茶,一次性冲泡。

②工夫红茶

常见的工夫红茶有祁门工夫、滇红工夫、宁红工夫、川红工夫。

③小种红茶

常见的小种红茶有正山小种、外山小种。

(3)乌龙茶

乌龙茶又称为青茶,它是经过部分发酵(发酵度为30%～60%),制作方式介于绿茶和红茶之间,经过轻度萎凋和局部发酵,再采用绿茶的制作方法,对其高温杀青,成为绿叶红边,不仅有绿茶的鲜香浓郁,还带有红茶的甜醇。乌龙茶具有清心明目、降低胆固醇、预防心血管疾病和糖尿病的功效。乌龙茶的代表品种有安溪铁观音(图 6-5)、武夷岩茶(图 6-6)、凤凰水仙等。

我国乌龙茶的分类如下。

①闽南乌龙

其代表茶叶有安溪铁观音、奇兰、黄金桂等。

②闽北乌龙

其代表茶叶有武夷岩茶、大红袍、肉桂等。

③广东乌龙

其代表茶叶有凤凰单枞、凤凰水仙、岭头单枞等。

图 6-5　安溪铁观音

图 6-6　武夷岩茶

(4)白茶

白茶,又称福鼎白茶,是我国茶类中的特殊珍品。因其成品茶多为芽头,满披白毫,如银似雪而得名。它是轻度发酵(发酵度为 20%～30%)的茶,白茶在加工过程中不需要揉捻,只需要经过萎凋便将茶叶直接进行烘干。白茶的茸毛多,颜色银白,汤色素雅,初泡无色,毫香明显。常饮白茶有利于保护视力,并且还有消暑解毒、缓解牙痛、退热抗炎、防癌抗癌的作用。白茶的代表品种有白毫银针(图 6-7)、白牡丹茶(图 6-8)等。

根据茶树品种、原叶采摘的标准不同,白茶分为白芽茶和白叶茶。

①白芽茶

采用单芽为原料按白茶加工工艺加工而成的称为白芽茶,又称为白毫银针。

②白叶茶

采用福鼎大白茶、福鼎大毫茶、政和大白茶、福安大白茶等茶树品种的一芽一二叶,按白茶加工工艺制作而成的称为白牡丹茶;采用菜茶的一芽一二叶加工而成的称为贡眉。

图 6-7　白毫银针

图 6-8　白牡丹茶

(5)黄茶

黄茶是我国的特产茶类,历史悠久,早在唐朝时就成为贡品进献给宫廷。它是微发酵的茶(发酵度为 10%~20%),黄茶与绿茶的加工工艺略有不同,多了一道闷堆渥黄工序。通过闷堆后,茶叶变黄,再经干燥加工,黄茶浸泡后是黄汤黄叶。黄茶具有防癌抗癌、健脾养胃、促进消化的作用。黄茶的代表品种有君山银针(图6-9)、温州黄汤(图6-10)、广东大叶青等。

图 6-9 君山银针

图 6-10 温州黄汤

黄茶依原料芽叶的嫩度和大小可分为黄芽茶、黄小茶和黄大茶三类。

①黄芽茶

黄芽茶原料细嫩,采摘单芽或一芽一叶加工而成,代表茶叶有湖南岳阳洞庭湖君山的君山银针,四川雅安名山的蒙顶黄芽和安徽霍山的霍山黄芽。

②黄小茶

黄小茶系采摘细嫩芽叶加工而成,代表茶叶有湖南岳阳的北港毛尖,湖南宁乡的沩山毛尖,湖北远安的远安鹿苑和浙江平阳的平阳黄汤。

③黄大茶

黄大茶为采摘一芽二三叶甚至一芽四五叶加工而成,代表茶叶有安徽霍山的霍山黄大茶和广东韶关的广东大叶青。

(6)黑茶

黑茶是我国特有的一大茶类,以制成紧压茶边销为主,成品茶叶外观较黑。它属于后发酵的茶(发酵度为100%),黑茶选用较粗老的原料,经过杀青、初揉、渥堆、复揉、干燥五个工序加工而成,其中渥堆是形成黑茶品质的关键,渥堆中的水热作用及微生物发酵作用使茶色油黑或黑褐,故形成外观色泽黑色的茶叶,冲泡后茶汤清澈,茶味醇厚。黑茶具有消食健胃、去油降脂、减肥降压的功能。黑茶的代表品种有云南普洱茶(图6-11)、广西六堡茶(图6-12)、湖南黑茶等。

图 6-11 云南普洱茶

图 6-12 广西六堡茶

黑茶根据加工工艺的不同,主要分为湖南黑茶、湖北黑茶、四川边茶、滇桂黑茶四种。

①湖南黑茶

湖南黑茶条索卷折成泥鳅状,色泽油黑,汤色橙黄,叶底黄褐,香味醇厚,具有松烟香。代表茶叶有中国湖南安化的安化黑茶。

②湖北黑茶

湖北黑茶的代表是湖北老青茶,湖北老青茶主产于湖北咸宁。青砖茶,又称川字茶,是以湖北老青茶为原料压制而成。

③四川边茶

四川边茶主要产于四川雅安,在西康汉区专为西藏及周边藏民聚集区生产的全发酵砖茶,有康砖和金尖茶,主要供应西藏、青海和四川藏区而得名。

④滇桂黑茶

滇桂黑茶的主要代表有云南普洱茶和广西六堡茶。云南普洱茶主要产自云南西双版纳、普洱、临沧和保山,由于古时集散地一直在普洱交易,所以称为普洱茶。它是以云南大叶种晒青毛茶为原料,经过后发酵加工成的散茶和紧压茶。色泽褐红,内质汤色红浓明亮,香气独特陈香,滋味醇厚回甘。广西六堡茶产自广西壮族自治区苍梧县六堡镇,因镇而得名。制成毛茶后再加工时仍需潮水沤堆,蒸压装篓,堆放陈化,现在仿照普洱茶也有饼茶、砖茶。

2）再加工茶

再加工茶主要是指初加工茶进一步加工后所产出的产品。它的产品特征如下:以初加工茶为主要原料,或者配以某些特定可以添加的物质。再加工茶主要是物理变化,在外形上比起初加工茶要规格化、商品化、标准化,内质东西变化不大。再加工茶可以分为精制茶、压制茶、精制小包装茶、花茶(图 6-13)、保健茶、袋泡茶等。

图 6-13　花茶

①精制茶

精制茶指对毛或半成品原料茶进行筛分、轧切、风选、干燥、匀堆、拼配等精制加工工序得到的产品。

②压制茶

压制茶指以黑毛茶、老青茶、做庄茶及其他适合制毛茶为原料,经过渥堆、蒸、压等典型工艺过程加工而成的砖形或其他形状的茶叶。

③精制小包装茶

精制小包装茶是指把茶叶分成一定的量装入特制的小包装袋或小包装盒内进行销售的茶叶。小包装茶由于其携带方便、包装形式多样而日益受到消费者的青睐。

④花茶

花茶又称熏花茶、香花茶、香片,是中国独特的一个茶叶品类。将精制茶坯与具有香气的鲜花拌和,并通过一定的加工方法,促使茶叶吸附鲜花的芬芳香气而成。根据使用的鲜花品种不同,分为茉莉花茶、桂花茶、玉兰花茶、珠兰花茶等,其中我国目前以茉莉花茶的产量为最大。

⑤保健茶

保健茶是指以茶为主,配有适量中药,既有茶味,又有轻微药味,并有保健治疗作用。常见的保健茶有解酒茶、减肥茶、降压茶、美白茶、清咽利肺茶、排毒养颜茶、养生茶、花草茶、药用袋泡茶、安神茶、降火消毒茶、银杏茶等。

⑥袋装茶

袋装茶指专门采摘的茶叶通过严格的传统炒制,科学的储藏保管方法,将茶叶装入特制的包装袋内,使茶叶四季保持着新茶所具有的色、香、味。袋装茶品种多样,品质优良,取食方便。

3）深加工茶

深加工茶主要是指原料茶通过深层次加工后所生产的产品。它的产品特征如下:以新鲜茶叶、初加工茶或者再加工茶为主要原料,经过一系列物理化学方法和技术,改变原料的外观和内在品质,

图 6-14　茶粉

形成一种新型的茶叶制品。深加工茶包括速溶茶、茶饮料、茶粉（图 6-14）、茶酒、茶医药品、茶化工品等。

❷ **根据茶叶采摘时间先后划分**

根据茶叶采摘时间先后划分，可以将茶叶分为春茶、夏茶、秋茶、冬茶。

（1）春茶

春茶是指 3 月下旬到 5 月中旬之间（清明、谷雨、立夏）采制的茶叶，俗称春仔茶或头水茶，依时日又可分早春、晚春、（清）明前、明后、（谷）雨前、雨后等茶。

一般情况下春茶的品质最好，首先，茶树经过冬季的休养，营养积累，养分充足，茶叶内含有的营养元素往往是最丰富的；其次，春天气温相对较低，有利于含氮化合物的合成与积累，游离氨基酸、蛋白质等营养成分含量较高，茶叶的香气、滋味也都会较好；最后，春茶季节气温较低，病虫害发生比较少，一般不需要喷施农药，所以春茶一般无农药污染。所以，不论是茶叶品质还是农药残留量，春茶都是最理想的。春茶是全年茶叶生产的黄金季节茶，为达到茶叶经营效益最好的目的，春茶采制必须坚持"以质取胜，以质量求效益"的理念。合理采茶，科学加工。

（2）夏茶

夏茶是指 5 月初至 7 月初采制的茶叶。第一次夏茶：头水夏仔或二水茶。第二次夏茶：俗称六月白、大小暑茶、二水夏仔。

一般夏季天气炎热，茶树上新的梢芽叶生长迅速，但很容易老化，茶叶显得焦黄粗大，不耐冲泡。溶解茶汤的浸出物含量相对减少，营养物质的减少使得茶汤滋味、香气多不如春茶强烈，再加上带苦涩味的花青素、茶多酚、咖啡因含量比春茶多，不仅使紫色芽叶增加，色泽不一，而且滋味较为苦涩。但是有利红茶发酵变红，故适合做成品红茶。

（3）秋茶

秋茶是指 7 月中旬以后采制的茶叶。第一次秋茶：秋茶。第二次秋茶：白露笋。

由于秋季秋高气爽的自然条件，降水量减少，茶树经过春夏二季生长后新梢芽内含物质减少，使得叶片大小不一，叶底发脆，茶叶色泽枯黄，滋味和香气都显得较为平和。

（4）冬茶

冬茶往往是指在 10 月下旬开始采制的茶叶。

冬茶是在秋茶采完后，逐渐转冷后生长的。由于气温低，冬茶新梢芽生长缓慢，内含物质逐渐增加，滋味醇厚，香气浓烈。冬茶在市场上产量较少，加上冬季茶叶生产成本较其他季节高，所以冬茶的售价较贵。冬茶品质较好，虽然不及春茶，但质量却远远要好于夏茶。

❸ **根据茶叶生长环境划分**

根据茶叶生长环境不同可以将茶叶分为高山茶和平地茶。

（1）高山茶

高山茶是对产自海拔较高的山区的茶的通称。高山适合茶树喜温、喜湿、耐阴的生长习性，故有"高山出好茶"的说法。随着海拔的增高，气温下降，降水量增加，湿度增大，茶树生长在海拔高、云雾缭绕、漫射光丰富的环境下，各种化学物质的转化与积累均朝着有利于茶叶品质形成的方向发展，碳代谢速度减慢，不易形成纤维素，保证了茶树嫩芽的长期鲜嫩。高山茶芽叶肥壮、节间长、色泽翠绿、茸毛多，经加工而成的茶叶，往往具有特殊的香味，并且香气馥郁、滋味浓厚、耐冲泡，且条索肥硕、紧结、白毫显露。

"高山出好茶"是相对于平地而言的，并非是山越高茶越好。根据主要高山名茶产地的调查显示，这些茶山大致海拔为 100～800 米。一旦海拔超过 800 米，温度低，不宜于茶树的生长，且易受白星病危害,这种茶树新梢制出来的茶叶,苦涩,味感较差。

我国历朝历代的贡茶和名茶,包括现代工艺制作的优质名茶,大多出自高山。更有很多名茶,干脆以高山云雾命名,比如江西庐山云雾、安徽黄山云雾、湖南南岳云雾等,都是如此。

（2）平地茶

平地茶是指一般生长在海拔 100 米以下的茶树。平地茶芽叶较小,叶底坚薄,叶张平展,叶色黄绿欠光润。经过加工后的茶叶条索较细瘦,身骨较轻,香气稍低,滋味和淡。一般情况下制成的成品茶香气和滋味都不如高山茶好,这是高山气候条件、土壤因子及植被等综合影响的结果。

一般气温适宜、雨量充沛、湿度较大、光照适中、土壤肥沃的地方采摘的茶叶,品质都很不错。所以平地茶在种植环境有限的情况下,可以通过生态环境的改造,比如种植遮阴树、建立人工防护林、对茶园进行铺草、改善土质、人工灌溉、人工遮阴等,逐渐形成适合茶树生长的环境,培育优质富含矿物质的茶叶。

（三）中国各类茶中的代表性名茶

中国茶叶历史悠久,茶类品种众多。中国名茶就是诸多花色品种茶叶中的珍品。同时,中国名茶在国际上享有很高的声誉。名茶,有传统名茶和历史名茶之分。根据历史影响、产量等综合因素选出了十大名茶,予以介绍如下。

❶ 西湖龙井

西湖龙井,因产于中国杭州西湖的龙井茶区而得名,是中国十大名茶之一。历史上曾分为"狮""龙""云""虎""梅"五个品号,现在统称为西湖龙井。目前,西湖龙井的品牌有 30 多个。西湖龙井采摘有三大特点:一是早,二是嫩,三是勤。历来龙井茶采摘越早越好,通常以清明前采制的龙井茶品质最佳,称明前茶。谷雨前采制的品质尚好,称雨前茶。除此之外,龙井茶的采摘十分强调细嫩和完整。

龙井干茶的外形挺直削尖、扁平俊秀、光滑匀齐、色泽翠绿。冲泡后,香气清香持久,香馥若兰。

西湖龙井汤色碧绿,清澈明亮,叶底均匀,一枪一旗,芽芽直立,交错相映,栩栩如生。品饮茶汤,滋味甘醇鲜爽,齿间流芳,令人回味无穷。

西湖龙井,居中国名茶之冠。多少年来,杭州不仅以美丽的西湖闻名于世界,也以西湖龙井誉满全球。

相传在宋代时有个叫"龙井"的小村,村里住着一位孤苦伶仃的老太太,老太太唯一的生活来源就是她栽种的十八棵茶树。有一年,由于茶叶质量不好,销售不出去,老太太几乎断炊。不久,一个老叟走进来,想要用五两银买下放地墙旮旯的破石臼。老太太想,总得要人家把石臼干干净净地抬走。于是她便把石臼上的尘土、腐叶等扫掉,堆了一堆,埋在茶树下。

过了一会儿,老叟带着几个健壮的小伙子来,一看干干净净的石臼立刻傻了眼,忙问石臼上的杂物哪儿去了。老太太如实相告,哪知老叟懊恼地一踩脚:"我花五两银子,买的就是那些'垃圾'呀!"说完扬长而去。老太太眼看着白花花的银子从手边溜走,心里非常难过。但没过几天,奇迹发生了:那十八棵茶树新枝嫩芽一齐涌出,茶叶又细又润。沏出的茶清香怡人。于是,十八棵茶树返老还童的消息像长了翅膀一样传遍了西湖畔,许多乡亲来购买茶籽。逐渐龙井茶便在西湖畔普遍种植开来,"西湖龙井"也因此得名。

相传,乾隆皇帝六次下江南,四次来到龙井茶区观看茶叶采制,品茶赋诗,胡公庙前的十八棵茶树还被封为"御茶"。从此龙井茶享誉中外,赢得世人喜爱。

西湖龙井的干茶和湿茶分别如图 6-15、图 6-16 所示。

❷ 洞庭碧螺春

洞庭碧螺春是中国著名绿茶之一。洞庭碧螺春产于我国著名风景旅游胜地江苏太湖洞庭山,俗称吓煞人香。碧螺春采制技艺高超,采摘有三大特点:一是摘得早,二是采得嫩,三是拣得净。每年

图 6-15　西湖龙井干茶

图 6-16　西湖龙井湿茶

春分前后开采,谷雨前后结束,以春分至清明之间采制的明前茶品质最为名贵。一般采一芽一叶初展,芽长 1.6～2.0 厘米的原料,叶形卷如雀舌,称之为雀舌,炒制 1 斤(即 0.5 千克)高级碧螺春需采 6.8 万～7.4 万颗芽头,历史上曾有 1 斤干茶达到 9 万颗左右芽头,可见茶叶之幼嫩,其采摘功夫非同一般。

碧螺春条索纤细,卷曲成螺,满披茸毛,色泽碧绿,清香芬芳。

冲泡后,味鲜生津,气味清香,汤绿水澈,叶底细匀嫩,可以观赏到"雪浪喷珠,春染杯底,绿满晶宫"三种奇观。特别是高级碧螺春,可以先冲水后放茶,茶叶徐徐下沉,展叶放香,这是茶叶芽头壮实的表现,也是其他茶所无法比拟的。所以,民间俗话说碧螺春是"铜丝条,螺旋形,浑身毛,一嫩(芽叶)三鲜(色、香、味)自古少"。

相传康熙皇帝于康熙三十八年春,第三次南巡车驾幸太湖。当地巡抚宋荦从当地制茶高手朱正元处购得精制的吓煞人香进贡,康熙觉得其名不雅,题之曰"碧螺春"。由此,碧螺春茶慢慢闻名于世,成为清宫的贡茶。

洞庭碧螺春的干茶和茶汤分别如图 6-17、图 6-18 所示。

图 6-17　洞庭碧螺春干茶

图 6-18　洞庭碧螺春茶汤

❸ 黄山毛峰

黄山毛峰产于高峰林立的黄山风景区。黄山毛峰茶园就分布在桃花峰桃花溪两岸的云谷寺、松谷庵、吊桥庵、慈光阁以及海拔 1200 米的半山寺周围,常年气温在 28 摄氏度左右,年降水量在 2000 毫米左右。"晴时早晚遍地雾,阴雨成天满山云",茶树天天沉浸在云蒸霞蔚之中,所以茶芽格外肥壮,叶片肥厚,柔软细嫩,经久耐泡。加上茶区遍生香花,采茶时山花烂漫,受花香熏染,香气馥郁,滋味醇甜,质量相当好。黄山毛峰的采制非常精细,采摘标准为一芽一叶初展,1～3 级黄山毛峰的采摘标准分别为一芽一叶、一芽二叶初展;一芽一二叶;一芽二三叶初展。优质黄山毛峰开采于清明前后,1～3 级黄山毛峰在谷雨前后采制。鲜叶进厂后先要拣剔,拣出不符合标准要求的叶、梗和茶果,保证芽叶质量匀净。然后将不同嫩度的鲜叶分开摊放,散失部分水分。为保质保鲜,一般要求上午采,下午制;下午采,当夜制。

黄山毛峰干茶茶形细扁、稍卷曲,色杏黄、明澈清爽,闻之香气持久似白兰。

极品的黄山毛峰外形细扁稍卷曲,状如雀舌披银毫,汤色清澈带杏黄,叶底黄绿有活力,香气持久似白兰,滋味醇厚回味甘甜。

据《徽州府志》记载:黄山产茶始于宋之嘉祐,兴于明之隆庆。由此可知,黄山产茶历史悠久,黄山在明朝中叶就很有名了。据《徽州商会资料》记载,黄山毛峰兴起于清光绪年间,那时歙县有位茶商谢正安开办了"谢裕泰"茶行,为了迎合市场需求,清明前后,谢正安亲自率人到黄山充川、汤口等高山名园选采肥嫩芽叶,经过精细炒焙等工序,创制了风味俱佳的优质茶,由于该茶白毫披身,芽尖似峰,取名"毛峰",后被冠以地名为"黄山毛峰"。该茶叶远销东关,因为品质优异,很受消费者欢迎。民间流传明朝天启年间,江南黟县新任知县熊开元带书童来黄山春游途中迷了路,借宿于一间寺院中。寺院长老泡茶敬客时,知县细看杯中茶叶色微黄,形似雀舌,身披白毫,开水冲泡下去,只见热气绕碗边转了一圈,转到碗中心就直线升腾,约有一尺高,随后在空中转一圆圈,化作一朵白莲花。那白莲花又慢慢上升化成一团云雾,最后散成一缕缕热气飘荡开来,清香满室。知县询问后得知此茶名叫黄山毛峰,临别时长老赠送茶叶一包和黄山泉水一壶,并反复叮嘱一定要用此泉水冲泡方可出现白莲奇景。熊知县回县衙后恰巧遇到同窗旧友太平知县来访,便将冲泡黄山毛峰表演了一番。太平知县看后很是惊喜,急急忙忙赶到京城禀奏皇上,欲献仙茶邀功请赏。皇上传太平知县进宫表演,然而却没看见白莲奇景出现,皇上大怒,太平知县只得据实说道乃黟县知县熊开元所献。皇帝立即传令熊开元进宫面圣,熊开元进宫后得知经过,于是向皇上讲明缘由请求回黄山取水。熊知县来到黄山拜见长老,取得黄山泉水。回京后在皇帝面前再次冲泡黄山毛峰,果然出现了白莲奇景,皇帝看得心花怒放,便对熊知县说道:"朕念你献茶有功,升你为江南巡抚,三日后就上任去吧。"熊知县心中感慨万千,暗忖道"黄山名茶尚且品质清高,何况为人呢?"于是弃官来到黄山云谷寺出家,法名正志。如今在苍松入云、修竹夹道的云谷寺下的路旁,有一樊庵大师墓塔遗址,相传就是正志和尚的坟墓。

黄山毛峰干茶和湿茶分别如图6-19、图6-20所示。

图6-19　黄山毛峰干茶

图6-20　黄山毛峰湿茶

❹ 安溪铁观音

安溪铁观音是我国著名乌龙茶之一,产于福建省安溪县,叶体沉重如铁,形似观音,故此得名。安溪铁观音按新梢伸展程度不同,分为小开面、中开面和大开面。小开面是指驻芽梢顶部第一叶刚展开;中开面是指驻芽梢顶部第一叶的面积相当于第三叶的1/2至2/3;大开面指驻芽梢顶部第一叶的面积相当于第三叶的2/3至与第三叶相似。实践表明,顶芽形成驻芽,顶叶中至大开面,采摘完整三四叶嫩梢是制作铁观音优良的原料。采摘偏嫩的茶叶,香气低,滋味苦涩。采摘偏老的茶叶,成茶外形粗松,色泽枯燥,香气低短,滋味淡薄,品质较差。

安溪铁观音一年可采四季茶,主要有春茶、夏茶、暑茶、秋茶,其中春茶品质最佳。品质高的安溪铁观音干茶条索肥壮、圆整,形如蜻蜓头、重如铁,芙蓉沙绿明显,青蒂绿,红点明,甜花香高,甜醇厚鲜爽,具有独特的品味。

冲泡后香气浓郁持久,音韵明显,极有层次和厚度,冲泡多次仍有余香;汤色呈金黄或者橙黄,叶底肥厚软亮,艳亮均匀,叶缘红点,青心红镶边。

安溪铁观音历史悠久,素有"绿叶红镶边,七泡有余香"的美称。据史料记载,安溪铁观音起源于清朝雍正年间。安溪县山多水深,雨量充沛,温度适宜,茶树生长茂盛,品种较多。

相传清朝乾隆年间,安溪有一位叫魏欣的樵夫,有一次,魏欣在观音庙旁山岩间隙砍柴时,无意之中发现了一株奇异的茶树,叶片在阳光下闪烁着乌润砂绿铁色之光。于是他便将这株茶树连根挖出带回家中,通过插枝法在自己家的院内培植起来,采摘其叶制成茶,称此茶为"铁观音"。

安溪铁观音及其茶园分别如图 6-21、图 6-22 所示。

图 6-21　安溪铁观音

图 6-22　安溪铁观音茶园

❺ 庐山云雾

庐山云雾是中国著名绿茶之一,古称闻林茶,产于匡庐奇秀甲天下的庐山(图 6-23)。一般 4 月底或 5 月初开采,以一芽一叶初展为标准,长度为 3 厘米。严格做到"三不采",即紫芽不采,病虫叶不采,雨水叶不采。

庐山云雾干茶嫩绿多毫、条索秀丽、香高味浓,经久耐泡。

庐山云雾色泽翠绿,芽壮叶肥,白毫显露,幽香如兰;汤色明亮,饮后回味香绵;滋味醇厚,且耐冲泡(图 6-24)。

图 6-23　庐山

图 6-24　庐山云雾

据载,庐山云雾始于汉代,据《庐山志》记载,东汉时,佛教传入我国后,佛教徒便结舍于庐山。当时全山梵宫僧院多到三百多座,僧侣云集。他们攀崖登峰,种茶采茶。东晋时,庐山成为佛教的一个重要中心,高僧慧远率领徒众在山上居住三十多年,山中也栽有茶树。明太祖朱元璋曾经屯兵庐山天池峰附近,朱元璋登基后,庐山的名气更为响亮。庐山云雾正是从明代开始生产的,不久就闻名全国。

唐代大诗人白居易曾在庐山香炉峰结庐而居,亲辟园圃,植花种茶,诗云:药圃茶园为产业,野麋林鹳是交游。宁代诗人周必大有"淡薄村村酒,甘香院院茶"之句。

❻ 云南普洱茶

云南普洱茶亦称滇青茶,产于云南普洱,距今有 1700 多年的历史。历史上的普洱茶,是指以"六大茶山"为主的西双版纳生产的大叶种茶为原料制成的青毛茶,以及由青毛茶压制的各种规格的紧压茶,像普洱沱茶、普洱方茶、圆茶、七子饼茶等。普洱茶的采摘,应该做到一次种植,多年采摘,根据不同的季节和树龄分类采摘。遵循"集中采、集中留,春茶大采、夏茶中采、秋茶少采或蓬养;分批采、分批留,分批多次留叶采"的采摘制度。对幼龄茶园的采摘,以养为主、采养结合,注意培养宽阔浓密的丰产树冠,为高产优质奠定基础。成年茶园的采摘,以采为主,采养结合,切实执行四季采收的留叶标准。

通常,普洱干茶嫩度高、芽头多、条索紧结、厚实、色泽光润、梗少均匀、陈香显露。

普洱茶分生茶和熟茶。生茶外形色泽墨绿,香气清纯持久,滋味浓厚回甘,汤色绿黄清亮,叶底肥厚黄绿。熟茶汤色红浓明亮,香气独特陈香,滋味醇厚回甘,口感浓郁、爽口甘甜、回味无穷,叶底红褐均匀。

普洱茶的历史可以追溯到东汉时期,距今已有 2000 年。民间有"武侯遗种"(武侯即三国时期的诸葛亮)的传说。相传当时诸葛亮带兵在云南打仗,不少士兵都患有眼疾,影响士兵作战。于是诸葛亮就把自己的拐杖插到了附近一个山上,这个拐杖后来就变成了一棵树,士兵们用这个树的叶片泡水喝后眼病就都好了,因当地叫普洱县,故把该茶称为"普洱茶"。

云南普洱干茶和茶汤分别如图 6-25、图 6-26 所示。

图 6-25　云南普洱干茶

图 6-26　云南普洱茶汤

❼ 祁门红茶

红茶为全发酵茶,在红遍世界的红茶当中,祁门红茶独树一帜,被列为世界公认的三大高香茶之一,经久不衰。祁门红茶简称祁红,产于安徽省祁门、东至、石台、黟县以及江西的浮梁县一带,祁门的历口、闪里、平里一带生产的祁红最好。祁红生产条件非常优越,集结天时、地利、种良、人勤,得天独厚,故祁门地区一带大都以茶为业,千古不衰。祁红的采摘季节通常在春夏两季。采摘尺度为一芽二三叶及对夹叶,要求分批勤采,按尺度采。采后鲜叶按其嫩度、匀度等进行分级。

祁红干茶外形条索紧秀,锋苗好,色泽乌黑发亮,香气馥郁。

祁红冲泡后叶底嫩软红亮,汤色棕红鲜艳,口味醇厚,特别是其香气酷似果香,又带兰花香,清鲜而持久。

相传光绪元年,有个黟县人叫余干臣,从福建罢官回家乡经商,由于羡慕福建红茶(闽红)畅销利厚,便想就地试产红茶,于是在至德县(今东至县)尧渡街设立红茶庄,效仿闽红制法,获得成功。次年又到祁门县的历口、闪里设立分茶庄,始制祁红成功。同时,祁门人胡元龙也在祁门南乡贵溪进行"绿改红",设立了"日顺茶厂"试生产红茶也获成功。自此祁红不断扩大生产规模,逐渐在我国各地传开。

那时休宁、祁门、歙县所产茶叶以浮梁为集散地,大诗人白居易的诗中就有"商人重利轻别离,前月浮梁买茶去"的句子;唐代杨华所著的《膳夫经手录》中记有"歙州、婺州、祁门方茶制置精好,商贾所赏,数千里不绝于道"说明了祁门在唐朝已是较重要的茶叶产地。

祁门红茶干茶及茶汤分别如图 6-27、图 6-28 所示。

❽ 福州茉莉花茶

茉莉花茶又叫茉莉香片,是众多花茶品种中的名品,其中又以福州所产的茉莉花茶最为有名。

图 6-27 祁门红茶干茶

图 6-28 祁门红茶茶汤

福州附近,闽江两岸,气候温和,土质肥沃,花木遍地,特别适合茉莉花的生长。用茉莉花窨制而成的茶叶称为茉莉花茶。茉莉花具有晚间开放吐香的习性,鲜花一般在当天下午二时以后采摘,花蕾大、产量高、质量好。

干茶外形条索紧细匀整,色泽黑褐油润,香气清新扑鼻。冲泡后汤色黄绿明亮,滋味醇厚鲜爽,香气持久清新,叶底嫩匀柔软。

相传有年冬天,北京茶商陈古秋和一位品茶大师研究北方人喜欢喝什么茶,陈古秋突然想起有位南方姑娘曾送给他一包茶叶未品尝过,便寻出请大师一起品尝。冲泡时,碗盖一打开,先是异香扑鼻,后来在冉冉升起的热气中,看见一位美貌姑娘,两手捧着一束茉莉花,一会儿不久又变成了一团热气。陈古秋不解就问大师,大师说:"这茶乃茶中绝品'报恩茶'。"当时陈古秋去南方时,客店老板转交给他这一小包茶叶,说是三年前那位少女交送的。当时未冲泡,怎想到竟是珍品。陈古秋说当时问过客店老板,老板说那姑娘已死去一年多了。两人感叹一会,大师又说:"为何她独独捧着茉莉花呢?"两人又重复冲泡了一遍,那位手捧茉莉花的姑娘又再次出现。陈古秋一边品茶一边悟道:"看来这是茶仙提示,茉莉花可以入茶。"次年便将茉莉花加到茶中,果然制出了芬芳诱人的茉莉花茶,从此便有了一种新的茶叶品种茉莉花茶。

据南宋福州人郑域《郑松窗诗话》载,茉莉是在汉代随同佛教传入我国的。他的《茉莉花》一诗称"风韵传天竺,随经入汉京",距今已有 2000 多年的历史。

茉莉花茶干茶和茶汤分别如图 6-29、图 6-30 所示。

图 6-29 茉莉花茶干茶

图 6-30 茉莉花茶茶汤

⑨ 君山银针

君山银针是我国著名的黄茶之一,产于岳阳君山,有着千余年的悠久历史。明前三天和明后十天是采摘君山银针的最好时节。芽头要求标准长 25~30 毫米,宽 3~4 毫米,芽蒂长 2 毫米。并且芽头包含 3~4 片叶子,肥壮重实。

君山银针全由没有开叶的肥嫩芽头制成,满布毫毛,色泽鲜亮,香气高爽。冲泡时茶尖向水面悬空竖立,继而徐徐下沉,前三道都能如此。竖立时犹如鲜笋出土,沉落时犹如雪花下坠。茶汤呈澄黄色,芽壮多毫,条真匀齐,白毫如羽,芽身金黄发亮,着淡黄色茸毫,叶底肥厚匀亮,滋味甘醇甜爽,久置不变其味。

相传后唐的第二个皇帝明宗李嗣源,头次上朝时侍臣为他捧杯沏茶,开水向杯里一倒,立刻就看到一团白雾腾空而起,定睛一看竟是只白鹤。这只白鹤对明宗点了三下头,便朝蓝天翩翩飞去了。明宗再往杯子里看,杯中的茶叶都悬空竖了起来,就像一群破十而出的春笋,过了一会,又慢慢下沉,如同雪花坠落一般。明宗感到很奇怪,就问侍臣是什么原因。侍臣答道:"这是君山的白鹤泉(柳毅井)水,泡黄翎毛(银针茶)缘故。"明宗心里非常高兴,立即下旨把君山银针定为贡茶。

君山银针茶叶历史悠久,文献记载:君山茶盛称于唐,始贡于五代。君山茶色味似龙井,叶微宽而绿过之。古人形容此茶如"白银盘里一青螺"。

君山银针干茶和湿茶分别如图 6-31、图 6-32 所示。

图 6-31　君山银针干茶　　　　　　　　　　图 6-32　君山银针湿茶

🔟 六安瓜片

六安瓜片是我国著名的绿茶之一,主要产自长江以北,淮河以南的皖西大别山茶区,以六安、金寨、霍山出产最为出名。茶区高山林立,云雾弥漫,湿度大,加上炒制精巧,茶叶品质特别优异,并且药效极佳。摘茶等到"开面",新梢长到一芽三四叶时,直接于茶枝上取成熟的第二片叶进行采摘,以叶面长开壮实且稍向背卷的为好,那么茶芽与第一片叶可以继续生长,待第一叶长成开面时,新芽又发出来,原来的芽则长成了第一片叶,故而可以进行多次持续采摘,六安瓜片一般于立夏时停采。采制时要经过采片、攀片、炒片和烘片等过程,特别是烘片要经过多次反复,才能全部散发出熟香。

六安瓜片外形呈瓜子形,色翠绿,香气高。

六安瓜片冲泡后汤色清澈,香气高长,滋味鲜醇回甘,叶底黄绿匀高。

相传麻埠附近的祝家楼财主,同袁世凯是亲戚,祝家常以土特产孝敬袁世凯。由于袁世凯饮茶成癖,茶叶自然是不可缺少的礼物,但当地所产的大茶、菊花茶、毛尖等均不能让袁世凯满意。1905年前后,祝家为取悦袁世凯,不惜工本,在后冲雇用当地有经验的茶工,专拣春茶的嫩叶,用小帚精心炒制,炭火烘焙,所制新茶色香味俱佳,得到袁世凯的赞赏。当地茶行也以高价收购,致使当地茶农纷纷效仿,此茶称为六安瓜片,逐渐发展为全国名茶。

六安瓜片有着悠久的历史。据史书记载,六安瓜片始于唐朝,闻名于明清。

六安瓜片干茶和湿茶分别如图 6-33 和图 6-34 所示。

二、中国的饮茶器具

饮茶之风,盛于唐、兴于宋。唐代盛行烹茶,宋代流行点茶,所以当时用茶多为饼茶,制作过程十分复杂。茶的饮用方式制约饮茶器具的发展,因此饮茶器具的形制、质地与构成必然反映时代特征和差异。唐宋以前,饮茶器具的使用多为陶瓷茶具与金属茶具,达官贵人甚至盛用金、银、铜质地的茶具,这表现当时的社会经济生产力和饮茶器具发展的进步,体现茶文化在当时社会的重要性。

《登岳阳楼》

图 6-33　六安瓜片干茶

图 6-34　六安瓜片湿茶

（一）金属饮茶器具

金属用具是指由金、银、铜、铁、锡等金属材料制作的器具。它是当时我国最古老的日用器具之一,早在秦始皇统一中国之前的 1500 年间,青铜器就得到了广泛的应用。先人用青铜制作成盘盛水、制作成爵、尊盛酒,这些青铜器皿自然也可以用来盛茶。自秦汉至六朝,茶叶作为饮料逐渐成风尚,茶具也逐渐从与其他饮具共用中分离出来。大约到南北朝时,我国出现了包括茶器皿在内的金属器具。到隋唐时,金银器具的制作达到高峰。20 世纪 80 年代中期,陕西扶风法门寺出土的一套由唐僖宗供奉的鎏金茶具(图 6-35),可谓是金属茶具中罕见的稀世珍宝。但从宋代开始,古人对金属茶具褒贬不一。元代以后,特别是从明代开始,随着茶类的创新,茶饮方法的改革,以及陶瓷茶具的兴起,才使包括银质器具在内的金属茶具逐渐消失,尤其是用锡、铁、铅等金属制作的茶具,用它们来煮水泡茶,被认为会使"茶味走样",以致很少人使用。但用金属制成储茶器具却屡见不鲜,这是因为金属储茶器具的密封性要比纸、竹、木、瓷、陶等要好,具有较好的防潮、避光性能,更有利于散茶的保存。因此用锡为材质制成的储茶器具至今仍在使用。

图 6-35　唐鎏金莲瓣银茶托

（二）瓷质饮茶器具

瓷质茶具品种很多,其中主要有青瓷茶具、白瓷茶具、黑瓷茶具和彩瓷茶具。

❶ 青瓷茶具

青瓷茶具以浙江生产的质量最好。早在东汉年间已开始生产色泽纯正、透明发光的青瓷。晋代浙江的越窑、婺窑已经具有相当的规模。宋代作为当时五大名窑之一的浙江龙泉哥窑生产的青瓷茶具已达到鼎盛,远销各地;明代青瓷茶具(图 6-36),更以其质地细腻、造型端庄、釉色青莹而蜚声中外。这种茶具除了具有瓷器茶具众多优点外,因色泽青翠,用来冲泡绿茶更显汤色之美。不过用它来冲泡红茶、白茶、黄茶、黑茶,则易使茶汤失去本来面目。

❷ 白瓷茶具

白瓷茶具具有坯质致密透明,上釉、成陶火度高,无吸水性,音清而韵长等特点。因色泽洁白,能反映茶汤色泽,传热、保温性能适中,加之色彩缤纷、造型各异,堪称饮茶器皿中的臻品。早在唐代,河北邢窑生产的白瓷器,"天下无贵贱通用之"。唐朝白居易还作诗盛赞四川大邑生产的白瓷茶碗。元代江西景德镇白瓷茶具已经远销国外,这种白瓷茶具,适合冲泡各类茶叶,加之白瓷茶具造型精巧、装饰典雅,其外壁多绘有山川河流、四季花草、人物故事、名人书法,具有艺术欣赏价值,使用最为普遍。邢窑白瓷茶碗如图 6-37 所示。

❸ 黑瓷茶具

黑瓷茶具,始于晚唐,鼎盛于宋,延续于元,这是因为宋代开始,饮茶方法由唐时煎茶法逐渐改变为点茶法,而宋代流行的斗茶,又为黑瓷茶具的崛起创造了条件。

154

图 6-36 青瓷茶具

图 6-37 邢窑白瓷茶碗

宋代人衡量斗茶的效果,一看茶面汤花色泽和均匀度,以鲜白为先;二看汤花与茶盏相接处水痕的有无和出现的迟早,以盏无水痕为上。而黑瓷茶具正如宋代祝穆在《方舆胜览》中说的"茶色白,入黑盏,其痕易验"。所以宋代的黑瓷茶盏成了瓷器茶具中最大的品种。福建建窑、江西吉州窑、山西榆次窑等都大量生产黑瓷茶具,其中建窑生产的建盏最为人称道。建盏配方独特,在烧制过程中使用釉面呈现兔毫条纹、鹧鸪斑点、日曜斑点,一旦茶入汤,就会出现五彩缤纷的点点光辉,增加了斗茶的乐趣。明代开始,由于"烹点"之法与宋代不同,黑瓷建盏"似不宜用",仅仅作为"以备一种"而已。建窑黑瓷茶盏如图 6-38 所示。

❹ **彩瓷茶具**

彩色茶具的品种花色很多,其中尤以青华瓷茶具最引人注目。它的特点是花纹蓝白相映,有赏心悦目之感;色彩淡雅可人,有华而不艳之力。加之彩料之上涂釉,显得滋润明亮,更增添了青花瓷茶具的魅力。

直到元代中后期,青花瓷茶具才开始成批生产,特别是景德镇成了我国青花瓷茶具主要生产地。由于青花瓷茶具绘画工艺水平高,特别是将中国传统绘画技法运用于瓷器上,因此这可以说是元代绘画的一大成就。明代景德镇生产的青花瓷茶具,诸如茶壶、茶盅、茶盏的花色品种越来越多,质量越来越好,无论是器形、造型、纹饰都冠绝全国,成为其他青花瓷茶具窑厂仿造的对象。特别是清代康熙、雍正、乾隆时期青花瓷茶具成为陶瓷发展史上的一个历史高峰,超越前朝影响后代。康熙年间烧制的青花瓷器具史称"清代之最"。综观明清时期,由于制瓷技术提高,社会经济发展,对外出口扩大,以及饮茶方法改变,都促使青花瓷茶具(图 6-39)迅速发展。

图 6-38 建窑黑瓷茶盏

图 6-39 清代青花瓷

（三）竹质饮茶器具

隋唐以前,我国饮茶虽渐次推广开来,但属于粗放饮茶。当时的饮茶器具除陶瓷器外,民间多用竹木制作而成的饮茶器具(图 6-40)。陆羽在《茶经·四之器》中开列的 28 种茶具,多数是用竹木制成的。这种茶具来源广、制作方便、对茶无污染、对人体无害。从古至今一直受到人们的欢迎,但缺点是不能长时间使用,无法长久保存,无文物价值。到了清代,在四川出现了一种竹编茶具,它既具有工艺性,又富有实用价值,主要品种有茶杯、茶盅、茶托、茶壶、茶盘等,多为成套制作。

（四）漆器饮茶器具

漆器制品采割天然漆树液汁进行炼制,掺入所需色料制成绚丽夺目的器件,这是我国先人的创造发明之一。我国的漆器起源久远,距今 7000 年前的浙江余姚河姆渡文化中就有木胎漆碗,尽管如此,作为供饮食用的漆器,包括漆器茶具在内,在很长的历史发展时期中,一直未曾形成规模生产。特别是秦汉以后,有关漆器的文字记载不多,存世之物更是罕见。这种局面,直到清代开始才出现转机,由福州制作的脱胎漆器茶具日益引起当时人们的注目。

图 6-40　竹制茶具

图 6-41　素漆托盏

脱胎漆器茶具的制作精细且复杂,先要按茶具的设计要求做成木胎或泥胎模型,用夏布或绸料以漆裱,再连上几道漆灰料,脱去模型,经过填灰、上漆、打磨、装饰等多道工序,才最终成为古朴典雅的脱胎漆器茶具。脱胎漆器茶具通常是一把茶壶连同四只茶杯,存放在圆形或长方形的茶盘内,壶、杯、盘通常呈一色,多为黑色,也有黄棕色、棕红色、深绿色等,并与书画融合,饱含文化意蕴,造型轻巧美观,色泽光亮,不怕水浸,能耐温、耐碱、耐腐蚀。脱胎漆器茶具除具有实用价值外,还有很高的艺术欣赏价值,常为鉴赏家收藏。素漆托盏见图 6-41。

三、中国茶艺

(一) 选茶技艺

茶叶品质主要是由茶叶产地的自然条件(包括地理位置、土壤、温度、湿度、光照等)、茶树品种、鲜叶的采摘季节、采摘要求、制作工艺、茶园管理等因素决定。茶叶品质的好坏、等级的划分、价值的高低,主要可以从色、香、味、形、叶底五个方面去鉴别。茶叶的香气和滋味是茶叶品质的核心,人们普遍选购茶叶主要是从茶叶的外形和色泽来判断。

茶叶一般可以根据以下五条标准来选购。

❶ 观色

茶叶色泽是茶叶品质高低的体现。新鲜的原叶由于加工方法不同,制成绿茶、红茶、乌龙茶、白茶、黄茶、黑茶等各种不同的茶类。茶叶种类不同对色泽的要求也不尽相同,但当年的高档茶叶一般都具有一定的光泽。

❷ 闻香

通常情况下,绿茶以清新鲜爽、红茶以清香扑鼻、乌龙茶以馥郁清幽、白茶以嫩香持久、黄茶以清悦、黑茶以陈香为好。如果茶香低而沉,带焦、烟(属于正常的松烟香型品种除外)、酸、霉、陈气味,或者是青草气味等其他异味都不是优良的茶叶。西湖龙井和浙江龙井的鉴别:西湖龙井芽叶节间短、扁体宽、无毫球、糙米色、汤色青绿明亮、回味醇厚、芳香持久。而浙江龙井芽叶节间较长、扁体较窄、色绿油润、芽锋显毫、汤色较混浊、香气平淡。

❸ 尝味

人的味蕾能够辨别出酸、甜、苦、辣、涩。茶叶的品质应该从茶汤的厚薄、浓淡、醇涩、甜苦、爽滞及回味等方面来判别质量的优劣。由于人舌头的不同部位对各种味道的敏感性是不一样的,品尝茶叶时,首先要将茶汤布满舌头的各个部位,充分感受茶汤对舌头的刺激,然后缓缓咽下。品质好的茶叶感觉茶汤浓重、醇爽,回味甘甜;品质差的茶叶滋味淡薄、粗涩,感觉滞钝。

④ **辨形**

因为茶树品种、栽培技术、原叶品质、制茶工艺等不同,茶叶形成了不同的形状,基本上可以分为扁形、条形、针形、尖形、圆珠形、卷曲形、花朵形、束形、片形、颗粒形、粉末形、环钩形、螺钉形等。

⑤ **看叶底**

叶底亦称茶渣,是指干茶经开水冲泡后所展开的叶片。冲泡后的叶底用手触摸,级别高的茶叶叶质肥厚柔软,级别低的茶叶叶质硬而薄,这是因为茶叶叶质粗老,纤维素含量高。

茶叶的选购需要积累丰富的茶叶知识和经验,不是一蹴而就的。对于初学者来说,选购茶叶有以下几种方法:一是茶叶的重量,通常嫩度好的茶叶品质较好,分量较重;二是看茶叶是否均匀,包括色泽、大小是否均匀,色泽、大小不均匀的茶叶是经过掺和的;三是看干燥程度,它关系着茶叶是否受潮变质和日后的储藏问题。如果用手一捏成粉末状的是没受潮的,用手一捏成片状或条索绵软的茶叶,说明已经受潮,容易变质,不宜购买。

（二）泡茶茶艺

千百年来,茶一直是中国人生活中的必需品。无论有没有客人,爱茶之人都习惯冲泡壶好茶,慢慢品饮,自然别有一番风味。泡茶的方法很多,有根据茶的种类而选择相应的泡法,有根据不同场合而选择相应的泡法。在这里介绍一款最常见的生活中的泡茶方法。

生活中的泡茶过程很简单,每个人都可以在闲暇时间坐下来,为自己或家人冲泡一壶茶,解渴怡情的同时,也能增加生活趣味。一般来说,生活中的泡茶过程大体可分为 7 个步骤。

① **清洁茶具**

清洁茶具不仅是清洗那么简单,同时也要进行温壶。首先,用沸水烫洗各种茶具,这样可以保证茶具被清洗得彻底,因为茶具的清洁度直接影响着茶汤的成色和质量好坏。在这个过程中,需要注意的是沸水一定要注满茶壶,这样才能使整个茶壶均匀受热,以便在冲泡过程中保住茶香。

② **置茶**

置茶时需要注意茶叶的用量和冲泡的器具。统计人数,并且按照每个人的口味喜好决定茶叶的用量。一般来说,在生活中泡茶往往会选择茶壶和茶杯两种容器。当容器是茶壶时,先从茶叶罐中取出适量茶叶,然后用茶匙将茶叶拨入茶壶中;当容器是茶杯时,按照一茶杯一匙的标准进行茶叶的放置。

③ **注水**

向容器中注水之前一定要保证水的温度,如果需要中温泡茶那么经过前两步之后,我们需要确保此时水的温度恰好在中温。注水的过程中,需要等到泡沫从壶口处溢出时才能停下。

④ **倒茶汤**

冲泡一段时间之后,我们就可以将茶汤倒出来了。首先刮去茶汤表面的泡沫,接着再将壶中的茶倒进公道杯中,使茶汤均匀。

⑤ **分茶**

将均匀的茶汤分别倒入茶杯中,注意不能将茶倒得太满,以七分满为最佳。

⑥ **敬茶**

分茶之后,我们可以分别将茶杯奉给家人品尝,也可以由每个人自由端起茶杯。如果我们是自己品饮,这个步骤自然可以忽略。

⑦ **清理**

这个过程包括两部分,即清理茶渣和清理茶具。品茶完毕之后,我们需要将冲泡过程中产生的茶渣从茶壶中清理出去,可以用茶匙清理;清理过茶渣之后,一定不要忘记清理茶具,要用清水将它们冲洗干净。否则时间久了茶汤会慢慢变成茶垢,不仅影响茶具美观,其中所含的有害物质还会影响人的身体健康。

简简单单的 7 个步骤,让我们领略了生活中泡茶的惬意美感。

(三)品茶技艺

品茶可分为 4 个要素,分别是观茶色、闻茶香、品茶味、悟茶韵。这 4 个要素使人分别从茶汤的色、香、味、韵中获得愉悦,将其作为一种精神上的享受,更视为一种艺术向往。不同的茶类会形成不同的颜色、香气、味道以及茶韵,要细细品啜,徐徐体察,从不同的角度感悟茶带给我们的美感。

❶ 观茶色

观茶色即观察茶汤的色泽和茶叶的形态,每类茶都有着不同的色泽,我们可以分别从茶汤的色泽和茶叶的形态两方面品鉴一下。

(1)茶汤的色泽

冲泡之后,茶叶由于冲泡在水中,几乎恢复到了自然状态。茶汤随着茶叶内含物质的渗出,也由浅转深,晶莹澄清。而几泡之后,汤色又由深变浅。各类茶叶各具特色,不同的茶类又会形成不同的颜色,有的黄绿、有的橙黄、有的浅红、有的暗红等。同一种茶叶,由于使用不同的茶具和冲泡用水,茶汤也会出现色泽上的差异,观察茶汤的色泽,主要是看茶汤是否清澈鲜艳、色彩明亮,并具有该品种应有的色彩。

茶叶本身的品质好,色泽自然好,而泡出来的汤色也十分漂亮。但有些茶叶因为存放不善,泡出的茶不但有霉腐的味道,而且茶汤也会变色。除此之外,影响茶汤颜色的因素还有许多,例如用硬水泡茶,有石灰涩味,茶汤色泽也混浊。假若用来泡茶的自来水带铁锈,茶汤便带有铁腥味,茶汤也可能变得暗沉瘀黑。

(2)茶叶的形态

观察茶叶的形态主要分为观察干茶的外观形状以及冲泡之后看叶底两部分。

观察干茶的外观。每类茶叶的外观都有其各自的特点,观察干茶的外观、色泽、质地、均匀度、紧结度、有无显毫等。一般来说,新茶色泽都比较清新悦目,或嫩绿或墨绿。炒青茶色泽灰绿,略带光泽;绿茶以颜色翠碧、鲜润活气为好,特别是一些名优绿茶,嫩度高,加工考究,芽叶成朵,在碧绿的茶汤中徐徐伸展,亭亭玉立,婀娜多姿,令人赏心悦目。如果干茶茶叶发枯、色泽发暗发褐,表明茶叶内质有不同程度的氧化;如果茶叶片上显黑色或有深酱色斑点或叶边缘为焦边,也说明不是好茶;如果茶叶色泽花杂,颜色深度差别较大,说明茶叶中夹有黄片、老叶甚至有陈茶,这样的茶也不是好茶。

看叶底。看叶底即观看冲泡后充分展开的叶片或叶芽是否细嫩、匀齐、完整,有无花杂、焦斑、红筋、红梗等现象,乌龙茶还要看其是否有绿叶红镶边。茶叶随陈化期时间增长,叶底颜色由新鲜翠绿转为鲜艳橙红。生茶的茶叶随着空气中的水分氧化发酵,由新鲜翠绿进而转嫩软红亮。

以上两种即观茶色的重点主要是大家对茶叶最初的印象,不过有时候茶叶的色泽会经过处理,这就需要我们仔细品鉴,并从其他几要素中综合考虑茶叶的品质。

❷ 闻茶香

观茶色之后,我们就需要嗅闻茶汤散发出的香气了。闻茶香主要包括 3 个方面,即干闻、热闻和冷闻。

(1)干闻

干闻即闻干茶的香味。一般来说,好茶的茶香格外明显。如新绿茶闻之有悦鼻高爽的香气,其香气有清香型、浓香型、甜香型。质量越高的茶叶,香味越浓郁扑鼻。口嚼或冲泡,绿茶发甜香为上,如果闻不到茶香、香气淡薄或有一股陈气味(如青气、粗老气、焦烟气味)则是劣质的茶叶。

(2)热闻

热闻即冲泡茶叶之后,闻其中茶的香味。泡成茶汤后,不同的茶叶具有各自不同的香气,会出现清香、板栗香、果香、花香、陈香等,仔细辨认,趣味无穷,而每种香型又分为馥郁、清高、鲜灵、幽雅、纯正、平和等。

盖碗茶

Note

（3）冷闻

当茶器中的茶汤温度降低后,我们可以闻一闻茶盖或杯底的留香,即冷闻,此时闻到的香气与高温时不同。温度很高时,茶叶中的有些独特的味道可能因芳香物质大量挥发而掩盖,但此时不同,由于温度较低,那些曾经被掩盖的味道此时会散发出来。

在精致透明的玻璃杯中加少许的茶叶,在沸水冲泡的瞬间,迷蒙的茶香袅袅腾起,来得快,去得急。深深地吸一口气,香气深深地吸入肺腑,茶香混合着热气屡屡沁出,又是一番闻香的享受。

❸ 品茶味

闻香之后,我们用拇指和食指握住品茗杯的杯沿,用中指托着杯底,分三次将茶水细细品啜,这就是品茶的第三个要素——品茶味。

清代大才子袁枚曾说过:"品茶应含英咀华,并徐徐咀嚼而体贴之。"这句话的意思就是,品茶时,应该将茶汤含在口中,像含着一片花瓣一样慢慢咀嚼,细细品味,吞下去时还要注意感受茶汤经过喉咙时是否爽滑。这正是教我们品茶的步骤,也特别强调了一个词语:徐徐。

茶汤入口时,可能有或浓或淡的苦涩味,但这并不需要担心,因为茶味总是先苦后甜的。茶汤入口后,也不要立即下咽,而要在口腔中停留,使之在舌头的各部位打转。舌对鲜味最敏感。舌头各部位的味蕾对不同滋味的感觉是不一样的,如舌尖易感觉酸味,近舌根部位易辨别苦味。让茶汤在口腔中流动,与舌根、舌面、舌侧、舌端充分接触,品尝茶的味道是浓烈、鲜爽、甜爽、醇厚、醇和还是苦涩、淡薄或生涩,让舌头充分感受茶汤的甜、酸、鲜、苦、涩等味,这样才能真正品尝到茶汤的美妙滋味。最后咽下之后,口里回甘,韵味无穷。一系列的动作皆验证了"徐徐"二字,细细品尝,慢慢享受。

一般来说,品茶品的是五感,即调动人体的所有感觉器官用心去品味茶,欣赏茶。五品分别是眼品、鼻品、耳品、口品、心品。眼品就是用眼睛观察茶的外观形状、汤色等,即观茶色的部分;鼻品就是用鼻子闻茶香,也就是闻茶香的部分;耳品是指注意听主人或茶艺表演者的介绍,知晓与茶有关的信息的过程;口品是指用口舌品鉴茶汤的滋味韵味,这也是品茶味的重点所在;心品是指对茶的欣赏从物质角度的感性欣赏升华到文化的高度,它更需要人们具有一定的领悟能力。

❹ 悟茶韵

茶韵是一种感觉,一种超凡的境界,是茶的品质、特性达到了同类中最高的品位。我们经过观茶色、闻茶香、小口品温度适口的茶汤后,便是悟茶韵了。让茶汤与舌头最大限度地充分接触,清缓咽下。此时,茶的醇香味道以及风韵就靠自己感悟了。

茶品不同,品尝之后的感受也自然不同。不同种类的茶都有其独特的韵味。如:西湖龙井有雅韵;岩茶有岩韵;普洱茶有陈韵;午子茶有幽韵;黄山毛峰有冷韵;铁观音有音韵等。以下分别介绍各茶类的不同韵味,希望大家在品鉴改茶时能感悟出其独特的韵味来。

（1）雅韵

雅韵是西湖龙井的独特韵味。其色泽绿翠,外形扁平挺秀,味道清新醇美。取些泡在玻璃直筒杯中,可以看到其芽叶色绿,好比出水芙蓉,栩栩如生。因此,西湖龙井向来以色绿、香郁、味甘、形美四绝称著,不愧为雅韵,实在是雅致至极。

（2）岩韵

岩韵是岩茶的独特韵味,岩韵即岩骨,俗称岩石味,有特别的醇厚感。饮后回甘快、余味长,喉韵明显,香气不论高低都持久浓厚、冷闻还幽香明显,亦能在口腔中持久深长。由于茶树生长在武夷山丹霞地貌内,经过当地传统栽培方法,采摘后的茶叶又经过特殊制作工艺形成,其茶香茶韵自然有其独有的特征。

（3）陈韵

众所周知,普洱茶越陈越香,就如同美酒一样,必须要经过一段漫长的陈化时间。因而品饮普洱茶时,就会感悟陈韵的独特味道。其实,陈韵是一种经过陈化后所产生出来的韵味。优质的普洱茶热嗅陈香显著浓郁,"气感"较强,冷嗅陈香悠长,是一种干爽的味道。将陈年普洱冲泡几次之后,其独特的香醇味道自然散发出来,细细品味一番,你一定会领略到普洱茶的独特陈韵。

(4)幽韵

午子绿茶外形紧细如蚁,锋毫内敛,色泽秀润,干茶嗅起来有一股特殊的幽香,因而,有人称其具有幽韵。冲泡之后,其茶汤清澈绿亮,犹如雨后山石凹处积留的一洼春水,清幽无比,幽香之味也更浓,品饮之后,那种幽香的感觉环绕在身旁。细啜一杯午子绿茶,闭目凝神,细细体味那一缕绿幽缥缈的韵味,感悟唇齿间浑厚的余味以及回甘,相信这种幽韵一定能带来独特的感悟。

(5)冷韵

冷韵是黄山毛峰的显著特点。明代的许楚在《黄山游记》中写道:莲花庵旁,就石隙养茶,多清香,冷韵袭人齿腭,谓之黄山云雾。这首诗中提到的就是黄山云雾。据考证,黄山云雾即黄山毛峰的前身。用少量的水浸湿黄山毛峰,如花般的茶芽在水中簇拥在一起。由于温度较低,褶皱着的茶叶还未展开,其色泽泛绿,实在惹人怜爱。淡淡的冷香之气也随着茶杯摇晃而散发出来,轻抿一口,仿佛能体味到特有的清甘润爽之感。

(6)音韵

音韵是铁观音的独特韵味,即观音韵。冲泡之后,其汤色金黄浓艳似琥珀,有天然馥郁的兰花香,滋味醇厚甘鲜,回甘悠久,留香沁人心脾,耐人寻味,引人遐思。观音韵赋予了铁观音浓郁的神秘色彩,也正因为如此,铁观音才被形容为"美如观音,重如铁"。当感到身心疲惫的时候,或是心头郁闷的时候,不如听一曲轻松的大自然乐曲或是一辑筝笛之音,点一柱檀香,冲一壶上好的茶叶,有人同啜也好,一人独品也罢,只要将思绪完全融入茶中,即可细品人生的味道。

任务二 中国酒文化

任务描述

"酒文化"一词是由我国著名经济学家于光远教授提出来的。本任务首先介绍酒文化的发展历史,介绍中国酒的分类,进一步对中国名酒进行了详细的介绍。本任务的重点是能根据不同的场合和用途来选择不同的中国酒,并且对这些酒的饮用礼仪要熟悉掌握,这在日常生活中的运用是非常广泛的。

任务目标

1. 掌握中国酒饮的发展历史。
2. 了解中国酒的分类和中国名酒。
3. 掌握饮酒器皿的使用方法。
4. 熟悉饮酒礼仪。

一、酒的分类与名酒

(一)中国酒的发展历程

中国酒在几千年的漫长历史过程中,大致经历了四个重要发展时期。

❶ 新石器时代至商周时期

公元前7000年左右的新石器时代到公元前500年左右的西周及春秋战国时期,是中国传统酒的启蒙与形成时期。由于有了火,出现了五谷六畜,加之酒曲的发明,使我国成为世界上最早用曲酿酒的国家,发展到夏商周时期则拥有了比较高超的酿酒技术,这主要表现在以下三个方面。

（1）用曲酿酒

当时的酿酒方式主要有两种：即用酒曲酿酒和用蘖酿制醴，或用曲蘖同时酿制酒精饮料。曲法酿酒是中国酿酒的主要方式之一。

（2）总结出酿酒的原则

《礼记·月令》载：仲冬之月，是月也，乃命大酉，秫稻必齐，曲蘖必时，湛炽必洁，水泉必香，陶器必良，火齐必得。兼用六物，大酉监之，毋有差贷。这概括了古代酿酒技术的精华，是酿酒时应掌握的六大原则。

（3）酒的品种较多，有"三酒""五齐"之分

"三酒"包括事酒、昔酒、清酒，是根据酿造时间的长短区分的；"五齐"出自《周礼》，是五种用来祭祀的不同规格的酒：泛齐，酒刚熟，有酒滓浮于酒面，酒味淡薄；醴齐，一种汁滓相混合的有甜味的浊酒；盎齐，一种熟透的白色浊酒；缇齐，赤黄色的浊酒；沈齐，酒滓下沉而得到的清酒。

在夏商周时期，酿酒业受到重视，得到较大发展，官府还设置了专门酿酒的机构控制酒的酿造与销售。酒成为帝王及诸侯的享乐品。这个阶段，酒虽有所兴，但并未大兴。因为饮用范围主要还局限于社会的上层，而且人们常常对酒存有戒心，认为它是乱政、亡国、灭室的重要因素。

❷ **秦汉至唐宋时期**

从秦王朝统一中国开始到唐宋时期，是中国传统酒的成熟期。这主要表现在拥有了比较系统而完整的酿造技术与理论。在北魏贾思勰的《齐民要术》中，有许多关于制曲和酿酒方法的记载，如用曲的方法、酸浆的使用、固态及半固态发酵法、九酝春酒法与"曲势"、温度的控制等，是中国历史上第一次对酿酒技术的系统总结。到唐宋时期，传统的酿酒经验总结、升华成酿造理论，传统的黄酒酿酒工艺流程、技术措施及主要的工艺设备基本定型，黄酒酿造进入辉煌时期。北宋末年的《北山酒经》不仅系统总结和阐述了历代酿酒的重要理论，而且指出了宋代酿酒的显著特点和技术进步之处，如酸浆的普遍使用，酴米、合酵与微生物的扩大培养技术，投料方法和压榨技术的新发展等，最能完整体现中国黄酒酿造科技精华，在酿酒实践中也最有指导价值。

在这一时期，酒业开始兴旺发达。因为自东汉以来，在长达两个多世纪的时期中战乱纷争不断，统治阶级内部出现了不少失意者，文人墨客崇尚空谈，不问政事，借酒浇愁，促进了酒业大兴。魏晋之时，饮酒不但盛行于上层，而且早已普及到民间。到唐宋时期，黄酒、果酒、药酒及葡萄酒等各种类别的酒都有了很大发展，各种名优酒品大量涌现，如出现了新丰酒、兰陵美酒、重碧酒、鹅黄酒等品质优良的著名酒品，与此同时，喜欢饮酒的人越来越多，其中李白、杜甫、白居易、苏轼、陆游等著名诗人还留下了无数赞美酒的诗篇和众多饮酒轶事，为中国创造了丰富的酒文化内容。

❸ **元明清时期**

元明清时期是中国传统酒的提高期。由于西域的蒸馏器传入我国，促进了举世闻名的中国白酒的发明。明代李时珍的《本草纲目》记载：烧酒非古法也，自元时起始创其法。又有资料提出：烧酒始于金世宗大定年间。从此，白酒、黄酒、果酒、葡萄酒、药酒五类酒竞相发展，而中国白酒则逐渐深入生活，成为人们普遍接受的饮用佳品，到明朝时已占领了北方的大部分市场，清代时更是成为商品酒的主流。相比之下，黄酒产区日趋萎缩，产量下降。其中的主要原因是蒸馏白酒的酒度高，刺激性大，香气独特，百姓即使花费不多，也能满足需要，因而白酒受到广泛喜爱。

饮中八仙歌

在这一时期，出现了众多的涉及各类酒酿造技术的文献和大量的名酒。这些有关酿酒的文献大多分布于医书、饮食书籍、日用百科全书、笔记等史料中，如元朝的《饮膳正要》《居家必用事类全集》，明朝的《易牙遗意》《天工开物》和《本草纲目》，清朝的《调鼎集》《胜饮篇》《闽小记》等。其中，《天工开物》中记载有制曲酿酒部分，较为宝贵的内容是关于红曲的制造方法和制造技术插图。《调鼎集》较为全面地记载了清朝绍兴黄酒的酿造技术，其"酒谱"下设40多个专题，主要的内容有论水、论米、论麦、制曲、浸米、酒酿、发酵和酒的储藏、运销、品种、用具等，还罗列了106件酿酒用具，可以说是包罗万象，几乎无一遗漏。此外，在明清的笔记和小说中还记载和描述了不少当时的名酒。如《金瓶梅词

话》中提到次数最多的是金华酒。《红楼梦》中提到绍兴酒、惠泉酒。在《镜花缘》中,作者借酒保之口列举了70多种酒名,汾酒、绍兴酒等都名列其中。

❹ 近现代时期

在近现代,由于西方科学技术的进入和利用,西方的酒类品种及生产方式开始对中国酒产生影响,中国酒逐渐进入变革与繁荣时期。在民国时期,中国酿酒技术的变革与发展主要表现在以下三个方面:一是机械化酿酒工厂的建立,如中国最早的葡萄酒厂于1892年由华侨张弼士在山东烟台创办张裕葡萄酒厂,最早的啤酒厂由俄国商人于1900年在哈尔滨建立。二是发酵科学技术研究机构的设立和人才的培养,如1931年正式开工的中央工业试验所的酿造工场是中国最早的酿造科学研究所,该所不仅进行酿酒技术的科学研究而且还担负了培养酿酒技术人才的任务。三是酿酒科学研究的兴起,从20世纪二三十年代开始,中国开始对发酵微生物的分离进行鉴定,酿酒技术也得到了改良。

中华人民共和国成立后,中国的酿酒技术有了许多突破性发展,表现在五个方面:一是黄酒生产技术的发展,如用粳米代替糯米,用机械化和自动化输送原料,对黄酒糖化发酵剂的革新,以及在黄酒的压榨及过滤工艺、灭菌设备的更新、储藏和包装等方面取得显著进步。二是白酒生产技术的发展,其主要特征是围绕提高出酒率,改善酒质,变高度酒为低度酒,提高机械化生产水平,降低劳动强度等方面的问题进行了一系列改革。三是啤酒工业的发展,改革开放后中国的啤酒工业进入了高速发展时期,一些现代化的外国啤酒生产设备引进国内,生产规模得到前所未有的扩大,到20世纪90年代中国啤酒的年产量已接近2000万吨。四是葡萄酒工业的发展,葡萄酒的生产科研设计以及对外合作等方面都取得了非常可喜的成绩,如今中国的葡萄酒质量已接近或达到国际先进水平。五是酒精生产技术的发展,20世纪50年代以前中国的酒精工业发展缓慢,技术水平落后,除酒精回收采用连续蒸馏外,其他均为间隔工艺,原料不经粉碎,糖化剂采用绿麦芽淀粉,利用率仅60%左右。

经过半个多世纪的发展,中国的酒精工业早已有了翻天覆地的变化,淀粉利用率已达到92%,与国际水平相差无几。

(二)酒的分类标准

酒的品种成千上万,分类方法各不相同。按生产方式可分为蒸馏酒、发酵酒、配制酒;按酒精含量可以分为低度酒、中度酒、高度酒;根据酿酒原料可分为黄酒、白酒、果酒等。《中国酒经》把中国酒分为三个类别:一是发酵酒,即将原料经过发酵使糖变成酒精后,用压榨方法使酒液和酒糟分开而得到酒液,再经陈酿、勾兑而成的酒,包括啤酒、葡萄酒、果酒、黄酒等。其特点是酒度低,营养价值较高。二是蒸馏酒,用各种原料酿造产生酒精后的发酵液、发酵醪或酒醅等,经过蒸馏技术,提取其中酒精等易挥发性物质,再经过冷凝而制成的酒,包括白酒、其他蒸馏酒。其特点是酒精含量高,几乎不含营养素,通常需要经过长期的陈酿。三是配制酒,以酿造酒(如黄酒、葡萄酒)蒸馏酒或食用发酵酒精为酒基,用混合、蒸馏、浸泡、萃取液混合等各种方法,混入香料、药材、动植物等,使之形成独特的风格,包括露酒、调配酒,其酒精含量介于发酵酒和蒸馏酒之间,加工周期短,营养价值依选用酒基和添加辅料的不同而异。

按照日常生活习惯将中国酒分为黄酒、白酒、果酒、啤酒和药酒五类。

❶ 黄酒

黄酒(图6-42)是中国历史悠久的传统酒品,因其颜色黄亮而得名。它以糯米、玉米、黍米和大米等粮谷类为原料,经酒药,麸曲发酵压榨而成。酒性醇和,适用于陶质坛装、泥土封口后长期储存,有越陈越香的特点,属低度发酵的原汁酒。酒度一般在12%～18%(V/V)之间。黄酒的特点是酒质醇厚幽香,味感谐和鲜美,有一定营养价值。黄酒除饮用外,还可作为中药的"药引子"。在烹饪菜肴时,它又是调料,对于鱼肉等荤腥菜肴有去腥提味的作用。

根据用料、酿造工艺和风味特点的不同,黄酒可以划分成三种类型:一是江南糯米黄酒。它产于江南地区,是以糯米为原料,以酒药和麸曲为糖化发酵剂酿制而成,以浙江绍兴黄酒为代表。其酒质醇厚,色、香、味都高于一般黄酒。酒度在13%～20%(V/V)之间。二是福建红曲黄酒。它产于福建,是以糯米、粳米为原料,以红曲为糖化发酵剂酿制而成,以福建老酒和龙岩沉缸酒为代表,具有酒味芬芳、醇和柔润的特点。酒度在15%(V/V)左右。三是山东黍米黄酒。它是中国北方黄酒的主要品种,最早创制于山东即墨,现在北方各地已有广泛生产。山东黍米黄酒是以黍米为原料、以麸曲为糖化剂酿制而成,具有酒液浓郁、清香爽口的特点,酒度在12%(V/V)左右。黄酒的质量高低是根据其色、香、味进行评定的,色泽以浅黄澄清(墨黄酒除外)、无沉淀物者为优,香气以浓郁者为优,味道以醇厚稍甜、无酸涩味者为优。

② 白酒

白酒(图6-43)是蒸馏酒的一种,是以高粱等粮谷为主要原料,以大曲、小曲或麸曲及酒母为糖化发酵剂,经蒸煮、糖化、发酵、蒸馏、陈酿、勾兑而制成。中国白酒与白兰地、威士忌、伏特加、朗姆酒、金酒并列为世界六大蒸馏酒。

图 6-42　黄酒

图 6-43　白酒

中国白酒的特点是无色透明、质地纯净、醇香浓郁、味感丰富、酒度在30%(V/V)以上,刺激性较强。根据其原料和生产工艺的不同,白酒形成了不同的香型与风格,大致分为以下五种。一是清香型。其特点是酒气清香芬芳,醇厚绵软,甘润爽口,酒味纯净。以山西杏花村的汾酒为代表,又称汾香型。二是浓香型。其特点是饮时芳香浓郁、甘绵适口、饮后尤香、回味悠长,可概括为“香、甜、浓、净”四个字。以四川泸州老窖特曲为代表,又称泸香型。三是酱香型。其特点是香而不艳、低而不淡、香气幽雅、回味绵长,杯已空而香气犹存。以贵州茅台酒为代表,又称茅香型。四是米香型。其特点是米香清柔、幽雅纯净、入口绵甜、回味怡畅。以桂林的三花酒和全州的湘山酒为代表。五是其他香型。其中又可以分为药香型、凤香型、兼香型、豉香型、特香型、芝麻香型等。在中国白酒中,生产得最多的是浓香型白酒,清香型白酒次之,其余的生产则较少。

白酒质量的高低是根据其色泽、香气和滋味等进行评定的。一种质量优良的白酒,在色泽上应是无色透明的,瓶内无悬浮物、无沉淀现象;在香气上应具备本身特有的酒味和醇香,其香气又分为溢香、喷香和留香等;在滋味上,应是酒味醇正,各味协调,无强烈的刺激性。

③ 果酒

凡是用水果、浆果为原料直接发酵酿造的酒都可以称为果酒(图6-44)。果酒品种繁多,酒度在15%(V/V)左右。各种果酒大都以果实名称命名。果酒因选用的果实原料不同而风味各异,但都具有其原料果实的芳香,并具有令人喜爱的天然色泽和醇美滋味。果酒中含有较多的营养成分,如糖类、矿物质和维生素等。人们更喜欢用葡萄来酿造酒,因其产量较大,而其他果实酿造的酒在产量上较少,所以果酒又常分成葡萄酒类和其他果酒类。

④ 啤酒

啤酒(图6-45)是以大麦为原料,啤酒花为香料,经过发芽、糖化、发酵而制成的一种低酒精含量

163

的原汁酒,通常人们把它看作是一种清凉饮料。它的特点是有显著的麦芽和啤酒花的清香,味道纯正爽口。其酒精含量在2％～5％(V/V)之间,含有大量的二氧化碳和维生素、氨基酸等成分,营养丰富,能帮助消化,促进食欲。每1升啤酒经消化后产生的热量,相当于10个鸡蛋或500克瘦肉或200毫升牛奶所生产的热量,故有"液体面包"之称。

图 6-44　果酒

图 6-45　啤酒

啤酒的种类较多,大致有以下四种分类方法。一是根据啤酒是否经过灭菌处理,可分为鲜啤酒和熟啤酒两种。鲜啤酒又称生啤酒,因没有经过杀菌处理所以保存期较短,在15 ℃以下可以保存3～7天。鲜啤酒口味鲜美,目前深受消费者欢迎的扎啤就是鲜啤酒。熟啤酒是经过杀菌处理的啤酒,稳定性好,保存时间长,一般可保存3个月,但口感及营养不如鲜啤酒。二是根据啤酒中麦芽汁的浓度,可分为低浓度啤酒、中浓度啤酒和高浓度啤酒3种。低浓度啤酒的麦芽汁浓度在7％～8％(V/V)之间,中浓度啤酒的麦芽汁浓度在10％～12％(V/V)之间,高浓度啤酒的麦芽汁浓度在14％～20％(V/V)之间。啤酒中的酒精含量也是随麦芽汁浓度的增加而增加的。三是根据啤酒的颜色,可分为黄色啤酒、黑色啤酒和白色啤酒3种。黄色啤酒又称淡色啤酒,口味淡雅,目前中国生产的啤酒大多属于此类。黑色啤酒又称浓色啤酒,酒液呈咖啡色,有光泽,口味浓厚,并带有焦香味,产量较少,仅在北京、青岛生产。白色啤酒是以白色为主色的啤酒,酒精含量很低。四是根据啤酒中酒精含量,可分为含酒精啤酒和无酒精啤酒两种。无酒精啤酒是近年来啤酒酿造技术的一个突破,特点是保持了啤酒的原有味道,但又不含酒精,受到广泛的好评。

啤酒质量的鉴定是从透明度、色泽、泡沫、香气、滋味等方面来检查的,质量优良的啤酒应是酒液透明、有光泽,色泽深浅因品种而异,泡沫洁白细腻、持久挂杯,有强烈的麦芽香气和酒花苦而爽口的口感。

⑤ **药酒**

药酒(图 6-46)属配制酒,是以成品酒(大多用白酒)为酒基,配各种中药材和糖料,经过酿造或浸泡制成的具有不同作用的酒品。药酒是中国的传统产品,品种繁多,明代李时珍的《本草纲目》中就载有69种药酒,有的至今还在沿用。药酒功效各异,主要分为两大类:一类是滋补酒,它既是一种饮

图 6-46　药酒

料酒,又有滋补作用,如五味子酒、男士专用酒、女士美容酒等。另一类是药用酒,是利用酒精提取中药材中的有效成分,提高药物的疗效。这种酒是真正的药酒,大都在中药店出售。

(三)各类酒中的代表性名酒

❶ 黄酒类

(1)加饭酒

加饭酒(图 6-47)产于浙江绍兴,是绍兴黄酒中的上品。它以糯米为原料,以麦曲、酒母、浆水等为辅助原料通过浸米蒸饭、糖化发酵酿制而成。加饭酒色泽深黄带红,香气浓郁味醇厚鲜美,饮后怡畅。

(2)龙岩沉缸酒

龙岩沉缸酒(图 6-48)产于福建省龙岩地区。它以上等糯米为原料,采用淋饭法搭窝操作,待窝内糖液达 3/5 时,加入红曲及米烧酒,3～4 天后再加入所剩的米烧酒使醪液达到预定的酒度。添加2 次白酒,有利于糖化发酵的进行,并使酒品温和,酸度的变化不会过快。最后,静置养胚 50～60 天后榨酒、煎酒、储存。

图 6-47 加饭酒

图 6-48 龙岩沉缸酒

❷ 白酒类

(1)茅台酒

茅台酒(图 6-49)是酱香型白酒中最著名的代表,因产于贵州仁怀茅台镇而得名。1915 年荣获巴拿马太平洋万国博览会金质奖,驰名中外,誉满全球。茅台产名酒,与其独特的自然条件、赤水河水和优良的高粱为原料密不可分。每年从重阳节开始投料,经 9 个月完成一个酿酒周期,再储存 3年以上,然后勾兑成产品。茅台酒的特点是色泽晶莹透明,口感醇厚柔和,无烈性刺激感,入口酱香馥郁,回味悠长,饮后余香绵绵,持久不散,素有"国酒"之誉。

(2)五粮液

五粮液(图 6-50)是浓香型大曲酒中出类拔萃的佳品。因选用了高粱、糯米、大米、小麦和玉米五种粮食酿造而得名。它的历史源远流长,与唐朝的重碧酒、宋朝的荔枝绿、明朝的咂嘛酒、清朝的杂粮酒一脉相承,1929 年宜宾县前清举人杨惠泉将其更名为"五粮液"。五粮液在酿造过程中,选用清冽优良的岷江江心水以及陈曲和陈年老窖酿造,发酵期在 70 天以上,并用老熟的陈泥封窖。同时,在分层蒸馏、量质摘酒、高温量水、低温入窖、滴窖降酸、回酒发酵、双轮底发酵、勾兑调味等一系列工序上都有一套丰富而独到的经验。五粮液无色、清澈透明,香气悠久,味醇厚,入口甘绵,入喉净爽,各味协调,恰到好处。

(3)泸州老窖特曲

泸州老窖特曲(图 6-51)是浓香型白酒中最著名的代表。其主要原料是当地的优质糯高粱,以小麦制曲,选用龙泉井水和沱江水,采取传统的混蒸连续发酵法酿造。蒸馏得酒后,再用"麻坛"储存一两年,最后通过细致的品尝和勾兑,达到固定的标准。泸州老窖特曲的酒液晶莹清澈,酒香芬芳飘

图 6-49　茅台酒

图 6-50　五粮液

逸,酒体柔和纯正,酒味协调适度,具有窖香浓郁、清冽甘爽、饮后留香、回味悠长等独特风格。

（4）汾酒

汾酒（图6-52）是清香型酒中的上品,因产于山西汾阳杏花村而得名。汾酒以晋中平原所产高粱为原料,用大麦、豌豆制成的"青茬曲"为糖化发酵剂,取古井和深井的优质水为酿造用水,采用二次发酵法,即先将蒸透的原料加曲埋入土中的缸内发酵,然后取出蒸馏,得到的酒醅再加曲发酵,将两次蒸馏的酒配合后方为成品。汾酒色泽晶莹透亮,清香雅郁,入口绵柔、甘冽、余味净爽,有色、香、味三绝之美。

图 6-51　泸州老窖特曲

图 6-52　汾酒

（5）西凤酒

西凤酒（图6-53）是凤香型白酒的典型代表。它以当地特产高粱为原料,用大麦、豌豆制曲,采用续渣发酵法,经过立窖、破窖、顶窖、圆窖、插窖和挑窖等工序酿造、蒸馏得酒,再储存3年以上,然后进行精心勾兑而成。西凤酒具有醇香秀雅、甘润挺爽、诸味协调、尾净悠长的风格,融清香、浓香之优点于一体。

（6）董酒

董酒（图6-54）是药香型或董香型的典型代表,产于贵州遵义董公寺镇。它以优质高粱为原料,以大米加入95味中草药制成小曲,以小麦加入40味中草药制成大曲,采用两小两大、双醅串蒸工艺,即用小曲小窖发酵成酒醅,大曲大窖发酵成香醅,两醅一次串蒸而成原酒,经分级陈储一年以上、再精心勾兑等而成。董酒无色,清澈透明,香气幽雅舒适,既有大曲酒的浓郁芳香,又有小曲酒的柔绵、回甜,还有淡雅的药香和爽口的微酸,入口醇和浓郁,饮后甘爽味长。由于酒质芳香奇特,董酒在其他香型的白酒中独树一帜。

（7）古井贡酒

古井贡酒（图6-55）产于安徽亳州古井镇。亳州是曹操、华佗的故乡,早在汉代就有名酒享誉华夏。古井酒厂现存的酿酒取水用的古井,是南北朝时梁朝中大通四年的遗迹,井水清澈透明,甘甜爽口。用它酿造的酒品质极佳,故名古井贡酒。古井贡酒以本地优质高粱为原料,以大麦、小麦、豌豆制曲,沿用陈年老发酵池,继承了混蒸、连续发酵工艺,又运用现代酿酒方法加以改进,酿出了风格独特的酒品。古井贡酒清澈如水晶,香醇如幽兰,入口醇和,浓郁甘润,黏稠挂杯,余香悠长,经久不绝。

图 6-53 西凤酒

图 6-54 董酒

（8）郎酒

郎酒（图 6-56）产于四川古蔺二郎滩镇。二郎滩镇地处赤水河中游,附近的高山深谷之中有一清泉,名为"郎泉"。郎酒取该泉水酿制故有此名。郎酒至今已有100多年的酿造历史。据有关资料记载,清朝末年,当地百姓发现郎泉适宜酿酒,便开始以小曲酿制出小曲酒和香花酒,1932年由小曲改用大曲酿酒,取名为"四沙郎酒",酒质尤佳。从此,郎酒声名鹊起。郎酒在酿造过程中,采取分两次投料、反复发酵蒸馏、七次取酒的方法,一次生产周期为9个月。每次取酒后,分次、分质储存,封缸密闭,送入天然岩洞中,待3年后酒质香甜,再将各次酒勾兑调味,经质量鉴定,合格后制成成品。郎酒清澈透明,酱香浓郁,醇厚净爽,入口舒适,甜香满口,回味悠长。

图 6-55 古井贡酒

图 6-56 郎酒

❸ 啤酒类

（1）青岛啤酒

青岛啤酒（图 6-57）以浙江余姚的二棱大麦生产的麦芽为主要原料,以崂山脚下清澈甘甜的泉水为优质酿造用水,以优良青岛大花、青岛小花为香料,辅以德国传统酿制工艺精心酿制而成。它具有泡沫洁白、酒液清亮透明、口味香醇爽口等特点。

（2）北京啤酒

北京啤酒（图 6-58）采用优质国产麦芽和新疆酒花酿造而成,泡沫洁白、细腻持久,具有幽雅的酒花香味,口味纯正、清淡爽口。

（3）上海啤酒

上海啤酒（图 6-59）以优质麦芽和中国江南糯米为辅料,以新疆优质酒花为香料,用独特的水处理工艺制备的纯净水,采用传统酿造工艺酿制而成。上海啤酒具有泡沫洁白、香味纯正等特点。

❹ 果酒类

在中国的果酒中葡萄酒最为有名。

（1）张裕红葡萄酒

张裕红葡萄酒（图 6-60）选用玫瑰香、玛瑙红、解百纳等葡萄品种,经低温发酵储存、陈酿而成,色

哈尔滨啤酒

167

图 6-57　青岛啤酒

图 6-58　北京啤酒

泽如红宝石,酒液鲜艳透明,具有浓郁的葡萄香和酒香,滋味醇厚,酸甜适口,余香良好,风味独特。

图 6-59　上海啤酒

图 6-60　张裕红葡萄酒

（2）长城干白葡萄酒

长城干白葡萄酒（图 6-61）选用优质龙眼葡萄为原料,果汁经澄清处理,添加优良葡萄酒酵母,经低温发酵,采取预防氧化、冷冻精滤等工序酿造而成。长城干白葡萄酒色泽微黄带绿,透明晶亮,果香怡人,新鲜爽口。

（3）王朝半干白葡萄酒

王朝半干白葡萄酒（图 6-62）选用麝香葡萄为原料经压榨、果汁净化、控温发酵、除菌过滤、隔氧操作、恒温瓶储等工序酿成。其酒色微黄,近于无色,澄澈透明,果香浓郁,酒体丰满微酸适口,回味悠长。

图 6-61　长城干白葡萄酒

图 6-62　王朝半干白葡萄酒

二、饮酒器具

饮酒器具(简称酒具),在早期是指制酒、盛酒、饮酒的器具,近代大工业化制酒工艺产生后则主要指盛酒和饮酒的器具。在不同的历史时期,由于社会经济的发展,酒器的制作技术、材料和造型等出现相应的变化,产生了种类繁多的酒器。酒器按制作材料划分,有天然材料酒器,如木竹制品、兽角海螺、葫芦等,有金属酒器,如青铜制酒器、金银酒器、锡制酒器、铝制酒器、不锈钢酒器等,还有陶制酒器、漆制酒器、瓷制酒器、景泰蓝酒器、玻璃酒器、玉器、水晶制品以及袋装塑料软包装、纸包装容器等。这里,为了叙述方便,仅根据酒具用途,对酒具类别及名品进行介绍。

(一)盛酒类器具

盛酒类器具是指盛酒备饮的容器,类型很多。历史上出现过许多精美而著名的盛酒类器具,主要有尊、壶、卣、罍、皿、鉴、瓮、瓶、彝等,每一类又有许多式样,有的是普通型,有的是动物造型的。

❶ 尊

尊,在古代统治阶级使用的礼器中,仅次于鼎。先秦时期有广义和狭义之分,广义上凡盛酒之器,皆可称为尊;狭义上是指一种大口而圈足的盛酒器具。根据形状有圆口方足的,有盖的,方形的,有肩的。其制作材料也较广泛,常用陶、青铜、玉石等制作。在历史上,尊的名品众多,最著名的有商代妇好鸮尊,通高 45.9 厘米、口径 16.4 厘米、重 16.7 千克。整体为鸮形,头部微昂,圆眼宽喙,小耳高冠,胸略外突,双翅并拢,两足粗壮有力,宽尾下垂,作站立状,形态生动。尊铸工精良,有很高艺术价值。

❷ 卣

卣是盛酒具中重要的一类,其出土文物之多约与尊相等,多见于商朝及西周中期。卣的名称定自宋朝。《重修宣和博古图》卷九《卣总说》:卣之为器,中尊也。郑獬《觥记注》:卣者,中尊也,受五斗。卣初期为椭圆形,大腹细颈,上有盖,盖有钮,下有圈足,侧有提梁。后来,卣更受其他器形的影响,演化成各种形状,有体圆如柱的,有体如瓶的,有体方的,有四足的,有鸟兽形的,有长颈的等。著名的如西周早期的太保铜鸟卣(图 6-63),通高 23.5 厘米,通体为鸟形,首顶有后垂的角,额下有两胡,提梁饰鳞纹,有铭文"太保铸"三字。

图 6-63 太保铜鸟卣

❸ 壶

壶,在礼器中盛行于西周和春秋战国时期,用途极广,与尊、卣同为盛酒器。夫尊以壶为下,盖盛酒之器。郑獬《觥记注》:壶者,圜器也,受十斗,乃一石也。壶的形制多变,在商朝时多为圆腹、长颈、贯耳、有盖,也有椭圆而细颈的;西周后期贯耳的少,兽耳衔环或双耳兽形的多;春秋战国时期则多无盖,耳多蹲兽或兽面衔环。秦汉以后,陶瓷酒壶、金银酒壶蔚为大观,其形状多有嘴、有把儿或提梁,体有圆形、方形、弧形等,不一而足。现藏河南省博物馆的商朝陶壶,高22厘米,口径7.4厘米,黑皮陶质,打磨光亮,有盖、长颈、鼓腹,腹径最大处靠近底部,圈足,颈和腹部有弦纹数周,形制十分精美。

(二)煮(温)酒器

❶ 爵

爵(图6-64)是指一种前有长流,后有尖尾,旁有把手的鋬,是上有两柱、下有三足的特殊形态的酒器。爵的名称定自宋朝。《重修宣和博古图》云:爵则又取其雀之象,盖爵之字通于雀,雀小者之道,下顺而止逆也,俯而啄抑而四顾,其虑患也。可见,爵的造型是取雀的形状和雀鸣之意。过去,人们多称爵为饮酒器,但若查看其形制,口上两柱,腹下三长足,则发现它实不便于饮,而且从出土的爵中发现有的腹下有烟炱痕,说明应是煮酒器。爵的形状还有圆底、平底,或有盖、无盖,其形制盛行于商朝及西周早期。著名品种有商朝后期的妇好爵,通高26.8厘米,足高12厘米,流、尾部器壁较厚,柱呈伞形,浅腹平底,三足细长,呈三棱锥形,流及尾均有扉棱三道,鋬上有兽首,柱帽顶饰涡纹,下为蕉叶纹及雷纹带,流下及腹部均饰夔纹,颈部饰蝉纹,鋬内铭"妇好"。

❷ 角

角,似爵而无柱,其两端亦无流、尾,只有两长锐之角,如鸟翼之形腹,以下与爵同,其大小亦同,可能是爵的旁支,角下有三足,且常有盖,便于置火上温酒,故与爵同为煮(温)酒器。著名品种有现藏于广州市南越王墓博物馆的南越王玉角(图6-65),通高18.4厘米,口径5.8~6.7厘米,玉质为新疆和田青玉,局部有红褐色浸痕,杯形如兽角,口呈椭圆形,角底有长而弯转的绳索式尾,缠绕于角身的下部,造型奇特,堪称稀世之珍。

图6-64 爵

图6-65 南越王玉角

❸ 盉

据王国维考证,盉是酒水调和之器,用以控制酒的浓淡。盉有三足或四足,又兼煮(温)酒之用。盉流行于商朝到战国时期,其形状是大腹而窄口,前有流,后有尾,上有盖,到春秋战国时又有圈足,但已失却温酒的效用。其著名品种异兽形铜(图6-66)盉,高26.5厘米,直口、圆唇、直颈,颈部安一提梁,饰鳞片纹,其腹下承三兽蹄足,盉的流似一蛇头,形制精美。

(三)饮酒类酒具

❶ 觥

觥类,其实是一种盛酒兼饮酒的器具。郑樵《觥记注》云:觥者受五升,毛诗注七升,罚不敬也。这是饮酒器中最大者,其形制大体上有三类:其一,器体作兽形而有足的;其二,器腹椭圆而圈足的;其三,器腹方形的。觥流行于商朝,著名品种有西周早期的鸟纹青铜觥(图6-67),通高21.1厘米,长21.8厘米,有盖,上有立兽,器前端作兽首形,腹上饰鸟纹。此觥首大足小,造型朴拙,现藏南京博物院。

图 6-66　异兽形铜盉

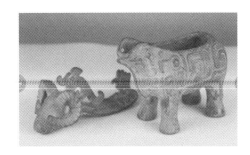

图 6-67　鸟纹青铜觥

② 觚

觚是一种长身、细腰、阔底、大口的饮酒器。其形状多为圆形,四面有棱或无棱,有腹下有小铃的,间有方形的。在先秦时期,如需温酒而饮,则用爵;不需温酒而饮,则用觚。先秦以后,仍有仿制觚形酒器的,其著名品种如明朝的玉出戟方觚(图 6-68),高 23.8 厘米,口径 8.4～8.7 厘米,玉呈青绿色,方筒形,上大,中收腰,下略小。此器为明朝仿商周酒器的代表,现藏于故宫博物院。

③ 杯

杯,又写作"桮""盃"。其形制多圆形和椭圆形,敞口,有平底、圈足高脚等。另有一种被称作"羽觞"的杯,其形状椭圆,两旁有弧形的耳。《觞记注》云:羽觞者,如生爵之形,有颈尾、羽翼。杯的著名品种有元代高足杯(图 6-69),高 4 厘米,口径 8.1 厘米,胎质坚致纯白,结构细密,白釉光润,杯体呈八个并列的莲花瓣形,小平底,圈足,现藏于河北省博物馆。

图 6-68　玉出戟方觚

图 6-69　元代高足杯

三、饮酒方式

自人工酿酒出现以后,酒的饮用方式就不断增多、花样百出。过去,许多人常常随性而饮:曾有人在夜晚漆黑一片中饮酒,称为"鬼饮";有人在树梢上饮酒,称为"鹤饮";有人在月下独酌,称为"独饮";还有人读史击节而饮,称为"痛饮"。下面仅按照酒的各种类别,简要介绍相应的饮用方法。

(一)白酒饮酒方式

在饮用方法上,白酒的饮用方法比较随意。当然如果是饮用中国著名的白酒,还是应该讲究科学的饮用方法。一般而言,饮用白酒,首先应该看,即观察酒的包装、酒液的透明度,了解酒的香型、酒精度以及酒的产地、品牌等,根据这些来判断酒是否纯正,并且确定饮用量。其次是闻。中国白酒的香型众多,通过闻可以欣赏不同类型白酒的芳香,这是品饮中国白酒的大乐趣。最后是尝。人的舌头各部分是有分工侧重的,如舌尖对甜敏感,两侧对酸敏感,舌后部对苦涩敏感,整个口腔和喉头对辛辣都敏感,所以白酒应浅啜,让酒在舌中滋润和匀,充分感受白酒的甜、绵、软、净、香。

需要说明的是,少量饮用白酒,能刺激食欲,促进消化液的分泌和血液循环,使人精神振奋,抵御寒冷,对人体有一定益处。但是,饮用白酒不宜过量。否则,将刺激胃黏膜,不利消化,轻者过度兴奋、皮肤充血、意识模糊、控制能力降低;重者知觉丧失、昏睡,并可能因酒精中毒导致死亡,长期饮用还可引起肝硬化和神经系统的疾病。

（二）黄酒饮酒方式

千百年来,黄酒由于质量优良、风味独特,一直受到人们喜爱。黄酒的饮用方法有很多奥妙,不同的饮用方法往往有不同的作用。

① 热饮

将黄酒加温后饮用,可品尝到各种滋味,暖人心肺且不致伤肠胃。清朝梁章距在《浪迹续谈》中说:凡酒以初温为美重温则味减若急切供客隔火温之,其味虽胜,而其性较热,于口体非宜。黄酒的温度一般以 40～50 ℃为好。热饮黄酒能驱寒除湿,活血化瘀,对腰酸背痛、手足麻木和震颤、风湿性关节炎及跌打损伤患者有一定疗效。

② 冷饮

夏季气候炎热,黄酒可以冷饮。其方法是将酒放入冰箱、直接冰镇或在酒中加冰块,后者既能降低酒温,又降低了酒度。冷饮黄酒可消食化积,有镇静作用,对消化不良、厌食、心跳过速、烦躁等有疗效。

③ 其他饮用方法

黄酒还可以与其他食物或药物相组合,产生新的饮法。如将黄酒烧开冲蛋花加红糖,用小火熬片刻后饮用,有补中益气、强健筋骨的疗效,可防止神经衰弱、神思恍惚、头晕耳鸣、失眠健忘、肌骨萎脆等。将黄酒和荔枝、桂圆、红枣、人参同煮服用,其功效为助阳壮力、滋补气血,对体质虚弱、元气降损、贫血等有疗效。

（三）葡萄酒饮酒方式

葡萄酒的品种众多,不同的葡萄酒有着不同的饮用方法,总体而言,主要有以下三个方面。

首先,要注意酒的温度。不同种类的葡萄酒有各自适宜的饮用温度,如果保持这个温度,那么其味道最好、效果也最佳。其中,香槟酒适宜在 9～10 ℃时饮用,白干葡萄酒适宜在 10～11 ℃时饮用,桃红葡萄酒适宜在 12～14 ℃时饮用,白甜葡萄酒适宜在 13～15 ℃时饮用,干红葡萄酒适宜在 16～18 ℃时饮用,浓甜葡萄酒适宜在 18 ℃时饮用。如果不具备这些条件,只要在常温下也可以。冰箱中存放的酒,取出时应先缓缓加温后再饮用。

其次,要注意饮用的顺序。上酒时应先上白葡萄酒,后上红葡萄酒;先上新鲜的(酒龄短的、有新鲜果香的)葡萄酒,如龙眼半干白和赤霞珠葡萄酒,再上陈酿葡萄酒,如中国红白葡萄酒和玫瑰香葡萄酒;先上淡味葡萄酒,后上醇厚的葡萄酒;先上不带甜味的干酒,后上甜酒。

最后,不同的菜品配饮不同种类的酒。如果将酒与菜搭配食用,则必须注意不同的菜配不同的酒,这样既不会使酒的风味掩盖菜的风味,也不会使菜的风味掩盖了酒的风味,并能取得菜肴与美酒风味协调的效果。海鲜类菜(如鱼、虾蟹、海参等)宜配白葡萄酒、干白葡萄酒、半干葡萄酒;一般肉类菜(如猪肉、猪内脏等)宜配淡味的红葡萄酒、桃红葡萄酒;牛排、羊肉宜配味浓的红葡萄酒(如中国红葡萄酒、北京红葡萄酒等);家禽类菜宜配红葡萄酒;油腻的荤菜(如扣肉等)宜配干红葡萄酒;饭后甜品则宜配白葡萄酒。

（四）啤酒饮酒方式

饮用啤酒时,首先要考虑酒的温度。众所周知,夏天喝冰啤酒,特别舒畅、爽口、够味。据说,世界上第一台冰箱的诞生,就是用来冰冻啤酒的。啤酒在冰箱中存放时只能直放,不可横卧。另外,也不宜将啤酒放在冰箱内冰镇太久,否则会使气泡消失,酒液混浊,失去原有的风味。但是,啤酒的温度太高,则苦涩味突出,且二氧化碳气体容易放出,也会影响其风味。一般来说,比较理想的啤酒温度应该在 10 ℃ 左右。当然,也应考虑到季节和室温的变化对啤酒温度的影响。

其次,还要讲究酒杯。可选用厚壁深腹窄口的玻璃杯,以保持酒的泡沫和酒香,便于观察酒液色泽和升泡现象。酒杯的容量以 200～300 毫升为宜。喝啤酒的酒杯应洁净,不得有油污,更不能有任何气味,否则会严重影响泡沫的持久性和风味。啤酒杯在使用前必须单独清洗干净,放在冰箱里冰冻一段时间,使酒杯外面产生一层薄霜,然后再取出注酒,饮时会口感更佳。

最后,还必须注意倒酒的方式。倒啤酒是一种艺术,较好的方法是先在洁净的酒杯中注入 1/3 杯啤酒,使其产生一层细腻洁白的泡沫,然后把杯子倾斜成一定的角度,再缓缓地把酒注满。这样得到的就是一杯上层布满泡沫、下面呈现棕黄色透明液体的啤酒,酒液透过晶亮的酒杯,给人一种愉快的感受。斟酒时速度要适中,尽量使细细的泡沫呈奶酪状高高涌起。一般杯中啤酒和泡沫的比例为 4∶1 时最为合适。酒瓶开启后最好一次倒完,多次倒酒会导致泡沫消失。怎样喝啤酒才爽口呢? 这与泡沫有一定的关系,因为泡沫具有防止酒香和二氧化碳逸出的作用。饮用时,应将口唇挡住泡沫,在泡沫和酒的分界处畅饮,不要像喝白酒那样小口品尝。

(五) 药酒饮酒方式

药酒分为治疗性药酒和保健性药酒。对于治疗性药酒,必须有明确的适应证、使用范围、使用方法、使用剂量和禁忌证的严格规定,一般应当在医生的指导下选择服用。保健性药酒虽然可以不像治疗性药酒那样严格要求,但是必须根据人的体质、年龄、对酒的耐受力以及饮酒的季节不同等而适当选择。

药酒通常应在饭前以温饮为佳,便于药物迅速吸收,较快地发挥保健或治疗作用,一般不宜佐膳饮用。饮用药酒时还必须注意饮用禁忌:用量不宜过多,应根据人对酒的耐受力,每次饮 10～30 毫升,每日早晚饮用,或根据病情及所用药物的性质及浓度而调整。此外,饮用药酒时,应避免与不同治疗作用的药酒交叉饮用。用于治疗的药酒应病愈即止,不宜长久饮用。

项目小结

通过本项目的学习认识到了茶文化发展历程,理解茶叶的分类,知晓代表名茶,运用本项目中的泡茶方式,在生活中不仅可以正确地喝茶,而且可以了解如何品茶。我国的酒文化源远流长,学习酒的分类和酿造方式后,对掌握如何选酒、饮的礼仪对日常生活是很有帮助的。

同步测试

[1] 徐海荣.中国饮食史[M].杭州:杭州出版社,2014.

[2] 王学泰.中国饮食文化史[M].桂林:广西师范大学出版社,2006.

[3] 姚伟钧,刘朴兵,鞠明库.中国饮食典籍史[M].上海:上海古籍出版社,2011.

[4] 赵荣光.中国饮食文化史[M].上海:上海人民出版社,2014.

[5] 吴慧.中国商业通史[M].北京:中国财政经济出版社,2005.

[6] 俞为洁.中国食料史[M].上海:上海古籍出版社,2012.

[7] 谢定源.中国饮食文化[M].杭州:浙江大学出版社,2008.

[8] 杜莉,姚辉.中国饮食文化[M].北京:旅游教育出版社,2005.

[9] 马健鹰.中国饮食文化史[M].上海:复旦大学出版社,2011.

[10] 王子辉.饮食探幽[M].济南:山东画报出版社,2010.

[11] 马健鹰,薛蕴.烹饪学概论[M].北京:中国纺织出版社,2008.

[12] 李晓英,凌强.中国烹饪概论[M].北京:旅游教育出版社,2007.

[13] 季鸿崑.烹饪学基本原理[M].北京:中国纺织出版社,2016.

[14] 赵建民,梁慧.中国烹饪概论[M].北京:中国轻工业出版社,2014.

[15] 冯玉珠.烹饪学导论[M].北京:中国轻工业出版社,2016.

[16] 王美.中式面点工艺[M].2版.北京:中国轻工业出版社,2012.

[17] 黄剑,鲁永超.中外饮食民俗[M].北京:科学出版社,2010.

[18] 云中天.节俗——永远的风景:中国民俗文化[M].南昌:百花洲文艺出版社,2006.

[19] 赵荣光,谢定源.饮食文化概论[M].北京:中国轻工业出版社,2006.

[20] 高丙中.中国民俗概论[M].北京:北京大学出版社,2009.

[21] 谭业庭.中国民俗文化[M].北京:经济科学出版社,2010.

[22] 鲁克才.中华民族饮食风俗大观[M].北京:世界知识出版社,1992.

[23] 张劲松,谢基贤,等.饮食习俗[M].沈阳:辽宁大学出版社,1988.

[24] 姚伟钧,方爱平,谢定源.饮食习俗[M].武汉:湖北教育出版社,2001.

[25] 林胜华.饮食文化[M].北京:化学工业出版社,2010.

[26] 叶伯平.宴会设计与管理[M].5版.北京:清华大学出版社,2017.

[27] 邵万宽.中国烹饪概论[M].2版.北京:旅游教育出版社,2013.

[28] 周妙林.菜单与宴席设计[M].北京:旅游教育出版社,2009.

[29] 刘晓芬.茶艺服务[M].北京:清华大学出版社,2013.

[30] 徐馨雅.识茶泡茶品茶图鉴[M].北京:北京联合出版公司,2014.

[31] 唐译.一生不可不知道的茶道文化[M].北京:企业管理出版社,2013.

[32] 乔淑英.中国饮食文化概论[M].北京:北京理工大学出版社,2011.

[33] 凌强,李晓东.中国饮食文化概论[M].北京:北京旅游教育出版社,2013.